高等职业教育教材

普通化学

彭 杨 罗六保 主编

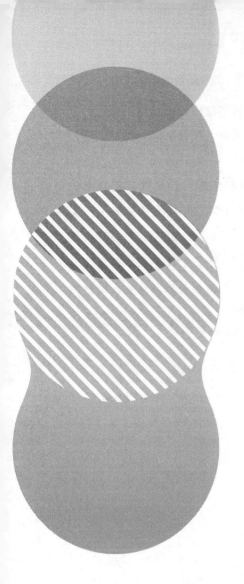

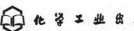

·北京·

内容简介

《普通化学》以"必需和够用"为原则编写,共十章,包括物质的量、原子结构和分子结构、化学反应速率及化学平衡、酸碱中和反应、氧化还原反应、配位反应、沉淀反应、常见化学元素、饱和烃、不饱和烃,每章均附有思考与练习题。

本教材从最基本的化学知识物质的量开始,到物质的微观结构,到化学反应速率与平衡,到四大反应,到常见化学元素,再到简单常见的烃类化合物,内容浅显易懂,图文并茂,循序渐进,符合职业院校学生学习情况和学习特点。

本教材可作为高职高专院校化工、医药、制药、食品等专业的教学用书和中等职业学校化工及相关专业的教学用书或参考书,也可供化学、检验、化工等相关领域从业人员参考。

图书在版编目(CIP)数据

普通化学 / 彭杨,罗六保主编. —北京:化学工业出版社,2023.12
ISBN 978-7-122-44741-8

Ⅰ.①普… Ⅱ.①彭…②罗… Ⅲ.①普通化学-高等职业教育-教材 Ⅳ.①O6

中国国家版本馆CIP数据核字(2023)第239148号

责任编辑:刘心怡　　　　文字编辑:毕梅芳　师明远
责任校对:赵懿桐　　　　装帧设计:关　飞

出版发行:化学工业出版社
　　　　(北京市东城区青年湖南街13号　邮政编码100011)
印　　装:河北延风印务有限公司
787mm×1092mm　1/16　印张13½　彩插1　字数333千字
2024年9月北京第1版第1次印刷

购书咨询:010-64518888　　　　售后服务:010-64518899
网　　址:http://www.cip.com.cn
凡购买本书,如有缺损质量问题,本社销售中心负责调换。

定　　价:39.80元　　　　　　　　版权所有　违者必究

前　言

化学是研究物质变化及其规律的科学，作为一门重要的基础学科，推动着其他学科的发展，也支撑着人类社会的可持续发展。化学也是一门理论与实践并重的学科。

随着现代科学技术的迅速发展，化学在农业、工业、医学、食品加工以及新能源、新材料的开发等方面与其他学科的相互渗透和合作有着越来越广阔的前景，也将继续发挥更大的作用。

本教材编写团队根据当前化学教学改革的大趋势和我国职业院校化学教学的实际状况，总结多年来的教学经验，编写了这本《普通化学》教材。本教材除着重讲清化学基本概念和基础理论外，突出了元素及相关化合物知识，注重课堂演示实验，充分注意理论联系实际，内容通俗易懂，由浅入深，循序渐进，并着力反映当前国内化学科学发展的新成就、新理论，将党的二十大精神融入教材。每章后面还附有多种类型的思考与练习题，便于读者加深认识和巩固所学的化学知识，为学好其他专业课程和将来就业奠定坚实的基础。

本书由江西应用技术职业学院彭杨、罗六保任主编，江西应用技术职业学院曾宪平、南昌市华测检测认证有限公司钟震任副主编，江西应用技术职业学院贺峦、剧智华参编。全书由彭杨统稿。

本书在编写过程中，得到了江西应用技术职业学院领导和许多同志的大力支持，在此表示诚挚的谢意。鉴于编者水平有限和时间仓促，不妥之处在所难免，敬请有关教师和读者予以批评指正，以便修订时参考。

编者

2024 年 5 月

目 录

第一章 物质的量 ·· 1

- 第一节 物质的量与摩尔质量 ··· 2
- 第二节 气体摩尔体积 ·· 5
- 第三节 物质的量浓度计算与溶液配制 ······························ 8
- 思考与练习题 ··· 11

第二章 原子结构和分子结构 ··· 14

- 第一节 原子结构 ·· 15
- 第二节 化学键和分子结构 ··· 22
- 第三节 元素周期律与元素周期表 ····································· 32
- 思考与练习题 ··· 39

第三章 化学反应速率与化学平衡 ··· 42

- 第一节 化学反应速率 ·· 43
- 第二节 化学平衡 ·· 47
- 第三节 化学平衡的移动 ·· 52
- 第四节 化学反应速率与化学平衡的应用 ························· 54
- 思考与练习题 ··· 56

第四章 酸碱中和反应 ·· 59

- 第一节 酸碱中和反应 ·· 60
- 第二节 电解质溶液 ·· 62
- 思考与练习题 ··· 72

第五章 氧化还原反应 ·· 74

- 第一节 氧化还原反应基本概念 ··· 75
- 第二节 原电池和电极电势 ··· 77

第三节　电极电势的应用 ··· 83
第四节　化学电池 ·· 86
思考与练习题 ·· 87

第六章　配位反应 ··· 90

第一节　配位化合物的基本概念 ··· 91
第二节　配位平衡 ·· 95
第三节　配合物在溶液中的离解平衡 ··· 98
第四节　螯合物 ··· 101
第五节　乙二胺四乙酸及其配合物 ··· 102
思考与练习题 ·· 104

第七章　沉淀反应 ··· 106

第一节　溶度积 ··· 107
第二节　沉淀反应 ·· 111
思考与练习题 ·· 116

第八章　常见化学元素 ·· 117

第一节　主族元素 ·· 118
第二节　副族元素 ·· 151
思考与练习题 ·· 166

第九章　饱和烃 ··· 170

第一节　烷烃 ··· 171
第二节　环烷烃 ··· 179
思考与练习题 ·· 184

第十章　不饱和烃 ··· 186

第一节　烯烃 ··· 187
第二节　二烯烃 ··· 195
第三节　炔烃 ··· 198
思考与练习题 ·· 202

附录

附录1 弱酸、弱碱在水中的解离常数（25℃） ······ 204

附录2 一些无机物水溶液的密度和质量分数 ······ 206

参考文献 ······ 209

第一章 物质的量

知识目标：

1. 了解物质的量及其单位，了解物质的量与微观粒子数之间的关系；
2. 了解学习物质的量这一物理量的重要性和必要性；
3. 了解摩尔质量的概念和阿伏加德罗常数的含义，了解摩尔质量与相对原子质量、相对分子质量之间的关系；
4. 了解物质的量、摩尔质量、物质的质量之间的关系。掌握有关概念的计算。

能力目标：

1. 培养动手能力，能进行指定物质的量浓度溶液的配制；
2. 培养计算能力，并通过计算更好地理解概念和运用、巩固概念；
3. 通过对构成原子的微粒间的关系和碳元素核素等问题的探讨，培养分析、处理数据的能力，尝试运用比较、归纳等方法对信息进行加工。

素质目标：

1. 认识到微观和宏观的相互转化是研究化学的科学方法之一，培养尊重科学的精神；
2. 注重科学实验，掌握基本实验技能，通过溶液配制等实验，培养严谨、认真、一丝不苟的探究精神和科学态度；
3. 强调解题规范化，单位使用准确，养成良好的学习习惯。

第一节 物质的量与摩尔质量

一、物质的量的单位——摩尔

在中学化学中,我们学习过原子、分子、离子等构成物质的粒子,还学习了一些常见物质之间的化学反应。通过这些知识的学习,使我们认识到物质之间所发生的化学反应,既是由肉眼看不到的原子、离子或分子之间按一定的数目关系进行的,又是以可称量的物质之间按一定的质量关系进行的。我们在实验室里做化学实验时所取用的药品,不论是单质还是化合物,都是可以用称量器具称量的;在化工生产中,物质的用量就更大,常以吨计。所以,在原子、离子、分子与可称量的物质之间一定存在着某种联系。它们之间是通过什么建立起联系的呢?

在日常生活中,人们根据不同的需要使用不同的计量单位。例如,用千米、米、厘米、毫米等计量长度;用年、月、日、时、分、秒等计量时间;用千克、克、毫克等计量质量。要想在可称量的物质与无法直接称量的原子、离子或分子等粒子之间建立起某种联系,就必须建立起一种物质的量的基本单位,这个单位应当是含有相同数目的原子、离子或分子等粒子的集体。

1971年,在第十四届国际计量大会上决定用摩尔作为计量原子、离子或分子等粒子的"物质的量"的单位。

在学习相对原子质量时,我们曾使用^{12}C质量的1/12作为标准,现在我们仍然用^{12}C来说明这个问题。

"摩尔"是一系统的物质的量,该系统中所含的基本单元数目与0.012kg 碳-12(^{12}C)的原子数目相等。在使用"摩尔"这个单位时,基本单元应指明,它可以是原子、分子、电子及其他粒子,或是这些粒子的特定组合。当我们对一定种类和数量的物质进行研究时,可以把研究的对象称为一个系统(或体系)。

由定义可知,如果在一定量的粒子的集体中所含的粒子数目与0.012kg 碳-12(^{12}C)中所含的原子数目相等时,我们就说该集体的量值为1mol。

碳-12(^{12}C)就是原子核中有6个质子和6个中子的碳原子。0.012kg 碳-12(^{12}C)所含的原子数目是多少?根据实验测得1个碳-12原子质量是$1.993×10^{-26}$kg,则0.012kg 碳-12(^{12}C)所含原子数目为0.012kg/($1.993×10^{-26}$) kg=$6.02×10^{23}$ 个。

$6.02×10^{23}$这个数字称为阿伏加德罗常数,用符号N_A表示,其单位是mol^{-1}。因此"摩尔"的含义也可以做如下说明:某集体所含微粒数目为N_A个时,该集体的物质的量就是1摩尔。

在1971年的摩尔定义中,摩尔的定义与质量单位千克直接关联,其质量由保存在国际计量局的千克原器实物基准复现。但是,实物千克基准的量值随时间、地点等外部条件的改变而不断发生变化。21世纪以来,测量技术有了飞跃发展,测量不确定度水平的提高使宏观与微观质量之间的相互影响逐渐显现出来,质量单位千克原器的不确定性影响了摩尔的不确定度,原有的定义已经不能满足精确测量的要求。因此,2005年国际计量委员会提出了重新定义包括摩尔在内的SI基本单位的建议,将SI单位直接定义在基本物理常数上。

2018年第26届国际计量大会通过了修订国际单位制的决议,摩尔的定义被诠释为:1摩尔准确包含 6.02214076×10^{23} 个基本单元。新定义中替换了旧定义的"基本单元数与0.012kg 碳-12 原子数目相等"。由此,物质的量测量从质量溯源转变为粒子数量溯源,不再依赖质量单位"千克"而独立存在,摩尔的定义回归由阿伏加德罗定律揭示的科学内涵。

物质的量的单位是摩尔,物质的量的符号为 n;摩尔简称摩,符号为 mol。

物质的量、阿伏加德罗常数与粒子数之间存在关系:

$$n=\frac{N}{N_A} \tag{1-1}$$

【例 1-1】在 0.5mol H_2 中含有 H_2 的分子数是多少?

解:根据公式 $n=\frac{N}{N_A}$,得到 $N=nN_A$。

则 0.5mol H_2 中含有 H_2 的分子数目为:

$N(H_2)=n(H_2)N_A$
$\qquad =0.5\text{mol}\times 6.02\times 10^{23}\text{mol}^{-1}$
$\qquad =3.01\times 10^{23}$

答:在 0.5mol H_2 中含有 H_2 的分子数为 3.01×10^{23}。

1mol 任何物质中都含有相同数目的粒子,对于气体、液体和固体都是如此,因此,我们可以利用阿伏加德罗常数这个粒子的集体,作为将可称量物质同微观粒子相互联系的桥梁。例如:

1mol O 中约含有 6.02×10^{23} 个 O;

1mol C 中约含有 6.02×10^{23} 个 C;

1mol Cl_2 中约含有 6.02×10^{23} 个 Cl_2;

1mol H_2O 中约含有 6.02×10^{23} 个 H_2O;

1mol Cl^- 中约含有 6.02×10^{23} 个 Cl^-;

1mol Na^+ 中约含有 6.02×10^{23} 个 Na^+;

1mol e^- 中约含有 6.02×10^{23} 个 e^-。

我们在使用摩尔表示物质的量时,一般用化学式指明粒子的种类,而不使用该粒子的中文名称。

二、摩尔质量

1. 摩尔质量的意义

摩尔的前世今生

我们知道,1mol 不同物质中所含的分子、原子或离子的数目是相同的,但由于不同粒子的质量不同,1mol 不同物质的质量也不同。

一种元素的相对原子质量是以 ^{12}C 原子质量的 1/12 作为标准,其他元素的原子质量跟它相比较后得到的。1mol C 的质量是 0.012kg,即 6.02×10^{23} 个 ^{12}C 的质量是 0.012kg。利用 1mol 任何粒子集体中都含有相同数目的粒子这个关系,就可以推算 1mol 任何粒子的质量。

1个碳原子和1个氧原子的质量比约为12∶16，1mol C 和1mol O 的原子数相同，1mol C 和1mol O 的质量比也约是12∶16。已知1mol C 的质量是12g，则1mol O 的质量应为16g。

同样可推知：1mol H 的质量是1g；1mol S 的质量是32g。

对于原子来说，1mol 任何原子的质量都是以克为单位，在数值上等于该种原子的相对原子质量。

同样，对于分子来说，1mol 任何分子的质量都是以克为单位，在数值上等于该分子的相对分子质量。例如：

H_2 的相对分子质量为2，则1molH_2 的质量为2g；

H_2O 的相对分子质量为18，则1molH_2O 的质量为18g。

离子是原子得到或失去电子而形成的。由于电子的质量很小，可认为离子的质量仍然近似等于原子的质量。所以，对简单离子而言，1mol 任何离子的质量都是以克为单位，在数值上等于形成该离子的原子的相对原子质量。例如：

Mg^{2+} 的相对原子质量为24，1mol Mg^{2+} 的质量为24g；

Cl^- 的相对原子质量为35.5，1mol Cl^- 的质量为35.5g。

对于复杂的离子，如原子团来说，1mol 任何原子团的质量都是以克为单位，在数值上等于构成该原子团的原子的相对原子质量之和。例如：

NO_3^- 的相对原子质量之和为62，1mol NO_3^- 的质量为62g；

NH_4^+ 的相对原子质量之和为18，1mol NH_4^+ 的质量为18g。

通过以上分析可知，1mol 任何粒子或物质的质量在数值上都与该粒子相对原子质量或相对分子质量相等。

将单位物质的量的物质所具有的质量叫作摩尔质量。也就是说，物质的摩尔质量是该物质的质量与物质的量之比。摩尔质量的符号为 M，常用的单位为 $g \cdot mol^{-1}$ 或 $kg \cdot mol^{-1}$。

物质的量（n）、物质的质量（m）和物质的摩尔质量（M）之间的关系可用下式表示：

$$M = \frac{m}{n} \tag{1-2}$$

对于上面所举例子来说，它们的摩尔质量分别为：

O 的摩尔质量为 $16g \cdot mol^{-1}$；

H 的摩尔质量为 $1g \cdot mol^{-1}$；

S 的摩尔质量为 $32g \cdot mol^{-1}$；

H_2 的摩尔质量为 $2g \cdot mol^{-1}$；

H_2O 的摩尔质量为 $18g \cdot mol^{-1}$；

Mg^{2+} 的摩尔质量为 $24g \cdot mol^{-1}$；

Cl^- 的摩尔质量为 $35.5g \cdot mol^{-1}$；

NO_3^- 的摩尔质量为 $62g \cdot mol^{-1}$；

NH_4^+ 的摩尔质量为 $18g \cdot mol^{-1}$。

2. 摩尔质量的计算

物质的量（n）、物质的质量和物质的摩尔质量（M）之间存在一定的关系，只要知道式中的任意两个量，就可以算出另一个量。

【例1-2】 90g H_2O 的物质的量是多少？

解： H_2O 的相对分子质量为18，H_2O 的摩尔质量为18g·mol^{-1}。

$$M(H_2O) = \frac{m(H_2O)}{n(H_2O)}$$

$$n(H_2O) = \frac{m(H_2O)}{M(H_2O)}$$

$$n(H_2O) = \frac{90g}{18g \cdot mol^{-1}} = 5mol$$

答： 90g H_2O 的物质的量为5mol。

【例1-3】 3mol Fe 的质量是多少？含有 Fe 的原子数目是多少？

解： Fe 的相对原子质量为56，Fe 的摩尔质量为56g·mol^{-1}。
$m(Fe) = M(Fe) \times n(Fe) = 56g \cdot mol^{-1} \times 3mol = 168g$
3mol Fe 中含有 Fe 的原子数目为
$N(Fe) = n(Fe) N_A = 3mol \times 6.02 \times 10^{23} mol^{-1} = 1.806 \times 10^{24}$

答： 3mol Fe 的质量是168g，含有 Fe 的原子数目是 1.806×10^{24} 个。

【例1-4】 5.6g KOH 的物质的量是多少？含有 K^+ 的数目是多少？

解： KOH 的相对分子质量为56，KOH 的摩尔质量为56g·mol^{-1}。

$$n(KOH) = \frac{m(KOH)}{M(KOH)}$$

$$n(KOH) = \frac{5.6g}{56g \cdot mol^{-1}} = 0.1mol$$

从 KOH 的电离方程式中可知，1mol KOH 中含有 1mol K^+，则 0.1mol KOH 中含有 K^+ 的数目为

$$N(K^+) = n(K^+) N_A = 0.1mol \times 6.02 \times 10^{23} mol^{-1} = 6.02 \times 10^{22}$$

答： 5.6g KOH 的物质的量是0.1mol，含有 K^+ 的数目是 6.02×10^{22}。

第二节　气体摩尔体积

对于固体或液体来说，各种物质1mol的体积是各不相同的。20℃时实验测得下列物质的体积为：

1mol Fe 的体积为7.2cm^3；

1mol Al 的体积为 10cm³；
1mol Pb 的体积为 18.3cm³；
1mol H₂O 的体积为 18cm³；
1mol H₂SO₄ 的体积为 53.6cm³；
1mol 蔗糖的体积 215.5cm³。

几种金属和化合物 1mol 物质体积的比较见图 1-1 和图 1-2。物质体积的大小取决于构成这种物质的粒子数目、粒子大小和粒子之间的距离这三个因素。

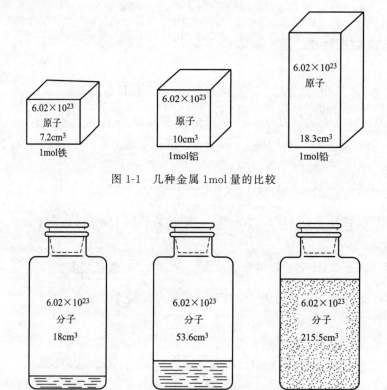

图 1-1　几种金属 1mol 量的比较

图 1-2　几种化合物的 1mol 物质体积的比较

在 1mol 不同的固态物质或液态物质中，虽然含有相同的粒子数，但粒子的大小是不相同的。同时，在固态物质或液态物质中粒子之间的距离又非常小，这就使固态物质或液态物质的体积主要取决于粒子的大小。所以，1mol 不同的固态物质或液态物质的体积是不相同的。

一、气体摩尔体积

气体的体积比固体和液体更容易被压缩。这说明气体分子之间的距离要比固体和液体中粒子之间的距离大得多，而且分子之间的距离要比分子本身的体积大很多倍，分子可以在较大的空间内运动。

气体的体积与温度、压强等外界条件的关系非常密切。一定质量的气体，当温度升高时，气体分子之间的距离增大，当温度降低时，气体分子之间的距离缩小；当压强增大时，气体分子之间的距离减小，当压强减小时，气体分子之间的距离增大。因此，要比较一定质量气体的体积，就必须在相同的温度和压强下进行。

通常将温度为273K、压强为101.325kPa时的状况称为标准状况。现在，我们分别计算 1mol H_2、O_2 和 CO 在标准状况下的体积。

1mol H_2 的质量为 2.016g，密度为 0.0899g·L^{-1}，体积约为：

$$V(H_2) = \frac{m(H_2)}{\rho(H_2)} = \frac{2.016g}{0.0899g \cdot L^{-1}} = 22.4L$$

1mol O_2 的质量为 32g，密度为 1.429g·L^{-1}，体积约为

$$V(O_2) = \frac{m(O_2)}{\rho(O_2)} = \frac{32g}{1.429g \cdot L^{-1}} = 22.4L$$

同样的方法可以算出 1mol CO 的体积约为 22.4L。

经过大量实验证实，其他气体也是如此。由此可以得出一个结论：在标准状况下，1mol 任何气体所占的体积均等于 22.4L。

单位物质的量气体所占的体积叫作气体摩尔体积。其符号为 V_m。换句话说，气体摩尔体积就是气体体积与气体的物质的量之比。即

$$V_m = \frac{V}{n} \tag{1-3}$$

气体摩尔体积的常用单位有 L·mol^{-1} 和 m^3·mol^{-1}。

由于 1mol 任何气体的体积在标准状况下都约为 22.4L，因此，在标准状况下，22.4L 任何气体中都含有约 6.02×10^{23} 个分子。

二、关于气体摩尔体积的计算

气体的体积与气体的物质的量、气体的质量、气体中的粒子数目之间存在一定的关系，通过该关系，可以算出在标准状况下气体的体积。

【例 1-5】4.4g CO_2 在标准状况下所占体积是多少？

解：CO_2 的摩尔质量是 44g·mol^{-1}。4.4g CO_2 物质的量为

$$n(CO_2) = \frac{n(CO_2)}{M(CO_2)} = \frac{4.4g}{44g \cdot mol^{-1}} = 0.1mol$$

0.1mol CO_2 在标准状况下所占体积为：

$$V(CO_2) = n(CO_2)V_m = 0.1mol \times 22.4L \cdot mol^{-1} = 2.24L$$

答：4.4g CO_2 在标准状况下所占体积是 2.24L。

【例 1-6】已知在标准状况下 0.24L 氨气的质量是 0.182g，求氨的相对分子质量。

解：在标准状况下，该气体的体积为

$$V(NH_3) = 0.24L$$

$$\rho(NH_3) = \frac{m(NH_3)}{V(NH_3)} = \frac{0.182g}{0.24L} = 0.758 \text{g} \cdot \text{L}^{-1}$$

该气体的摩尔质量

$$M(NH_3) = \rho(NH_3)V_m = 0.758 \text{g} \cdot \text{L}^{-1} \times 22.4 \text{L} \cdot \text{mol}^{-1} = 17 \text{g} \cdot \text{mol}^{-1}$$

因为物质的相对分子质量与该物质的摩尔质量在数值上是相等的，因此氨气的相对分子质量为17。

答：氨气的相对分子质量为17。

【例1-7】 在标准状况下1L CO_2 和多少升 H_2 质量相等？

解：$V_m = 22.4 \text{L} \cdot \text{mol}^{-1}$，$M(CO_2) = 44 \text{g} \cdot \text{mol}^{-1}$，$M(H_2) = 2 \text{g} \cdot \text{mol}^{-1}$。

设 H_2 的体积为 x L

$m(CO_2) = m(H_2)$，$m = \frac{V}{V_m}M$，则

$$\frac{V(CO_2)}{V_m}M(CO_2) = \frac{V(H_2)}{V_m}M(H_2)$$

$$\frac{1L}{22.4 \text{L} \cdot \text{mol}^{-1}} \times 44 \text{g} \cdot \text{mol}^{-1} = \frac{x \text{L}}{22.4 \text{L} \cdot \text{mol}^{-1}} \times 2 \text{g} \cdot \text{mol}^{-1}$$

$$x = 22$$

答：在标准状况下1L CO_2 和22L H_2 的质量相等。

第三节 物质的量浓度计算与溶液配制

我们在初中学过溶液中溶质的质量分数（ω），它是以溶质的质量和溶液的质量之比来表示溶液中溶质与溶液的质量关系的。但是，在许多场合取用溶液时，一般不去称量它的质量，而是量取它的体积。同时，物质在发生化学反应时，反应物的物质的量之间存在着一定的关系，而且化学反应中各物质之间的物质的量的关系要比它们之间的质量关系简单得多，所以，知道一定体积的溶液中含溶质的物质的量，对于生产和科学实验都非常重要，同时对于有溶液参与的化学反应中各物质之间的量的计算也非常便利。

一、物质的量浓度

物质的量浓度的定义：以单位体积溶液里所含溶质B的物质的量来表示溶液组成的物理量，叫作溶质B的物质的量浓度。物质的量浓度的符号为 c_B，常用的单位为 $\text{mol} \cdot \text{L}^{-1}$ 或 $\text{mol} \cdot \text{m}^{-3}$。

在一定物质浓度的溶液中，溶质B的物质的量（n_B）、溶液的体积（V）和溶质的物质

的量浓度（c_B）之间的关系可用下式表示：

$$c_B = \frac{n_B}{V} \tag{1-4}$$

按物质的量的定义，如果在 1L 溶液中含有 1mol 溶质，这种溶液中溶质的物质的量浓度就是 $1mol \cdot L^{-1}$。

二、关于物质的量浓度的计算

1. 物质的量浓度的计算

这类计算主要包括已知溶质的质量和溶液的体积，计算溶质的物质的量浓度；配制一定物质的量浓度溶液时所需溶质的质量和溶液体积的计算。

【例 1-8】 0.5mol NaOH 溶于水中，配成 0.5L 溶液，计算此溶液的物质的量浓度。

解： 根据公式 $c_B = \dfrac{n_B}{V}$ 有

$$c(NaOH) = \frac{n(NaOH)}{V} = \frac{0.5mol}{0.5L} = 1mol \cdot L^{-1}$$

答： 此溶液的物质的量浓度为 $1mol \cdot L^{-1}$。

【例 1-9】 配制 250mL $0.2mol \cdot L^{-1}$ NaOH 溶液，需要 NaOH 的质量是多少？

解： NaOH 的摩尔质量为 $40g \cdot mol^{-1}$。

250mL $0.2mol \cdot L^{-1}$ NaOH 溶液中 NaOH 的物质的量为

$n(NaOH) = c(NaOH)V[NaOH(aq)] = 0.2mol \cdot L^{-1} \times 0.25L = 0.05mol$

0.05mol NaOH 的质量为

$m(NaOH) = n(NaOH)M(NaOH) = 0.05mol \times 40g \cdot mol^{-1} = 2g$

答： 配制 250mL $0.2mol \cdot L^{-1}$ NaOH 溶液，需要 NaOH 的质量是 2g。

2. 一定物质的量浓度溶液的稀释

将浓溶液加水配成稀溶液的过程中，溶液的质量、体积及浓度都发生了变化，但溶质的量不变。

设稀释前溶液中溶质的物质的量为 $n_1 = c_1V_1$；稀释后溶液中溶质的物质的量为 $n_2 = c_2V_2$。

则 $c_1V_1 = c_2V_2$

若不同浓度的溶液相混合来配制所需要浓度的溶液，同样要遵守"溶液配制前后溶质的量不变"的原则。即 $c_1V_1 + c_2V_2 = c_3V_3$

【例 1-10】 配制 250mL $1mol \cdot L^{-1}$ HCl(c_1) 溶液，需要 $12mol \cdot L^{-1}$ HCl(c_2) 溶液的体积是多少？

解：设配制 250mL 1mol·L^{-1} HCl(c_1) 溶液，需要 12mol·L^{-1} HCl(c_2) 溶液的体积为 V_2。

$$c_1V_1 = c_2V_2$$

$$V_2 = \frac{c_1V_1}{c_2} = \frac{1\text{mol·L}^{-1} \times 0.25\text{L}}{12\text{mol·L}^{-1}} = 0.021\text{L} = 21\text{mL}$$

答：配制 250mL 1mol·L^{-1} HCl(c_1) 溶液，需要 12mol·L^{-1} HCl(c_2) 溶液的体积是 21mL。

3. 溶液中溶质的质量分数与溶液的物质的量浓度的换算

溶质的质量分数（ω）和物质的量浓度都可以用来表示溶液的组成，二者之间可以通过一定的关系进行换算。

物质的量浓度

将溶液中溶质的质量分数换算成物质的量浓度时，首先要计算出 1L 溶液中所含溶质的质量，并换算成相应的物质的量，有时还需换算成溶液的体积。同样，将溶质的物质的量浓度换算成溶质的质量分数时，先要将溶质的物质的量换算成溶质的质量，有时还需将溶液的体积换算成质量。

【例 1-11】 实验室常用质量分数为 36.5% 的盐酸溶液，密度为 1.19g·mL^{-1}，问该溶液的物质的量浓度是多少？

解：HCl 的摩尔质量为 36.5g·mol^{-1}。

设浓盐酸的体积为 1000mL，浓盐酸中 HCl 的质量为

$$m(\text{HCl}) = \rho[\text{HCl(aq)}]V[\text{HCl(aq)}]\omega(\text{HCl}) = 1.19\text{g·mL}^{-1} \times 1000\text{mL} \times 36.5\%$$
$$= 434.35\text{g}$$

434.35g HCl 的物质的量为

$$n(\text{HCl}) = \frac{m(\text{HCl})}{M(\text{HCl})} = \frac{434.35\text{g}}{36.5\text{g·mol}^{-1}} = 11.9\text{mol}$$

$$c(\text{HCl}) = \frac{n(\text{HCl})}{V} = \frac{11.9\text{mol}}{1\text{L}} = 11.9\text{mol·L}^{-1}$$

答：质量分数为 36.5%、密度为 1.19g·mL^{-1} 的盐酸其物质的量浓度为 11.9mol·L^{-1}。

三、一定物质的量浓度溶液的配制

用固体药品配制一定物质的量浓度的溶液，主要是使用天平和容量瓶。要根据所配制的溶液的物质的量浓度和体积，计算出所需溶质的质量。根据要配制的溶液的体积，选用合适的容量瓶。

【演示 1-1】 用 0.5300g 无水 Na$_2$CO$_3$ 固体配制 500mL 0.01000mol·L^{-1} Na$_2$CO$_3$ 溶液。

① 称量：用电子天平称量 0.5300g 无水 Na_2CO_3 固体。将无水 Na_2CO_3 固体放入烧杯中，用适量的蒸馏水溶解后，冷却至室温。

② 转移：将放置至室温的溶液沿玻璃棒小心引流到 500mL 容量瓶中，并用少量蒸馏水将溶解时所用仪器洗涤 2~3 次，将洗涤液也转移至容量瓶内（溶液体积不要超过容量瓶刻度线），轻轻地振荡容量瓶，使溶液充分混合。

③ 定容：缓慢地将蒸馏水注入容量瓶中，直到液面接近刻度时，改用胶头滴管滴加蒸馏水至溶液的凹液面正好与刻度相切。这时用瓶塞盖好容量瓶，反复上下振荡、摇匀。整个配制过程如图 1-3 所示。

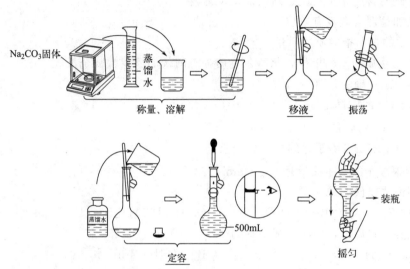

图 1-3　配制 500mL 0.1mol·L^{-1} Na_2CO_3 溶液示意图

思考与练习题

一、简答题

1. 摩尔与 1mol 有何区别？
2. 1g O_2 和 1mol O_2 的粒子（分子）数各为多少？
3. 0.5mol 的电子和 0.5mol 的 OH^- 粒子数是否相等？
4. 4g 氢气和 4g 氧气哪个分子数目更多？
5. 物质的量和物质的质量、摩尔质量和物质的相对分子质量有何区别与联系？请举例说明。

二、填空题

1. ①1mol H_2O 约含____个 H_2O；②1mol O 约含____个 e^-；③2mol H^+ 约含____个 H^+；④$3×6.02×10^{23}$ 个电子的物质的量是____mol e^-；⑤$1.204×10^{24}$ 个水分子的物质的量为____mol。

2. 5mol CO_2 与 8mol SO_2 的分子数比是_____；原子数比是_____；电子数比是_____。

3. 多少 mol H_2SO_4 分子与 $1.806×10^{24}$ 个水分子含有相同的氧原子数？

4. 4.5g 水与____g 硫酸所含的分子数相等，它们所含氧原子数之比是_____，其中氢原子数之比是_____。

5. ①标准状况下，1.92g 某气体的体积为 672mL，则此气体的相对分子质量为_____。
②标准状况下，14g N_2 和 CO 的混合气体，其体积为_____，质子数为_____N_A。

三、选择题

1. 下列叙述中，正确的是（　　）。
  A. 12g 碳所含的原子数就是阿伏加德罗常数
  B. 阿伏加德罗常数没有单位
  C. "物质的量"指物质的质量
  D. 摩尔是物质的量的单位，每摩尔物质含有阿伏加德罗常数个微粒

2. 下列说法正确的是（　　）。
  A. 1mol H_2 的质量是 1g
  B. 1mol HCl 的质量是 $36.5g·mol^{-1}$
  C. Cl_2 的摩尔质量等于它的相对分子质量
  D. 硫酸根离子的摩尔质量是 $96g·mol^{-1}$

3. 下列说法错误的是（　　）。
  A. 1mol 氢　　　B. 1mol O　　　C. 1mol 二氧化碳　　D. 1mol 水

4. 下列各组物质中，含原子数最多的是（　　）。
  A. 0.4mol NH_3　　　　　　　　B. 4℃时 5.4mL 水
  C. 10g 氮气　　　　　　　　　　D. $6.02×10^{23}$ 个硫酸分子

5. 铅笔芯的主要成分是石墨和黏土，这些物质按照不同的比例进行混合、压制，就可以制成铅笔芯。如果铅笔芯质量的一半成分是石墨，且用铅笔写一个字消耗的质量约为 1mg。那么一个铅笔字含有的碳原子数约为（　　）。
  A. $2.5×10^{19}$ 个　　　　　　　B. $2.5×10^{22}$ 个
  C. $5×10^{19}$ 个　　　　　　　　D. $5×10^{22}$ 个

6. 物质的量描述的是（　　）。
  A. 物质微粒的数量　　　　　　　B. 物质的量
  C. 物质的分子量和原子量　　　　D. 物质的微粒数量和质量的联系

7. 下列说法中，正确的是（　　）。
  A. 1mol 任何气体的体积都是 $22.4L·mol^{-1}$
  B. 1mol H_2 的质量是 1g，它所占的体积是 $22.4L·mol^{-1}$
  C. 在标准状况下，1mol 任何物质所占的体积都约为 22.4L
  D. 在标准状况下，1mol 任何气体所占的体积都约为 22.4L

8. 标准状况下有以下四种气体：①6.72 L CH_4；②$3.01×10^{23}$ 个 HCl 分子；③13.6g H_2S；④0.2mol NH_3。下列关系不正确的是（　　）。
  A. 体积：④<①<③<②　　　　　B. 质量：④<①<③<②
  C. 物质的量：①<②<③<④　　　D. 氢原子数：②<④<③<①

四、计算题

1. 将 1mL 18.4mol·L^{-1} 的浓硫酸稀释成 10mL，求稀释后硫酸的物质的量浓度。再从其中取出 2mL 后，其浓度为多少？

2. 25mL 氢氧化钠溶液，用 20mL 1mol·L^{-1} 的硫酸溶液刚好中和完全。求氢氧化钠溶液的物质的量浓度。

3. 配制 250mL 0.5mol·L^{-1} 的 H_2SO_4 溶液，需要用质量分数为 96%、密度为 1.84g·mL^{-1} 的浓 H_2SO_4 溶液多少毫升？

第二章
原子结构和分子结构

知识目标：

1. 了解原子核外电子运动状态的基本特点，了解原子轨道和电子云的概念，掌握四个量子数的意义及取值规则；
2. 了解化学键的含义及其基本类型，熟悉离子键、共价键的形成条件、特征以及共价键的类型；
3. 掌握元素的原子半径等元素基本性质的周期性变化；
4. 掌握离子晶体的特性和常见的离子晶体，了解原子晶体与分子晶体的内部结构及其特性。

能力目标：

1. 会用四个量子数描述原子中电子的运动状态；
2. 会分析原子的电子层结构与元素周期表、元素性质之间的关系；
3. 会正确对元素周期表中常见元素原子核外电子进行排布，能利用 sp、sp^2 和 sp^3 杂化轨道的成键情况判断分子的空间构型；
4. 会根据范德华力和氢键说明其对物质某些性质的影响，能说明离子晶体、原子晶体与分子晶体、金属晶体的特性。

素质目标：

1. 激发对微观世界的探究欲和学习化学的兴趣，进行世界的物质性、物质的可分性的辩证唯物主义教育；
2. 通过对人类探索原子结构历史的介绍，使学生了解假说、模型等科学研究方法，培养科学态度和科学精神；
3. 引导关注化学知识在提高人类生活质量中所起的作用。

第一节　原子结构

物质的性质是由物质的微观结构决定的。在一般的化学反应中，原子核并不发生变化，只是核外电子的运动状态发生了变化。因此，要说明化学反应的本质，了解物质的性质与结构的关系，推测新化合物合成的可能性，就必须了解原子结构，特别是原子的电子层结构。

一、原子的组成和同位素

（一）原子的组成

1911 年，英国科学家卢瑟福通过 α 粒子散射实验证明原子是由原子核和核外电子组成的。原子核带正电荷，位于原子的中心，电子带负电荷，围绕着原子核在一定空间范围内做高速运动。原子核所带的正电荷数（简称核电荷数）与核外所带的负电荷数相等，而电性相反。所以整个原子是电中性的。原子很小，而原子核更小。如果把原子看成一座庞大的体育场，则原子核仅相当于体育场中央的一只蚂蚁。所以，原子内部绝大部分是"空"的。

原子核虽小，但原子核也具有复杂的结构，仍可再分。科学实验证实，原子核由质子和中子构成。质子带一个单位正电荷，中子呈电中性，因此核电荷数是由质子数决定的。核电荷数的符号为 Z，因此有：

$$核电荷数(Z)=核内质子数=核外电子数=原子序数$$

电子的质量很小，仅约为质子质量的 1/1837，所以原子的质量主要集中在原子核上。由于质子、中子的质量很小，计算不方便，因此，通常用它们的相对质量。质子和中子的相对质量取近似整数值都为 1。如果忽略电子的质量，将原子核内所有的质子和中子的相对质量（取整数）相加，所得的数值叫作质量数，用符号 A 表示。中子数用符号 N 表示。则

$$质量数(A)=质子数(Z)+中子数(N)$$

因此，只要知道上述三个数值中的任意两个，就可以推算出另一个数值来。例如：知道硫原子的核电荷数为 16，质量数为 32，则硫原子的中子数 $=A-Z=32-16=16$。归纳起来，如以 $^A_Z X$ 代表一个质量数为 A、质子数为 Z 的原子，那么，组成原子的粒子间的关系可以表示如下，构成原子的粒子及性质归纳于表 2-1 中。

$$原子\,^A_Z X \begin{cases} 原子核 \begin{cases} 质子数\ Z \\ 中子数\ A-Z \end{cases} \\ 核外电子数\ Z \end{cases}$$

表 2-1　构成原子的粒子及性质

构成原子的粒子	电子	原子核	
		质子	中子
电性和电量	一个电子带 1 个单位负电荷	一个质子带 1 个单位正电荷	不显电性
质量/kg	9.109×10^{-31}	1.673×10^{-27}	1.675×10^{-27}
相对质量①	1/1837	1.007	1.008

① 是指与碳-12 原子（原子核内有 6 个质子和 6 个中子的碳原子）质量的 1/12（1.661×10^{-27} kg）相比较所得的数值。

（二）同位素

我们知道，元素为具有相同核电荷数（即质子数）的同一类原子的总称。也就是说，相同元素原子的原子核中质子数相同。那么，它们的中子数是否相同呢？科学研究证明，不一定相同。例如，氢元素的原子都含有 1 个质子，但有的氢原子不含中子，有的氢原子含 1 个中子，还有的氢原子含 2 个中子。

为了便于区别，将不含中子的氢原子叫作氕（音 piē，读撇），即普通氢原子，写成 $_1^1H$，含 1 个中子的氢原子叫作氘（音 dāo，读刀），即重氢原子，写成 $_1^2H$（或 D）；含 2 个中子的氢原子叫作氚（音 chuān，读川），即超重氢原子，写成 $_1^3H$（或 T）。

人们把具有一定数目的质子和一定数目的中子的一种原子叫作核素，上述 $_1^1H$、$_1^2H$、$_1^3H$ 就各为一种核素。同一元素的不同核素之间互称为同位素，如 $_1^1H$、$_1^2H$、$_1^3H$ 三种核素均是氢的同位素。据目前研究表明，大多数元素都有几种核素，也就是说，许多元素具有多种同位素。除氢元素的上述三种同位素外，氧元素有 $_8^{16}O$、$_8^{17}O$ 和 $_8^{18}O$ 三种同位素；碳元素有 $_6^{12}C$、$_6^{13}C$ 和 $_6^{14}C$ 等几种同位素；铀元素有 $_{92}^{234}U$、$_{92}^{235}U$ 和 $_{92}^{238}U$ 等多种同位素；等等。许多同位素在日常生活、工农业生产和科学研究中具有很重要的用途，例如，可以利用 $_1^2H$、$_1^3H$ 制造氢弹；利用 $_{92}^{235}U$ 制造原子弹和作核反应堆的燃料；用 $_6^{12}C$ 作为相对原子质量标准；利用放射性同位素给金属制品探伤、抑制马铃薯和洋葱等发芽以延长贮存保鲜期。在医疗方面，可以利用某些核素放射出的射线治疗癌肿等。

同一种元素的各种同位素虽然质量数不同，但它们的化学性质基本相同。在天然存在的某种元素中，不论是游离态还是化合态，各种天然同位素所占的原子百分数一般是不变的。因此，我们可根据某元素天然同位素原子所占的百分数和有关核素的相对原子质量，计算出该元素的相对原子质量 $A_r(E)$。例如，氯元素有 $_{17}^{35}Cl$ 和 $_{17}^{37}Cl$ 两种天然同位素，通过表 2-2 数据即可计算出氯元素的相对原子质量 $A_r(Cl)$：

表 2-2　氯的同位素

符号	同位素的相对原子质量	在自然界中各同位素原子所占的百分数
$_{17}^{35}Cl$	34.969	75.77%
$_{17}^{35}Cl$	36.966	24.23%

$A_r(Cl) = 34.969 \times 75.77\% + 36.966 \times 24.23\% = 35.45$

同位素及其应用

其他元素的相对原子质量也是它们各种同位素的相对原子质量的平均值。所以相对原子质量常常不是整数。同理，根据同位素的质量数，也可以算出该元素近似相对原子质量。如氯元素的相对原子质量为：$35 \times 75.77\% + 37 \times 24.23\% = 35.48$。

二、原子核外电子运动的特征

我们知道，地球沿着固定轨道围绕太阳运动，地球的卫星（月球或人造卫星）也以固定的轨道绕地球运转。这些宏观物体运动的共同规律是有固定的轨道，人们可以在任何时间同时准确地测出它们的运动速度和所在位置。电子是一种极微小的粒子，质量为 9.1×10^{-31} kg，在核外的运动速度快（接近光速），因此电子的运动和宏观物体的运动不同。和光一样，电子的运动具有微粒性和波动性双重性质。对于质量为 m、运动速度为 v 的电子，其动量为：

$$P = mv \tag{2-1}$$

其相应的波长为：

$$\lambda = h/P = h/mv \tag{2-2}$$

式中，λ 是电子的波长，它表明电子波动性的特征；P（或 mv）是电子的动量，它表明电子的微粒性特征。两者通过普朗克常数 h 联系起来。

实验证明，对于具有波动性的微粒来说，不能同时准确地确定它在空间的位置和动量（运动速度）。也就是说电子的位置测得愈准时，它的动量（运动速度）就愈测不准，反之亦然。但是用统计的方法，可以知道电子在原子中某一区域内出现的概率。

电子在原子核外空间各区域出现的概率是不同的。在一定时间内，在某些地方电子出现的概率较大，而在另一些地方出现的概率较小。对于氢原子来说，核外只有一个电子。为了在一瞬间找到电子在氢原子核外的确切位置，假定我们用高速照相机先给某个氢原子拍五张照片，得到图 2-1 所示的五种图像，⊕ 代表原子核，小黑点表示电子。如果给这个氢原子照几万张照片，叠加这些照片（图 2-2）进行分析，发现原子核外的一个电子在核外空间各处都有出现的可能，但在各处出现的概率不同。如果用小黑点的疏密来表示电子在核外各处的概率密度（单位体积中出现的概率）大小，黑点密的地方，是电子出现概率密度大的地方；疏的地方，是电子出现概率密度小的地方，如图 2-3 所示。像这样用小黑点的疏密形象地描述电子在原子核外空间的概率密度分布图像叫作电子云。所以电子云是电子在核外运动具有统计性的一种形象表示法。

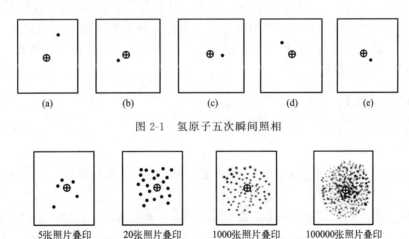

图 2-1　氢原子五次瞬间照相

图 2-2　若干张氢原子瞬间照片叠印

从图 2-3 中可见，氢原子的电子云是球形的，离核越近的地方其电子云密度越大。但是由于离原子核越近，球壳的总体积越小，因此在这一区域内黑点的总数并不多。而在半径为 53pm❶ 附近的球壳中电子出现的概率最大，这是氢原子最稳定的状态。为了方便，通常用电子云的界面表示原子中电子云的分布情况（图 2-4）。所谓界面，是指电子在这个界面内出现的概率很大（95% 以上），而在界面外出现的概率很小（5% 以下）。

---

❶　1pm＝10^{-12}m。

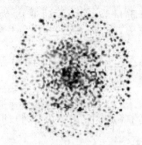
图 2-3 氢原子的电子云图

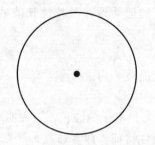
图 2-4 氢原子电子云界面图

三、核外电子的运动状态

电子在原子中的运动状态，可 n、l、m、m_s 四个量子数来描述。

（一）主量子数 n

主量子数 n 是用来描述原子中电子出现概率最大区域离核的远近，或者说它是决定电子层数的。主量子数 n 的取值为 1、2、3…等正整数。例如，$n=1$ 代表电子离核的平均距离最近的一层，即第一电子层；$n=2$ 代表电子离核的平均距离比第一层稍远的一层，即第二电子层。以此类推。可见 n 愈大电子离核的平均距离愈远。

在光谱学上常用大写拉丁字母 K、L、M、N、O、P、Q 分别代表电子层数（主量子数）1、2、3、4、5、6、7。

主量子数 n 是决定电子能量高低的主要因素。对单电子原子来说，n 值愈大，电子的能量愈高。但是对多电子原子来说，核外电子的能量除了同主量子数 n 有关以外还同原子轨道（或电子云）的形状有关。因此，n 值愈大电子的能量愈高只有在原子轨道（或电子云）的形状相同的条件下才是正确的。

（二）副量子数 l

副量子数又称角量子数。当 n 给定时，l 可取值为 0、1、2、3、…、$(n-1)$。在每一个主量子数 n 中，有 n 个副量子数，其最大值为 $n-1$。例如 $n=1$ 时，只有一个副量子数，$l=0$；$n=2$ 时，有两个副量子数，$l=0$，$l=1$。以此类推。按光谱学上的习惯 l 还可以用 s、p、d、f 等符号表示。

副量子数 l 的一个重要物理意义是表示原子轨道（或电子云）的形状。$l=0$ 时（称 s 轨道），其原子轨道（或电子云）呈球形分布（图 2-5）；$l=1$ 时（称 p 轨道），其原子轨道（或电子云）呈哑铃形分布（图 2-6）。

图 2-5 s 电子云

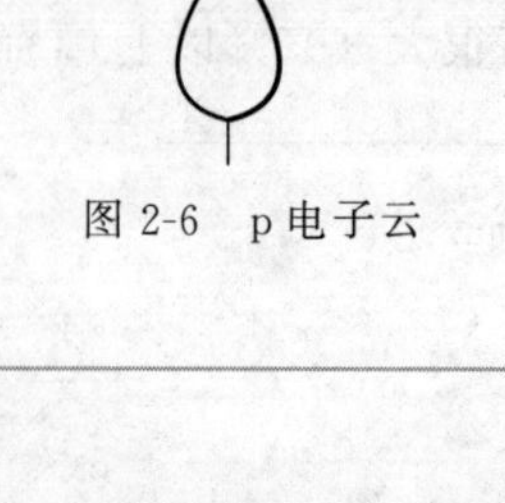

图 2-6 p 电子云

副量子数 l 的另一个物理意义是表示同一电子层中具有不同状态的亚层。例如，$n=3$ 时，l 可取值为 0、1、2。即在第三层电子层上有三个亚层，分别为 s、p、d 亚层。为了区别不同电子层上的亚层，在亚层符号前面冠以电子层数。例如，2s 是第二电子层上的 s 亚层，3p 是第三电子层上的 p 亚层。表 2-3 列出了主量子数 n、副量子数 l 及相应电子层、亚层之间的关系。

表 2-3　主量子数 n、副量子数 l 及相应电子层亚层之间的关系

n	电子层	l	亚层
1	1	0	1s
2	2	0	2s
		1	2p
3	3	0	3s
		1	3p
		2	3d
4	4	0	4s
		1	4p
		2	4d
		3	4f

前已述及，对于单电子体系的氢原子来说，各种状态的电子能量只与 n 有关。但是对于多电子原子来说，由于原子中各电子之间的相互作用，因而当 n 相同、l 不同时，各种状态的电子能量也不同，l 愈大，能量愈高。即同一电子层上的不同亚层其能量不同，这些亚层又称为能级。因此，副量子数 l 的第三个物理意义是：它同多电子原子中电子的能量有关，是决定多电子原子中电子能量的次要因素。

（三）磁量子数 m

磁量子数 m 决定原子轨道（或电子云）在空间的伸展方向。当 l 给定时，m 的取值为从 $-l$ 到 $+l$ 之间的所有整数（包括 0 在内），即 $0, \pm 1, \pm 2, \pm 3, \cdots, \pm l$，共有 $2l+1$ 个取值。即原子轨道（或电子云）在空间有 $2l+1$ 个伸展方向。原子轨道（或电子云）在空间的每一个伸展方向称作一个轨道。例如，$l=0$ 时，s 电子云呈球形对称分布，没有方向性。m 只能有一个值，即 $m=0$，说明 s 亚层只有一个轨道为 s 轨道。当 $l=1$ 时，m 可有 -1、0、$+1$ 三个取值，说明 p 电子云在空间有三种取向，即 p 亚层中有三个以 x、y、z 轴为对称轴的 px、py、pz 轨道。当 $l=2$ 时，m 可有五个取值，即 d 电子云在空间有五种取向，d 亚层中有五个不同伸展方向的 d 轨道（图 2-7）。

n、l 相同，m 不同的各轨道具有相同的能量，能量相同的轨道称为等价轨道。

（四）自旋量子数 m_s

原子中的电子除绕核做高速运动外，还绕自己的轴作自旋运动。电子的自旋运动用自旋量子数 m_s 表示。m_s 的取值有两个，$+1/2$ 和 $-1/2$。说明电子的自旋只有两个方向，即顺时针方向和逆时针方向。通常用"↑"和"↓"表示。

综上所述，原子中每个电子的运动状态可以用 n、l、m、m_s 四个量子数来描述。主量

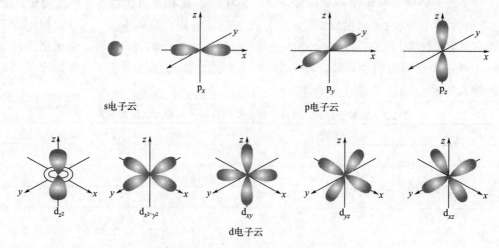

图 2-7 s、p、d 电子云在空间的分布

子数 n 决定电子出现概率最大的区域离核的远近（或电子层），并且是决定电子能量的主要因素；副量子数 l 决定原子轨道（或电子云）的形状，同时也影响电子的能量；磁量子数 m 决定原子轨道（或电子云）在空间的伸展方向；自旋量子数 m_s 决定电子的自旋方向。因此四个量子数确定之后，电子在核外空间的运动状态也就确定了。

四、核外电子的排布规律

（一）最低能量原理

所谓最低能量原理，是指原子核外的电子，总是优先占据能量最低的原子轨道，只有当能量较低的原子轨道被占满后，电子才依次进入能量较高的轨道，以使原子处于能量最低的稳定状态。

原子轨道能量的高低为：

① 当 n 相同、l 不同时，轨道的能量次序为 s＜p＜d＜f。例如，$E_{3s} < E_{3p} < E_{3d}$。

② 当 n 不同、l 相同时，n 愈大，各相应的轨道能量愈高。例如，$E_{2s} < E_{3s} < E_{4s}$。

③ 当 n 和 l 都不相同时，轨道能量有交错现象。即 $(n-1)$d 轨道能量大于 ns 轨道的能量，$(n-1)$f 轨道的能量大于 np 轨道的能量。在同一周期中，各元素随着原子序数递增核外电子的填充次序为 ns、$(n-2)$f、$(n-1)$d、np。

核外电子填充次序如图 2-8 所示。

（二）泡利（Pauli）不相容原理与洪特规则

1. 泡利不相容原理

泡利不相容原理的内容是：在同一原子中没有四个量子数完全相同的电子，或者说在同一原子中没有运动状态完全相同的电子。例如，氦原子的 1s 轨道中有两个电子，描述其中一个原子中没有运动状态的一组量子数 (n, l, m, m_s) 为 1，0，0，+1/2，另一个电子的一组量子数必然是 1，0，0，-1/2，即两个电子的其他状态相同但自旋方向相反。根据泡利不相容原理可以得出这样的结论：在每个原子轨道中，最多只能容纳自旋方向相反的两

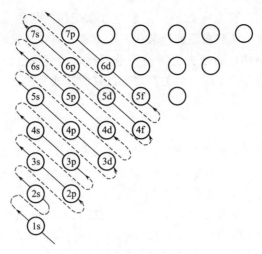

图 2-8 电子填充原子轨道的次序

个电子。于是，不难推算出各电子层最多容纳的电子数为 $2n^2$ 个。例如，$n=2$ 时，电子可以处于四个量子数不同组合的 8 种状态，即 $n=2$ 时，最多可容纳 8 个电子，见表 2-4。

表 2-4　$n=2$ 时四个量子数不同组合的 8 种状态

n	2	2	2	2	2	2	2	2
l	0	0	1	1	1	1	1	1
m	0	0	0	0	1	1	-1	-1
m_s	1/2	$-1/2$	1/2	$-1/2$	1/2	$-1/2$	1/2	$-1/2$

2. 洪特规则

在等价轨道中，电子尽可能分占不同的轨道，且自旋方向相同，这就是洪特规则。洪特规则实际上是最低能量原理的补充。因为两个电子同占一个轨道时，电子间的排斥作用会使体系能量升高，只有分占等价轨道，才有利于降低体系的能量。例如，碳原子核外有 6 个电子，除了有 2 个电子分布在 1s 轨道，2 个电子分布在 2s 轨道外，另外 2 个电子不是占 1 个 2p 轨道，而是以自旋相同的方向分占能量相同、但伸展方向不同的两个 2p 轨道。碳原子核外 6 个电子的排布情况如下：

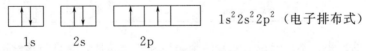

$1s^2 2s^2 2p^2$ （电子排布式）

洪特规则的特例，等价轨道全充满、半充满或全空的状态是比较稳定的。全充满、半充满和全空的结构分别表示如下：

全充满：p^6，d^{10}，f^{14}

半充满：p^3，d^5，f^7

全　空：p^0，d^0，f^0

用洪特规则可解释为什么 Cr 原子的外层电子排布为 $3d^5 4s^1$ 而不是 $3d^4 4s^2$，Cu 原子的外层电子排布为 $3d^{10} 4s^1$ 而不是 $3d^9 4s^2$。

应该指出，核外电子的排布规律是从大量事实中概括出来的一般规律，绝大多数原子核外电子的实际排布与这些规律是一致的。但是随着原子序数的增大，核外电子排布变得复杂，用核外电子排布规律不能满意地解释某些实验事实。另外，我们了解这些规律的目的不是去排布各元素原子的结构，而是去了解核外电子排布的规律性，特别是最外层电子的结构，从而为探讨元素性质和原子结构的关系奠定良好的基础。

五、元素的电负性

元素的原子在分子中吸引电子的能力叫作元素的电负性。元素的电负性愈大，表示该元素原子吸引电子的能力愈大，生成阴离子的倾向愈大。反之，吸引电子的能力愈小，生成阳离子的倾向愈大。表2-5列出了元素的电负性数值。元素的电负性是相对值，没有单位。通常规定氟的电负性为4.0（或锂为1.0），计算出其他元素的电负性数值。从表2-4可以看出，元素的电负性具有明显的周期性。电负性的周期性变化和元素的金属性、非金属性的周期性变化是一致的。同一周期内从左到右，元素的电负性逐渐增大，同一主族内从上至下电负性逐渐减小。在副族中，电负性变化不规律。在所有元素中，氟的电负性（4.0）最大，非金属性最强，铯的电负性（0.7）最小，金属性最强。一般金属元素的电负性小于2.0，非金属元素的电负性大于2.0，但两者之间没有严格的界限，不能把电负性2.0作为划分金属和非金属的绝对标准。

表 2-5　元素的电负性

H 2.2																
Li 1.0	Be 1.6										B 2.0	C 2.6	N 3.0	O 3.4	F 4.0
Na 0.9	Mg 1.3										Al 1.6	Si 1.9	P 2.2	S 2.6	Cl 3.2
K 0.8	Ca 1.0	Sc 1.4	Ti 1.5	V 1.6	Cr 1.7	Mn 1.6	Fe 1.8	Co 1.9	Ni 1.9	Cu 1.9	Zn 1.7	Ga 1.8	Ge 2.0	As 2.2	Se 2.6	Br 3.0
Rb 0.8	Sr 1.0	Y 1.2	Zr 1.3	Nb 1.6	Mo 2.2	Tc 1.9	Ru 2.2	Rh 2.3	Pd 2.2	Ag 1.9	Cd 1.7	In 1.8	Sn 2.0	Sb 2.1	Te 2.1	I 2.7
Cs 0.8	Ba 0.9	La~Lu 1.0~1.2	Hf 1.3	Ta 1.5	W 2.4	Re 1.9	Os 2.2	Ir 2.2	Pt 2.3	Au 2.5	Hg 2.0	Tl 2.0	Pb 2.3	Bi 2.0	Po 2.0	At 2.2
Fr 0.7	Ra 0.9	Ac 1.1	Th 1.3	Pa 1.4	U 1.4	Np~No 1.4~1.3										

元素电负性的大小，不仅能说明元素的金属性和非金属性，而且与化学键的类型、元素的氧化数和分子的极性等都有密切关系。

第二节　化学键和分子结构

分子是保持物质化学性质的最小微粒。分子的性质取决于组成分子的原子的种类、数目、原子间的相互作用力和原子的空间排布方式。其中原子间的相互作用力称为化学键，而原子在空间的排布方式就是分子结构。化学键与分子结构紧密地联系在一起，化学键是本质，分子结构则是表现形式。随着科学的发展，人们对物质中原子（或离子）之间相互作用力的认识逐渐加深，从而发展了不同的化学键理论。

一、离子键与离子晶体

（一）离子键的形成与特点

德国化学家柯塞尔（W. Kossel）解释了 NaCl、$CaCl_2$、CaO 等化合物的形成，并建立了离子键理论。

1. 离子键的形成

活泼的金属原子和活泼的非金属原子靠近时，金属原子易失去电子变成带正电荷的正离子，非金属原子得到电子变成带负电荷的负离子，正负离子通过静电引力结合在一起形成离子型化合物。离子键的本质就是正负离子间的静电作用力。

2. 离子键的特点

① 离子键没有方向性。一个离子可以在任何方位上与带相反电荷的离子产生静电引力，因此离子键没有（固定）方向。

② 离子键没有饱和性。从经典力学的观点看，一个离子可以和无数个带相反电荷的离子相互吸引，所以离子键没有饱和性。当然在实际的离子晶体中，由于空间位阻的作用，每一个离子周围紧邻排列的带相反电荷的离子是有限的。例如，在 NaCl 晶体中每一个 Na^+ 周围有 6 个 Cl^- 紧邻，而在 CsCl 晶体中，每一个 Cs^+ 周围有 8 个 Cl^- 靠得最近。

3. 元素的电负性对离子键离子性的影响

离子键往往是由金属原子和非金属原子通过电子的得失而形成的。两种原子的电负性差越大，电子的得失越容易，形成的化学键的离子性越强。但现代实验表明，即便是电负性最小的 Cs($\chi=0.7$) 和电负性最大的 F($\chi=4.0$) 形成的 CsF 离子晶体，键的离子性也只有92%。也就是说，在 CsF 晶体中，Cs 原子"失去"的 1 个电子并没有 100% 贡献给 F 原子，这个电子在 Cs 原子核的周围仍然有一定的出现概率，这与原子的量子力学模型完全相符。或者说，在 CsF 晶体中存在着 Cs、F 原子价层轨道的部分重叠，形成的化学键仍然有 8% 的共价性。人们经过大量的实验得出，AB 型化合物形成的单键的离子性与成键原子的电负性差密切相关，具体情况见表 2-6。一般认为离子性超过 50% 时，可称为离子化合物。

表 2-6 AB 型化合物单键的离子性与元素电负性差的关系

电负性差($\chi_A-\chi_B$)	离子性百分比/%	电负性差($\chi_A-\chi_B$)	离子性百分比/%
0.2	1	1.8	55
0.4	4	2.0	63
0.6	9	2.2	70
0.8	15	2.4	76
1.0	22	2.6	82
1.2	30	2.8	86
1.4	39	3.0	89
1.6	47	3.2	92

（二）离子晶体

正负离子通过离子键结合形成的晶体称为离子晶体。整个晶粒可看成一个庞大的分子。离子晶体的硬度大但比较脆，熔沸点较高，在熔化时或溶于水时可导电。

AB 型离子晶体的晶格结构主要有三种，如图 2-9 所示。

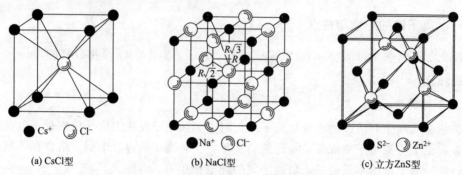

(a) CsCl 型　　(b) NaCl 型　　(c) 立方 ZnS 型

图 2-9　AB 型离子晶体的三种晶格结构

CsCl 型：正负离子分别构成了简单立方晶格，每个晶胞中含有 1 个 Cl^- 和 $8 \times 1/8 = 1$ 个 Cs^+，正负离子的配位数都是 8，配位比记作 8∶8。

NaCl 型：正负离子分别构成面心立方晶格，正负离子交叉排布形成 NaCl 晶胞。每个正负离子均被 6 个带异电荷的离子所包围，正负离子的配位数均为 6，配位比记作 6∶6。

立方 ZnS 型：正负离子分别构成面心立方晶格，每个正负离子均被 4 个带异电荷的离子所包围，正负离子的配位数均为 4，配位比记作 4∶4。

二、共价键与原子晶体

（一）共价键的形成与特点

离子键理论解释了许多离子型化合物的形成和性质特点，但对于如何阐释同种元素的原子或电负性相近的元素的原子也能形成稳定的分子却无能为力。

1927 年，德国化学家海特勒（W. Heitler）和伦敦（F. London）将量子化学理论应用到化学键与分子结构中，后来又经鲍林（L. Pauling）等人的发展才建立了现代价键理论（valence bond theory），简称 VB 法。

1. 共价键的形成

以 H_2 的形成为例，图 2-10 显示了当两个 H 原子相互靠近时体系能量的变化。

当两个 H 原子的成单电子自旋方向相反时，随着 H 原子的相互靠近，体系能量逐渐降低，在核间距达到 R_0 时体系能量最低。如果核间距继续缩短，随着两个原子核排斥力的增大，体系能量迅速升高。因此，两个 H 原子在核间距达

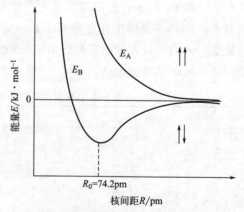

图 2-10　两个 H 原子相互靠近时体系能量的变化
E_A：排斥态的能量曲线；
E_B：基态的能量曲线

到 R_0 的平衡距离时形成了稳定的 H_2 分子,此种状态称为 H_2 分子的基态。如果两个 H 原子的成单电子自旋方向相同,则随着原子的逐渐靠近,体系的能量不断升高,并不出现低能量的稳定状态。

两个 H 原子核间距离为 R_0 形成 H_2 分子时,两个 H 原子的原子轨道已达到最大程度的重叠,形成了共价键。将对 H_2 分子形成的研究结果扩展到其他分子体系,形成了现代价键理论。

共价键理论的基本要点为:

① 两原子接近时,自旋相反的未成对价电子可以配对形成共价键。

② 成键电子的原子轨道重叠越多,所形成的共价键越牢固。这就是最大重叠原理。

2. 共价键的特点

(1) 共价键具有饱和性

由于共价键的形成基于成键原子价层轨道的有效重叠,每一个成键原子提供的成键轨道是有限的,因此,每一个成键原子形成的共价(单)键也必然是有限的,即共价键具有"饱和"性。例如 H 原子只有 1 个 1s 价层轨道,所以只能形成 1 个共价键;B、C、N 等第二周期的元素有 2s2p 共 4 个价层轨道,故最多可形成 4 个共价键,如 BF_4^-、CH_4、NH_4^+ 等;而第三周期的元素 Si、P、S 等,因有 3s 3p 3d 共 9 个价层轨道,故可以形成多于 4 个的共价键,如 SiF_6^{2-}、PCl_5、SF_6 等均可稳定存在(但不存在 CF_6^{2-}、NCl_5、OF_6)。

(2) 共价键具有方向性

由于原子轨道在空间都有一定的伸展方向,因此,当核间距一定时,成键轨道只有选择固定的重叠方位才能满足最大重叠原理,使体系处于最低的能量状态。所以,当一个(中心)原子与几个(配位)原子形成共价分子时,配位原子在中心原子周围的成键方位是一定的,即共价键具有方向性。共价键的方向性决定了共价分子具有一定的空间构型。

3. 共价键的类型

(1) σ 键

原子轨道(atomic orbital,以下简写为 AO)以"头碰头"的形式重叠,重叠部分沿键轴呈圆柱形对称;轨道重叠程度大,稳定性高,见图 2-11(a)。

(2) π 键

AO 以"肩并肩"的形式重叠,重叠部分对于通过键轴的一个平面呈镜面反对称性;轨道重叠程度相对较小,稳定性较低,是化学反应的积极参与者,见图 2-11(b)。

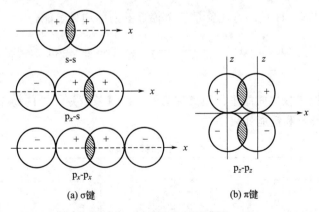

图 2-11 σ 键和 π 键示意图

H_2、F_2、HF 分子的成键有一个共同的特点,即 2 个含成单电子的原子轨道都以"头碰头"的方式重叠,形成 σ 键。在 N_2 分子的成键过程中,假设 2 个 N 原子沿着 x 轴相互靠近,则 2 个 N 原子的 $2p_x$ 轨道以"头碰头"的方式重叠形成 1 个 σ 键;同时 2 个 N 原子的 $2p_y$ 和 $2p_z$ 轨道则只能以"肩并肩"的方式重叠成键,形成 π 键。

(3) 共价键特例——配位键

当共价键中的共用电子对是由成键原子中一方单独提供,双方共享时,称为配位键。如 O→C。形成配位键必须满足两个条件:a. 提供共用电子对的原子应有孤对电子;b. 接受电子对的原子应有空轨道。有很多无机化合物的分子或离子具有配位键。

4. 共价键参数

化学键的性质可以通过表征键性质的某些物理量来定量地描述,这些物理量统称为键参数。描述共价键性质的物理量主要有键长、键角、键能等键参数。

(1) 键能

键能是指气态分子每断裂单位物质的量(1mol)的某键时的焓变。例如:

$$HCl(g) \xrightarrow[\text{标准态}]{298.15K} H(g) + Cl(g) \qquad \Delta_r H_m^\ominus = 431 \text{kJ} \cdot \text{mol}^{-1}$$

上式即表示 298.15K、标准态下,H—Cl 键的键能 $E = 431 \text{kJ} \cdot \text{mol}^{-1}$。化学反应中旧键的断裂或新键的形成,都会引起体系内能的变化。计算化学反应的能量变化时,严格来说应计算内能的变化 ΔU,但考虑到一般化学反应中体积功 $p\Delta V$ 很小,因此可用反应进程中的焓变 $\Delta_r H_m^\ominus$ 近似表示内能的变化($\Delta H = \Delta U + p\Delta V$)。

键能可以作为衡量化学键牢固程度的键参数。键能越大,键越牢固。对双原子分子来说,键能在数值上等于键的离解能(D)。例如:

$$H_2(g) \xrightarrow[\text{标准态}]{298.15K} 2H(g) \qquad E_{(H-H)} = D_{(H-H)} = 436 \text{kJ} \cdot \text{mol}^{-1}$$

对于多原子分子来说,键能和离解能在概念上是有区别的。例如,NH_3 分子有三个等价的 N—H 键,但每个键的离解能不一样。

$$NH_3(g) = NH_2(g) + H(g) \qquad D_1 = 427 \text{kJ} \cdot \text{mol}^{-1}$$

$$NH_2(g) = NH(g) + H(g) \qquad D_2 = 375 \text{kJ} \cdot \text{mol}^{-1}$$

$$NH(g) = N(g) + H(g) \qquad D_3 = 356 \text{kJ} \cdot \text{mol}^{-1}$$

$$NH_3(g) = N(g) + 3H(g) \qquad D_总 = D_1 + D_2 + D_3 = 1158 \text{kJ} \cdot \text{mol}^{-1}$$

在 NH_3 分子中 N—H 键的键能就是三个等价键的平均离解能:

$$E(N-H) = \frac{D_1 + D_2 + D_3}{3} = 386 \text{kJ} \cdot \text{mol}^{-1}$$

(2) 键长

分子内成键两原子核之间的平衡距离称为键长。键长越短,键的稳定性越高。几种 C—C 键和 N—N 键的键长和键能如表 2-7。

表 2-7 键长和键能参数表

键参数	C—C	C=C	C≡C	N—N	N=N	N≡N
键长/pm	154	134	120	145	125	110
键能/kJ·mol^{-1}	356	598	813	167	418	942

（3）键角

同一原子形成的两个化学键之间的夹角称为键角。键角是表示分子空间构型的主要参数。如果知道了某分子内全部化学键的键长和键角，那么这个分子的几何构型就确定了。图 2-16 示出了 H_2O、NH_3、CH_4 分子的空间构型及部分键角数据。键长和键角一般通过分子光谱、X 射线衍射等结构实验测定。

除了上述键长、键角、键能等参数外，还有键的极性、键级等参数也可用来描述共价键的性质。

（二）杂化轨道理论

1931 年，鲍林在价键法的基础上提出了杂化轨道理论。

1. 杂化轨道理论的主要观点

杂化轨道理论认为：在形成分子时，同一原子中不同类型、能量相近的原子轨道混合起来，重新分配能量和空间伸展方向，组成一组新的轨道的过程称为杂化，新形成的轨道称为杂化轨道。杂化轨道理论的主要观点有：

① 孤立原子的轨道不发生杂化，只有在形成分子时轨道的杂化才是可能的；

② 原子中不同类型的原子轨道只有能量相近的才能杂化；

③ 杂化前后轨道的数目不变；

④ 杂化后轨道在空间的分布使电子云更加集中，在与其他原子成键时重叠程度更大，成键能力更强，形成的分子更加稳定；

⑤ 杂化轨道在空间的伸展满足相互间的排斥力最小，使形成的分子能量最低。

2. 杂化轨道的类型及对分子空间构型的解释

（1）sp 杂化

中心原子的 1 个 ns 轨道和 1 个 np 轨道杂化形成 2 个 sp 杂化轨道，其间的夹角为 180°，呈直线形，每个 sp 杂化轨道含有 1/2s 轨道成分和 1/2p 轨道成分，所形成分子的空间构型为直线形。图 2-12 绘出了 $BeCl_2$ 分子形成时中心 Be 原子的轨道杂化情况和分子的空间构型。

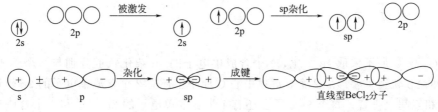

图 2-12　$BeCl_2$ 分子形成示意图

（2）sp^2 杂化

中心原子的 1 个 ns 轨道和 2 个 np 轨道杂化形成 3 个 sp^2 杂化轨道，相互间的夹角为 120°，呈平面三角形分布，每个 sp^2 杂化轨道含有 1/3s 轨道成分和 2/3p 轨道成分，所成分子的空间构型为平面三角形。图 2-13 绘出了 BF_3 分子形成时中心 B 原子的轨道杂化情况和分子的空间构型。

（3）sp^3 杂化

中心原子的 1 个 ns 轨道和 3 个 np 轨道杂化形成 4 个 sp^3 杂化轨道，相互间的夹角为

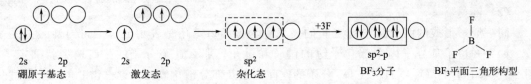

图 2-13 BF₃ 分子形成示意图

109°28′，呈正四面体分布，每个 sp³ 杂化轨道含有 1/4s 轨道成分和 3/4p 轨道成分，分子的空间构型为正四面体形。图 2-14(a) 给出了 CH_4 分子形成时中心 C 原子的轨道杂化情况和分子的空间构型。

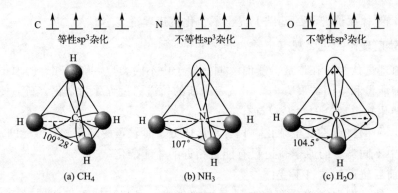

图 2-14　CH_4、NH_3、H_2O 中心原子杂化情况和分子的空间构型

（三）大 π 键

包括三个或三个以上原子的 π 键称为大 π 键，又称为离域 π 键。

1. 大 π 键的成键条件

① 所有原子共面；
② 每一原子提供一个垂直于平面的价层轨道（如 p 轨道）；
③ 轨道中的电子总数＜轨道数的两倍。

2. 大 π 键的应用实例

(1) CO_2

在 CO_2 中 C 原子采取 sp 杂化，2 个含成单电子的 sp 杂化轨道分别与 2 个 O 原子的含成单电子的 2p 轨道重叠形成 2 个 σ 键；中心 C 原子上还有 2 个含成单电子的 2p 轨道，垂直于键轴，相互间也垂直；每个 O 原子上还有 1 个含成单电子的 2p 轨道和 1 个含成对电子的 2p 轨道，同样垂直于键轴，相互间也垂直，这样 3 个原子对称性匹配的 3 个 2p 轨道相互重叠形成 1 个 π_3^4 键，另 3 个对称性匹配的 2p 轨道也相互重叠形成另一个 π_3^4 键。CO_2 分子的构型为直线形，分子中含有 2 个 σ 键和 2 个 π_3^4 键，示于图 2-15(a)。

(2) NO_2

在 NO_2 中 N 原子采取 sp² 杂化，其中 2 个含成单电子的 sp² 杂化轨道分别与 2 个 O 原子的含成单电子的 2p 轨道重叠形成 2 个 σ 键；中心 N 原子上还有 1 个 sp² 杂化轨道和 1 个 2p 轨道，其中 2p 轨道垂直于分子平面；每个 O 原子上还有 1 个含成单电子的 2p 轨道，同样垂直于分子平面，这样 3 个原子对称性匹配的 3 个 2p 轨道相互重叠形成 1 个大 π 键。NO_2

分子的构型为平面三角形，分子中含有 2 个 σ 键和 1 个大 π_3^4 键，示于图 2-15(b) 左。

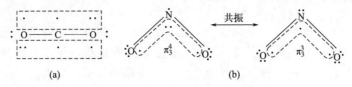

图 2-15 CO_2 和 NO_2 分子的成键结构

（四）原子晶体

原子相互间通过共价键结合形成的晶体称为原子晶体。原子晶体的主要特点是：占据在晶格结点上的质点是原子；原子间是通过共价键相互结合在一起的。由于在各个方向上这种共价键是相同的，因此在这类晶体中，不存在独立的小分子，而只能把整个晶体看成一个大分子，晶体有多大，分子就有多大，没有确定的分子量。由于原子之间的共价键比较牢固，即键的强度较高，要拆开这种原子晶体中的共价键需要消耗较大的能量，所以原子晶体一般具有较高的熔点、沸点和硬度。例如金刚石的熔点为 3849℃。这类晶体在通常情况下不导电，也是热的不良导体，熔化时也不导电。但硅、碳化硅等具有半导体的性质。

属于原子晶体的物质为数不多，除金刚石外，还有石英 SiO_2、金刚砂 SiC、氮化铝 AlN、氮化硼 BN、单质硅等。

三、分子间力、氢键和分子晶体

（一）分子间力

实际气体和稀有气体在低温高压下也能聚集成液体甚至固体，这说明在微观粒子（分子或原子）之间存在着一种比化学键弱的作用力，人们称之为分子间作用力。1873 年，荷兰物理学家范德华（van der Walls）首先提出了实际气体的状态方程，并发现方程中的压力修正项与分子间作用力相关。因此，人们也常把分子间作用力称为范德华力。按分子间作用力起因不同，将其分成三种类型：取向力、诱导力、色散力。

1. 取向力

极性分子本身具有永久偶极，当极性分子与极性分子相互靠近时，由于永久偶极的作用，同电相斥、异电相吸，极性分子会产生一种定向排列，这种由于极性分子永久偶极的作用而产生的分子间作用力称为取向力。取向力只存在于极性分子与极性分子之间。

分子的极性取决于分子中化学键的极性和对称性，极性分子中一定含有极性键，但含有极性键的分子不一定是极性分子。如 CH_4、BF_3、CO_2 等，虽然化学键是极性的，但键的对称性使得分子的正负电荷中心重合在一起，整个分子为非极性分子。

分子的极性大小常用偶极矩（μ）来衡量。偶极矩等于分子中正负电荷中心的距离乘以偶极所带的电量：$\mu = qd$

一个电子所带的电荷为 1.602×10^{-19} C（库仑），偶极长度 d 的数量级为 10^{-10} m，因此偶极矩 μ 的数量级在 10^{-30} C·m 范围，通常把 3.336×10^{-30} C·m 作为偶极矩的单位，称为"德拜"，以 D 表示。即 $1D = 3.336 \times 10^{-30}$ C·m。

偶极矩是一矢量，双原子分子的偶极矩等于其键矩，多原子分子的偶极矩等于分子中所有键矩的矢量和。

2. 诱导力

在外电场作用下,非极性分子的电子云会发生变形,使得分子的正负电荷中心发生偏离而形成偶极,这种偶极称为诱导偶极。同样,极性分子在外电场作用下也会产生附加的诱导偶极。分子的体积越大,电子越多,变形性越大,越易产生诱导偶极。

分子间由于诱导偶极的作用而产生的作用力称为诱导力。诱导力既存在于极性分子与极性分子之间,也存在于极性分子与非极性分子之间。

3. 色散力

分子中由于电子的运动和核的运动,非极性分子在某一瞬间也会因发生正负电荷中心的偏离而产生偶极,这种偶极称为瞬时偶极。由于瞬时偶极的寿命极短,目前实验上还难以测量。分子的变形性越大,瞬时偶极越容易产生。

分子间由于瞬时偶极的作用而产生的作用力称为色散力。色散力存在于所有分子之间。

4. 分子间作用力的特点

① 分子间作用力属于电性引力,其作用能的大小在几到几十 $kJ \cdot mol^{-1}$,而化学键的键能一般在 $100 \sim 600 kJ \cdot mol^{-1}$。

② 分子间作用力无方向性和饱和性。

③ 分子间作用力是一种短程引力,作用范围约为几 pm,其大小与分子间距离的 6 次方成反比。

④ 一般情况下,在三种分子间作用力中以色散力为主。例如 Br_2 是非极性分子,在 Br_2 分子之间只存在色散力,但单质溴在常温常压下却是液体;HI 虽然是极性分子,在 HI 分子之间既存在取向力,也存在诱导力,还存在色散力,但常温常压下 HI 却是气体。原因就在于 Br_2 比 HI 的分子量大、变形性大、色散力大。

5. 分子间作用力对物理性质的影响

分子间作用力对物质的性质有很大影响。随分子间作用力的增强,物质的熔沸点相应升高,例如稀有气体、卤素及有机同系物的熔沸点均随分子量的增大而升高。物质的溶解度大小也随溶质分子间、溶剂分子间及溶质和溶剂分子间作用力的不同而不同。一般极性相似的分子间作用力比较大(相似相溶)。

(二) 氢键

H_2O、H_2S、H_2Se、H_2Te 属于同一主族元素的氢化物,分子量依次增大,分子间作用力也应依次增大。由此推测,四种物质的熔沸点应该依次升高。但事实上,四种物质中 H_2O 的熔沸点最高。同样,HF 和 NH_3 在同族元素的氢化物中熔、沸点也是最高的。这说明在 H_2O、HF、NH_3 分子之间存在着一种超出正常范德华力之外的作用力。其产生的原因在于 O、F、N 均为电负性大、半径小的原子,当 H 原子与这些原子成键时,共用电子对远离 H 原子,使其几乎成为一个带足够正电荷的"裸体"质子,这样的 H 原子当与另一个带负电荷的 O、F、N 原子靠近时,就会产生超出范德华力之外的相互作用力,人们将这种力称为氢键。

1. 氢键的特点

① 氢键具有方向性、饱和性。氢键可以 X—H⋯Y 表示,式中 X、Y 代表 F、O、N 等

电负性较大而原子半径较小的非金属原子，X、Y可以是两种相同的元素，也可以是两种不同的元素。显然两个电负性较大的原子相距越远体系越稳定，即氢键具有方向性。氢键的键长一般指 X—H⋯Y 中 X 至 Y 的距离，也有人以 H⋯Y 的距离为键长。形成一个氢键后，其他电负性强的原子就很难再与 H 原子靠近，即氢键具有饱和性。

氢键可以在分子间形成，也可以在分子内形成，如图 2-16 所示。

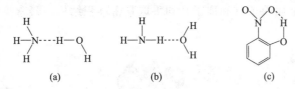

图 2-16　氢键形成示意图

② 氢键的强弱与形成氢键的非氢原子的电负性、原子半径、所带电荷有关。

③ 氢键的大小介于分子间作用力和化学键之间，更接近于分子间作用力，可看作具有方向性和饱和性的分子间作用力。

2. 分子间氢键的形成对化合物性质的影响

① 氢键的形成使物质的熔沸点升高，比热容、汽化热、熔化热相应增大。

② 当溶质与溶剂分子间形成氢键时，溶质的溶解度增大。如 1 体积水在 20℃时可溶解 700 体积氨气。

③ 氢键的形成可改变物质的密度。比如，常压下水在 4℃时密度最大。当水结成冰后，由于分子间氢键的作用，分子发生定向有序排列，分子间的空隙增大，因此，冰的密度反而低于 4℃的水。当冰、水共存时，冰大约有 1/9 浮出水面。生物体内许多与生命密切相关的生物大分子的空间构型（如 DNA 中的双螺旋等）很大程度上是依靠氢键来维系的。

（三）分子晶体

共价小分子通过分子间作用力（和氢键）结合而成的晶体称为分子晶体。分子晶体的主要特点是：在晶体中，组成晶格的质点是分子（包括极性的和非极性的），例如 CO_2、HCl、I_2、H_2O 等；分子晶体中，质点间的作用力是分子间力（和氢键）。每个分子的内部原子之间是通过共价键结合的。由于分子间作用力比共价键、离子键弱得多，所以分子晶体一般具有较低的熔点、沸点和较小的硬度。例如，白磷的熔点为 44.1℃，天然硫黄的熔点为 112.8℃。有些分子晶体，如干冰（固体 CO_2），在常温常压下以气态存在，有些分子晶体如碘可不经过熔化阶段而直接升华。冰、草酸、硼酸、间苯二酚等分子晶体存在氢键作用力。

四、金属键与金属晶体

金属的性质非常独特，不透明；具有特殊的金属光泽；具有优良的导电性；具有优良的导热性；具有优良的延展性。目前较为成熟的金属键理论有两个，一是改性共价键理论，一是能带理论。

1. 金属键

金属是由金属原子、金属离子和（金属原子电离出的）自由电子形成的；整个金属晶体中所有原子和离子共用能够流动的自由电子，就好像共价键中

纳米材料

成键原子的共用电子对一样,因此称为改性共价键。意思是,与共价键有相似之处又有所不同。

2. 金属晶体

金属原子、金属离子和自由电子通过金属键结合在一起形成的晶体称为金属晶体。金属的特性,主要表现为特殊的金属光泽和优良的导电性、导热性、延展性,且硬度和熔沸点变化较大。

在金属晶体中,金属原子(和离子)均采取紧密堆积结构。最常见的三种晶格如图2-17所示。

(a) 面心立方密堆积　　(b) 六方密堆积　　(c) 体心立方密堆积

图 2-17　金属晶体中的紧密堆积结构

第三节　元素周期律与元素周期表

一、元素周期律

【例 2-1】试写出锂、钠、钾三种元素原子结构示意图和核外电子排布式。

【例 2-2】试写出氟、氯、溴三种元素原子结构示意图和核外电子排布式。

元素的原子最外层电子排布呈周期性变化,这种周期性的变化导致元素的性质也呈现周期性变化,这个规律称为元素周期律。用图表形式表示元素周期律,称为元素周期表。

(一)核外电子排布的周期性

我们来看表 2-8 中原子序数为 1~18 的元素原子电子层排布的情况。

① 原子序数 1~2 的元素即从氢到氦,有一个电子层,电子排布 $1s^1$ 到 $1s^2$,电子由 1 个增加到 2 个,达到稳定结构。

② 原子序数 3~10 的元素即从锂到氖,有两个电子层,最外层电子排布由 $2s^1$ 到 $2s^2 2p^6$,电子由 1 个递增到 8 个,达到稳定结构。

③ 原子序数 11~18 的元素,即从钠到氩,有三个电子层,最外层电子排布从 $3s^1$ 到 $3s^2 3p^6$,最外层电子也从 1 个递增到 8 个,达到稳定结构。

如果我们对原子序数为 18 以后的元素继续研究下去,同样可以发现,每隔一定数目的元素会重复出现原子最外层电子数从 1 个递增到 8 个的情况。

由此可知:随着原子序数的递增(也就是随着核电荷数的递增),元素原子的最外层电子排布呈周期性的变化,如表 2-8。

表 2-8　原子序数为 1~18 的各元素性质变化情况

原子序数	1	2	3	4	5	6	7	8	9	10	11	12	13	14	15	16	17	18
元素名称	氢	氦	锂	铍	硼	碳	氮	氧	氟	氖	钠	镁	铝	硅	磷	硫	氯	氩
元素符号	H	He	Li	Be	B	C	N	O	F	Ne	Na	Mg	Al	Si	P	S	Cl	Ar
最外层电子排布	$1s^1$	$1s^2$	$2s^1$	$2s^2$	$2s^22p^1$	$2s^22p^2$	$2s^22p^3$	$2s^22p^4$	$2s^22p^5$	$2s^22p^6$	$3s^1$	$3s^2$	$3s^23p^1$	$3s^23p^2$	$3s^23p^3$	$3s^23p^4$	$3s^23p^5$	$3s^23p^6$
原子半径/pm	37	140	152	111	80	77	74	74	71	154	186	160	143	118	110	103	99	188
金属性与非金属性	非金属	稀有气体	活泼金属	两性	非金属	非金属	非金属	活泼非金属	最活泼非金属	稀有气体	很活泼金属	活泼金属	两性	非金属	非金属	较活泼非金属	很活泼非金属	稀有气体
最高氧化物的分子式	H_2O	—	Li_2O	BeO	B_2O_3	CO_2	N_2O_3	—	—	—	Na_2O	MgO	Al_2O_3	SiO_2	P_2O_3	SO_3	Cl_2O_7	—
最高氧化物对应水化物的分子式	—	—	LiOH	$Be(OH)_2$ (H_2BeO_2)	H_3BO_3	H_2CO_3	HNO_3	—	—	—	NaOH	$Mg(OH)_2$	$Al(OH)_3$ (H_3AlO_3)	H_2SiO_3	H_3PO_4	H_2SO_4	$HClO_4$	—
酸碱性	—	—	强碱	两性	极弱酸	弱酸	强酸	—	—	—	强碱	中强碱	两性	弱酸	中强酸	强酸	最强酸	—
氢化物的分子式	—	—	LiH	BeH_2	BH_3	CH_4	NH_3	H_2O	HF	—	NaH	MgH_2	AlH_3	SiH_4	PH_3	H_2S	HCl	—
化合价	+1	0	+1	+2	+3	+4 −4	+5 −3	−2	−1	0	+1	+2	+3	+4 −4	+5 −3	+6 −2	+7 −1	0
第一电离能/kJ·mol^{-1}	1312.0	2372.3	520.3	899.5	800.6	1086.4	1402.3	1314.0	1681.0	2080.7	495.8	737.7	577.6	786.5	1011.6	999.6	1251.1	1520.5
金属性和非金属性递变	从左到右金属性、非金属性呈周期性变化																	
最高氧化物的水化物的酸碱性	从左到右碱性、酸性呈周期性变化																	

（二）原子半径的周期性变化

从表 2-8 可以看出，由碱金属元素锂到卤素氟，随着原子序数的递增，原子半径由 152pm 递减到 71pm。同样由碱金属钠到卤素氯，随着原子序数的递增，原子半径由 186pm 递减到 99pm，原子半径也是由大逐渐减小，如果把已知的元素按原子序数递增的顺序排列起来，将会发现随着原子序数的递增，元素的原子半径呈周期性变化。一些元素原子半径规律性的变化见图 2-18。

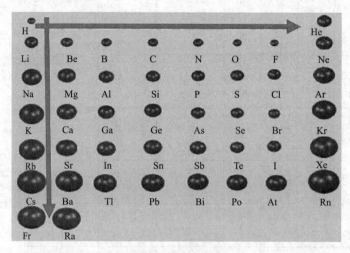

图 2-18　一些元素原子半径规律性的变化情况

（三）第一电离能的周期性变化

元素电离能的数值反映了元素原子失去电子的难易程度，元素的电离能越小，它的原子越容易失去电子。因此，从一定意义上说，元素的第一电离能可以作为该元素金属活泼性的一种衡量尺度。从表 2-14 可以看到，由锂到氖、由钠到氩，第一电离能均逐渐增大。18 号以后的元素的第一电离能，也有类似的递变规律，即元素的第一电离能随着原子序数的递增，呈周期性的变化。

（四）元素主要化合价的周期性变化

从表 2-8 可以看到，从 11 号元素到 18 号元素，在极大程度上重复着 3 号到 9 号元素所表现的化合价的变化，即正价从 +1(Na) 逐渐递变到 +7(Cl)，负价从 -4(Si) 递变到 -1(Cl)。18 号以后元素的化合价，也存在类似的递变规律，即元素的化合价随原子序数的递增呈现周期性的变化。

（五）元素的金属性和非金属性

从上述讨论中我们认识到，随着原子序数的递增，元素原子的电子层排布、原子半径和主要化合价均呈现周期性的变化。我们知道，元素的化学性质是由原子结构决定的，那么，我们是否可以认为元素的金属性与非金属性也将随着元素原子序数的递增而呈现周期性的变化呢？

下面通过实验来研讨这个问题。

元素金属性的强弱，可以从它的单质与水（或酸）反应置换出氢气的难易程度以及它的氧化物的水化物——氢氧化物的碱性强弱来判断。如果元素的单质跟水（或酸）反应置换出氢容易，而且它的氢氧化物碱性强，则这种元素金属性就强，反之则弱。

第 11 号元素是钠。它是一种非常活泼的金属，能与冷水迅速发生反应，置换出水中的氢。钠的氧化物的水化物——氢氧化钠显强碱性。

> 【演示 2-1】烧杯中准备 200mL 水，滴加 2 滴酚酞指示剂，用镊子从煤油瓶中取一小块钠，用滤纸吸干表面的煤油，用铅笔刀切下少量钠放入烧杯中，观察现象。
>
> 实验表明，钠和冷水剧烈反应生成 NaOH 和 H_2，反应的化学方程式为：
>
> $$2Na + 2H_2O \longrightarrow 2NaOH + H_2 \uparrow$$

第 12 号元素镁，它的单质与水反应的情况怎样呢？

> 【演示 2-2】取两段镁带，用砂纸擦去表面的氧化膜，放入试管中。向试管中加入 3mL 水，并加入 2 滴酚酞指示剂。观察现象。然后，加热试管至水沸腾。观察现象。
>
> 实验表明，镁与冷水反应很微弱，说明镁不易与冷水反应，但能与沸水迅速地反应并产生气泡。反应后的生成物使无色酚酞指示剂变红。这个反应的化学方程式为：
>
> $$Mg + 2H_2O \longrightarrow Mg(OH)_2 + H_2 \uparrow$$

镁能从水中置换出氢，说明它是一种活泼金属。但从镁与冷水反应比较困难，以及反应所生成的 $Mg(OH)_2$ 的碱性比 NaOH 弱的事实来看，镁的金属性不如钠强。

通过以上事实，我们可以归纳出这样的规律：元素的单质及其化合物的性质，随着原子序数的递增（核电荷数的递增）而呈现周期性的变化。这一规律叫作元素周期律。这一规律是 1869 年由俄国化学家门捷列夫发现的。

元素性质的周期性变化是元素原子的核外电子排布周期性变化的必然结果。

元素周期律反映了各种化学元素之间的内在联系和性质的变化规律，有力地证明了"量变到质变"的宇宙间基本规律，为辩证唯物主义提供了光辉的论据，由于元素周期律的发现，人们认识到自然界的化学元素之间，不是彼此孤立而无联系的，而是形成了一个完整的体系并有规律地变化着。

二、元素周期表

根据元素周期律，把电子层数目相同的各种元素，按原子序数递增的顺序从左到右排成横行，再把不同横行中电子构型相同的元素按电子层数递增的顺序由上而下排成纵行。这样排成的表，叫作元素周期表。元素周期表是元素周期律的具体表现形式，它反映了元素之间相互联系的规律，是我们学习化学的重要工具。下面我们来学习元素周期表的有关知识。

（一）周期

元素周期表有 7 个横行，也就是 7 个周期，具有相同的电子层数，而又按照原子序数递增的顺序排列的一系列元素称为一个周期。周期的序数就是该周期元素原子具有的电子层数。各周期中元素的数目不一定相同，第一周期只有 2 种元素，称为特短周期；第二和第三周期各有 8 种元素，称为短周期；第四和第五周期各有 18 种元素，称为长周期；第六周期有 32 种元素，称为特长周期；第七周期也有 32 种元素，但目前发现的 118 种元素中尚有几种元素还有待认定其化学特性，因此称为未完全周期。

为了使周期表横向不致太长，通常将特长周期（包括第六周期及未完全周期）中性质极其相似的元素，即镧系元素（$_{57}$La～$_{71}$Lu）和锕系元素（$_{89}$Ac～$_{103}$Lr）分别列在表的下方。它们分别属于第六周期和第七周期。

（二）族

周期表中共有 18 个纵行，除 8、9、10 三个纵行合并为一个族外，其余 15 个纵行，每个纵行就是一族。

族又有主族和副族之分。由短周期元素和长周期元素共同构成的，叫作主族，又称为 A 族；完全由长周期元素构成的族，叫作副族，又称为 B 族。主族元素在族序数（习惯用罗马数字表示）后标一个 A 字，如ⅠA、ⅡA、ⅢA、ⅣA、VA、ⅥA、ⅦA、ⅧA；副族元素在族序数后标一个 B 字，如ⅠB、ⅡB、ⅢB、ⅣB、VB、ⅥB、ⅦB、ⅧB。ⅧA 族是稀有气体元素，化学性质非常不活泼，在通常情况下不发生化学变化，其化合价为零，故又称为零族（0 族）。ⅧB 族又称为第八族（第Ⅷ族）总之，在整个周期表中，有 8 个主族，8 个副族，共 16 个族。

同一主族的元素原子的电子层数不同，但最外层电子数相同。

例如：碱金属为 ns^1，卤素为 ns^2np^5，它们在周期表中的族序数分别为ⅠA 和ⅦA。因此除ⅧA 族外主族元素的族序数＝该族元素的最外层电子数。

7 个主族，每一主族又有一个名称：

第 1 主族，叫作"碱金属族"；

第 2 主族，叫作"碱土金属族"；

第 3 主族，叫作"硼族"；

第 4 主族，叫作"碳族"；

第 5 主族，叫作"氮族"；

第 6 主族，叫作"氧族"；

第 7 主族，叫作"卤素族"。

副族元素的情况较为复杂，除ⅠB、ⅡB、ⅧB 族外，副族元素的族序数＝该族元素的 $(n-1)d$ 与 ns 上电子数之和。例如钪和钛，分别为 $3d^14s^2$ 和 $3d^24s^2$，在周期表中它们分别属于ⅢB 和ⅣB 族。

（三）区

在化学反应中，通常只涉及原子的价电子，因此熟悉各元素的价电子结构，对学习化学尤为重要。根据元素价电子结构的特征，将元素周期表划分为 4 个区域（或组），如图 2-19。

1. s 区元素

指元素的原子最后一个电子填充在 s 能级上（但不包括 He），外层电子排布为 ns^1 和

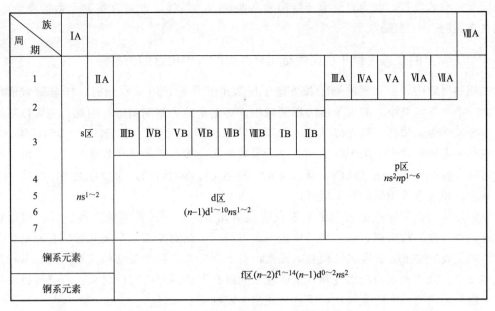

图 2-19 元素周期表根据原子的电子结构分区

ns^2。包括 ⅠA 和 ⅡA 两个主族。

s 区元素都是活泼的金属（除 H 外），它们发生化学反应时，总是失去最外层的 s 电子而成为 +1 或 +2 价的阳离子。

2. p 区元素

指元素的最后一个电子填充在 p 能级上（He 例外），外层电子为 ns^2np^1 至 ns^2np^6。包括 ⅢA 至 ⅦA 5 个主族和 1 个零族。

p 区有金属元素，也有非金属元素，还有稀有气体。它们在发生化学反应时，只有最外层的 s 亚层和 p 亚层的电子参与反应，不涉及内层电子，这一点与 s 区元素一样，是主族元素的共同特征。

3. d 区元素

指元素的原子最后一个电子填充在次外层 d 能级上，价层电子排布或特征电子构型为 $(n-1)d^{1\sim10}ns^{1\sim2}$（Pd 例外，无 5s 电子）。包括 ⅠB 至 ⅧB 8 个副族，统称为过渡元素。因为最外层只有 1~2 个电子，所以 d 区元素都是金属元素。它们在化学反应中，不仅最外层的 s 电子，而且次外层的 d 电子也可以部分或全部参与反应。

4. f 区元素

指元素的原子最后一个电子填充在倒数第三层 f 能级上，价层电子排布为 $(n-2)f^{0\sim14}(n-1)d^{0\sim2}ns^2$。包括镧系元素和锕系元素，f 区元素也叫过渡元素。

f 区元素都是金属，它们在发生反应时，不仅原子最外层的 s 电子和次外层的 d 电子参与反应，倒数第三层的 f 电子也部分或全部参与反应。

三、元素的性质与元素在周期表中位置的关系

元素在周期表中的位置，反映了该元素的原子结构和一定的性质。因此，可以根据某元

素在周期表中的位置，推测它的原子结构和某些性质；同样，也可以根据元素的原子结构，推测它在周期表中的位置。

（一）元素的金属性和非金属性与元素在周期表中位置的关系

在同一周期中，各元素的原子核外电子层数虽然相同，但从左到右，核电荷数依次增多，原子半径逐渐减小，失电子能力逐渐减小，得电子能力逐渐增强，因此，金属性逐渐减弱，非金属性逐渐增强，这可以从第 3 周期（11～18 号）元素性质的递变中得到证明。

在同一主族元素中，由于从上到下电子层数依次增多，原子半径逐渐增大，失电子能力逐渐增强，得电子能力逐渐减弱，所以，元素的金属性逐渐增强，非金属性逐渐减弱，这可以从碱金属和卤素性质的递变中得到证明。

我们还可以在周期表中对金属元素和非金属元素进行分区，如图 2-20。沿着周期表中硼、硅、砷、碲、砹跟铝、锗、锑、钋画一条虚线，虚线的左面是金属元素，右面是非金属元素。周期表中左下方是金属性最强的元素，右上方是非金属性最强的元素。最右纵行是稀有气体元素。由于元素的金属性和非金属性之间没有严格的界线，因此，位于分界线附近的元素，既能表现出一定的金属性，又能表现出一定的非金属性。

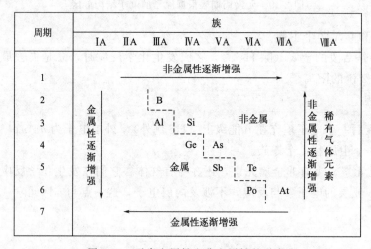

图 2-20 元素金属性和非金属性的递变

（二）元素化合价与元素在周期表中位置的关系

元素的化合价与原子的电子层结构，特别是最外电子层中的电子数目有密切关系，因此，主族元素原子的最外电子层中的电子，也叫作价电子。在周期表中，主族元素的最高正价等于它所在的族序数，这是因为族序数与最外层电子（即价电子）数相同。非金属元素的最高正化合价，等于原子所能失去或偏移的最外层电子数；而它的负化合价，则等于使原子最外层达到 8 个电子的稳定结构所需要得到的电子数。因此，非金属元素的最高正化合价和负化合价的绝对值之和等于 8。

元素周期律的发现和元素周期表的创立，对化学的学习研究是一个重要的规律和工具，运用元素周期律和元素在周期表中的位置以及与相邻元素性质的关系，可以判别元素的一般性质，预言和发现新元素，寻找和创造新材料等。

例如：周期表创立后相继发现了原子序数为 10、31、32、34、36、64 等天然元素和 61

及 95 以后的人工放射性元素，使当时已知的元素从 60 多种发展到现在的 118 种。从周期表中元素的金属性和非金属性的分界线可以判别元素及其化合物的性质。

元素周期律和周期表对于工农业生产也具有一定的指导作用。在周期表中位置靠近的元素性质相近，这就启发了人们在周期表中一定区域内寻找新的物质。例如，通常用来制造农药的元素，如氯、硫、磷等在周期表里占有一定区域。对这个区域里的元素进行充分的研究，有助于制造出新的农药品种。又如，可以在周期表里金属与非金属的分界处找到半导体材料，如硅、锗、硒、镓等。我们还可以在过渡元素中寻找催化剂和耐高温、耐腐蚀的合金材料，等等。

元素周期律的重要意义，还在于它从自然科学方面有力地论证了事物变化中量变引起质变的规律性。

元素周期表

思考与练习题

一、简答题

1. 下列各元素的原子中，含有的质子、中子、电子数各是多少？

$$^{12}_{6}C \quad ^{13}_{6}C \quad ^{17}_{8}O \quad ^{24}_{12}Mg \quad ^{39}_{19}K \quad ^{52}_{24}Cr$$

2. 当 $n=4$ 时，该电子层中有哪几个电子亚层？共有多少不同的轨道？最多能容纳几个电子？

3. 核外电子排布需要遵循哪些规律？试举例说明。

4. 指出下列各元素原子电子排布的错误之处，说明理由并改正。

① $_5B$ $1s^2\ 2s^3$

② $_7N$ $1s^2\ 2s^2\ 2p_x^2\ 2p_y^1$

③ $_{20}Ca$ $1s^2\ 2s^2\ 2p^6\ 3s^2\ 3p^6\ 3d^2$

④ $_{24}Cr$ $1s^2\ 2s^2\ 2p^6\ 3s^2\ 3p^6\ 3d^4\ 4s^2$

5. 已知某元素的电子结构式是 $1s^2\ 2s^2\ 2p^6\ 3s^2\ 3p^6\ 3d^{10}\ 4s^2\ 4p^5$，说明这个元素原子核外有几个电子层？每个电子层上有几种不同形状的电子云？每个电子层上各有多少电子？原子核中共有多少质子？

6. 离子键是怎样形成的？离子键有无方向性和饱和性？举例说明。

7. 为什么共价键具有方向性和饱和性？举例说明。

8. 为什么 HCl 是极性分子而 CO_2 是非极性分子？

9. 分子间力对物质的性质有何影响？分子间力与氢键有何不同？

10. 用原子结构理论解释，为什么锰和氯的最高正化合价相同，而锰是金属，氯是典型的非金属？

11. 试用杂化轨道理论解释：

① H_2S 分子的键角为 $92°$，而 PCl_3 分子的键角为 $102°$。

② NF_3 分子是三角锥形构型，而 BF_3 分子是平面三角形构型。

二、填空题

1. 共价键的特点是，具有_____性和_____性。

2. 根据杂化轨道理论，BF₃分子的空间构型为_____，电偶极矩_____零，NF₃分子的空间构型为_____。

3. 采用等性 sp³ 杂化轨道成键的分子，其几何构型为_____；采用不等性 sp³ 杂化轨道成键的分子，其几何构型为_____和_____。

4. SiCl₄分子具有四面体构型，这是因为 Si 原子以____杂化轨道与四个 Cl 原子分别成____键，杂化轨道的夹角为____。

5. COCl₂（∠ClCCl＝120°，∠OCCl＝120°）中心原子的杂化轨道类型是____，该分子中 σ 键有____个，π 键有____个。PCl₃（∠ClPCl＝101°）中心原子的杂化轨道是_____，该分子中 σ 键有____个。

6. 下列五种物质（①Ar；②CO_2；③H_2SO_4；④K_2S；⑤NaOH）中，只存在共价键的是_____，只存在离子键的是_____，既存在离子键又存在共价键的是_____，不存在化学键的是_____。属于共价化合物的是_____，属于离子化合物的是_____。（用序号填写）

7. 已知 PH_3 与 NH_3 结构相似，回答下列问题：
① PH_3 的电子式_____，结构式_____。
② 几何构型为_____。
③ 中心原子采取_____杂化。
④ PH_3 分子中的化学键_____（填"有"或"无"）极性，其分子为_____（填"极性"或"非极性"）分子。
⑤ PH_3 与 NH_3 的热稳定性：_____更强。

三、选择题

1. 下列化学用语表达正确的是（　　）。
A. 碳 12 原子：$^{12}_{6}C$
B. N_2 电子式：N∶∶N
C. 水的结构式：H—O—H
D. 硫离子结构示意图：(+18) 2 8 8

2. 同一元素的各种核素的（　　）不同。
A. 质子数　　　B. 中子数　　　C. 电子数　　　D. 质量数

3. 下列说法正确的是（　　）。
A. 分子间作用力的大小与化学键相当
B. 分子间作用力的大小远大于化学键，是一种很强的作用力
C. 分子间作用力主要影响物质的化学性质
D. 分子内部相邻原子之间强烈的相互作用称为化学键，而分子之间也存在相互作用，称为分子间作用力

4. 属于极性分子的是（　　）。
A. CO_2　　　B. H_2O　　　C. CCl_4　　　D. N_2

5. 下列观点正确的是（　　）。
A. 宏观物质都是由微观粒子构成的，微观粒子的种类和数量不同、彼此的结合方式多样，决定了物质的多样性
B. 某纯净物常温常压下为气体，则组成该物质的微粒一定含共价键

C. 储存在物质中的化学能在化学反应前后是不变的

D. 在氧化还原反应中，有一种元素被氧化，肯定有另一种元素被还原

6. 以下过程与化学键断裂无关的是（　　）。

 A. 氯化钠熔化   B. 金刚石熔化

 C. 金属汞气化   D. 干冰升华

7. H_2S 分子结构和 H_2O 相似，但 S—H 键键能比 O—H 键键能低。下列判断错误的是（　　）。

 A. H_2S 分子呈折线形

 B. H_2S 分子是极性分子

 C. H_2S 沸点低于 H_2O，因为 S—H 键键能低

 D. H_2S 分子稳定性低于 H_2O 分子

8. 膦（PH_3）又称磷化氢，在常温下是一种无色、有大蒜臭味的有毒气体，电石气的杂质中常含有磷化氢。以下关于 PH_3 的叙述错误的是（　　）。

 A. PH_3 分子中有未成键的孤对电子

 B. PH_3 是极性分子

 C. 它的分子构型是三角锥形

 D. 磷原子采用 sp^2 杂化方式

四、计算题

1. 镁有三种天然核素：$^{24}_{12}Mg$ 占 78.7％，$^{25}_{12}Mg$ 占 10.13％，$^{26}_{12}Mg$ 占 11.7％，试计算镁元素的近似相对原子质量。

2. 已知某元素和氢生成的化合物的组成是 RH_3，它的最高价氧化物中含有 56.34％ 的氧，写出这种元素的名称。

3. 某元素 R，它的最高价氧化物的分子式是 RO_3，气态氢化物中含氢 2.47％，该元素是什么？

第三章

化学反应速率与化学平衡

 知识目标：

1. 掌握化学反应速率的概念及化学反应速率的表示方式；
2. 掌握浓度、压强、温度、催化剂对化学反应速率的影响；
3. 了解化学反应的可逆性，掌握化学平衡的定义及特点、平衡常数的意义以及有关平衡常数的计算；
4. 掌握浓度、压强、温度、催化剂对化学反应平衡的影响；
5. 了解化学反应速率与化学平衡在化工生产中的平衡。

 能力目标：

1. 能根据条件进行化学反应速率的计算。
2. 能判断浓度、压强、温度、催化剂对化学反应速率的影响。
3. 能书写标准平衡常数及进行有关化学平衡的计算。
4. 能判断浓度、压强、温度、催化剂对化学平衡的影响。
5. 能综合利用化学反应速率及化学平衡知识解决实际生产问题。

 素质目标：

通过实验探究影响化学反应速率和化学平衡的因素，培养"科学探究与创新意识"的科学素养。

我们知道，化学反应往往需要在一定条件下进行。例如，H_2 和 N_2 化合生成 NH_3 的反应，就需要在高温、高压和有催化剂存在的条件下进行。又如，从理论上讲，NO 和 CO 可以反应生成 CO_2 和 N_2，但是在没有催化剂存在下，这个反应很慢，否则，汽车尾气中的两种有毒气体在排放前就进行反应，可以大大改善汽车尾气对大气造成的污染，但实际上，这个美好的愿望目前还未能顺利地实现。可见，研究化学反应的条件对日常生活、工农业生产和科学研究等具有重要的意义。为什么一个反应的进行需要这样或那样的条件呢？这就要从以下两个方面来认识：一个是反应进行的快慢，即化学反应速率问题；一个是反应进行的程度，也就是化学平衡问题。这两个问题不仅是今后学习化学所必需的基础理论知识，也是研究化工生产适宜条件时所必须了解的化学变化规律。本章就化学反应速率和化学平衡这两个问题作一些初步介绍。

第一节　化学反应速率

一、化学反应速率的概念及表示方法

（一）化学反应速率的概念

化学反应虽然种类繁多，但是不同的化学反应进行得快慢不同，如酸碱中和反应、氢气在氧气中点燃的爆炸反应等瞬间即可完成反应；有的反应如金属生锈、塑料的老化等则需要经过比较长的时间才能察觉；而自然界中的石油和煤炭等自然资源的形成则需要长达几十万年甚至亿万年。因此，化学反应的快慢用化学反应速率来表示。

化学反应速率是指在一定条件下，反应物转变为生成物的速率。反应速率越大，化学反应进行得越快，完成反应所需时间越短。

（二）化学反应速率的表示方法

通常用单位时间内任何一种反应物或生成物浓度的变化来表示化学反应速率（用符号 v 表示）。时间单位可用秒、分、时（分别用符号 s、min、h 表示），浓度单位为 $mol \cdot L^{-1}$，反应速率的单位为 $mol \cdot (L \cdot s)^{-1}$ 或 $mol \cdot (L \cdot min)^{-1}$、$mol \cdot (L \cdot h)^{-1}$。化学反应速率可表示为：

$$化学反应速率(v) = -\frac{\Delta c(反应物)}{\Delta t} = \frac{\Delta c(生成物)}{\Delta t}$$

式中，Δc 为反应物或生成物浓度的变化，$mol \cdot L^{-1}$；Δt 为反应时间，s、min 或 h。因为 Δt 指的是某一段时间内，故化学反应速率一般指的是平均化学反应速率。

【例3-1】在密闭的容器内进行合成氨反应：

$$N_2(g) + 3H_2(g) \rightleftharpoons 2NH_3(g)$$

相关数据如下表所示，分别用 N_2、H_2、NH_3 三种物质表示化学反应速率。

物质	$N_2(g)$	$H_2(g)$	$NH_3(g)$
开始时物质的浓度/$mol \cdot L^{-1}$	4.0	2.0	0
2s 后物质的量浓度/$mol \cdot L^{-1}$	3.4	1.8	0.4

解：用反应物 N_2、H_2 的浓度减少或产物 NH_3 的浓度增加表示分别为

$$v(N_2)=-\frac{\Delta c(N_2)}{\Delta t}=-\frac{(3.4-4.0)\text{mol}\cdot\text{L}^{-1}}{2\text{s}}=0.3\text{mol}\cdot(\text{L}\cdot\text{s})^{-1}$$

$$v(H_2)=-\frac{\Delta c(H_2)}{\Delta t}=-\frac{(1.8-2.0)\text{mol}\cdot\text{L}^{-1}}{2\text{s}}=0.1\text{mol}\cdot(\text{L}\cdot\text{s})^{-1}$$

$$v(NH_3)=\frac{\Delta c(NH_3)}{\Delta t}=\frac{(0.4-0)\text{mol}\cdot\text{L}^{-1}}{2\text{s}}=0.2\text{mol}\cdot(\text{L}\cdot\text{s})^{-1}$$

由上例可知，当用不同物质的浓度变化量来表示同一反应的反应速率时，其数值有可能是不一样的。用任一物质在单位时间内的浓度变化来表示某反应的速率，其意义都是一样的，但必须注明是以哪一种物质的浓度来表示的。

二、影响化学反应速率的因素

【演示3-1】将镁、铁、铜片分别放入 $1\text{mol}\cdot\text{L}^{-1}$ 的稀盐酸溶液中，观察现象。

通过观察现象可以看到，镁片放出的气泡又快又多，铁片稍慢，而铜片根本不反应。说明化学反应速率首先取决于反应物的本性。除内因外，对于任何一个化学反应，其反应速率都与外界条件有关。许多实验和事实也都证明，浓度、压强（主要是对有气体参加的反应）、温度、催化剂等条件会影响化学反应速率。

（一）浓度对化学反应速率的影响

1. 基元反应和非基元反应

实验表明，绝大多数化学反应并不是简单地一步完成，往往是分步进行的。而有些是一步完成的，例如：

$$2NO_2(g)\longrightarrow 2NO(g)+O_2(g)$$

若该反应由反应物直接反应转化成产物，这种反应称为基元反应，也称为简单反应。

若反应是分步进行的，总反应方程式只是反映了反应物与终产物之间的化学计量关系，并不代表反应的实际历程。例如：

$$H_2(g)+I_2(g)\Longleftrightarrow 2HI(g)$$

实际上该反应是分两步进行的：

$$I_2(g)\longrightarrow 2I(g)\quad\text{（第一步，快速）}$$

$$H_2(g)+2I(g)\longrightarrow 2HI\quad\text{（第二步，慢）}$$

以上第一步和第二步为基元反应，两步共同构成的化学反应称为非基元反应。在非基元反应中，各步反应速率是不相同的，其中最慢的一步反应决定了总反应的反应速率。

2. 质量作用定律

我们知道，发生化学反应的先决条件是反应物的分子（或离子）必须相互接触并相互碰撞，否则，就不能发生化学反应。但并不是每一次碰撞都能发生化学反应。以气体为例，任何气体中分子间的碰撞次数都是非常巨大的。在 101kPa 和 $500℃$ 时，每升 HI 气体（约

0.001mol）中，每秒分子碰撞次数达 $3.5×10^{28}$ 之多。如果每次碰撞都能发生化学反应，则 HI 的分解反应瞬间就能完成，而事实并不是这样的。可见，反应物的分子每次碰撞不一定都能发生化学反应，能够发生化学反应的碰撞是很少的。因此我们把碰撞分成两类：

有效碰撞，能发生化学反应的碰撞；

无效碰撞，不能发生化学反应的碰撞。

为什么分子碰撞时有的能发生化学反应，有的不能呢？因为化学反应的过程，就是反应物分子中原子重新组合生成新分子的过程，也就是反应物分子旧的化学键断裂、生成物分子中新的化学键形成的过程。要想实现这个过程，反应物分子必须具有足够的能量，碰撞时才能使化学键减弱和断裂，从而发生化学反应。可见，发生有效碰撞的分子必须具备较高的能量。凡是能发生有效碰撞的分子称为活化分子。同样，不能发生有效碰撞（即发生无效碰撞）的分子称为非活化分子或普通分子。

显然，在其他条件不变时，对某一反应来说，活化分子在反应物分子中所占的比例是一定的，因此，单位体积内活化分子的数目与单位体积内反应物分子的总数成正比，也就是和反应物的浓度成正比。当反应物浓度增大时，单位体积内分子数增多，活化分子数也相应增多。因此，增大反应物的浓度可以增大化学反应速率。

反应物的浓度与反应速率之间究竟存在着什么关系呢？实验证明，在一定的条件下，一些基元反应的反应速率与各反应物浓度（或浓度的幂）成正比。

例如，在一定条件下，NO_2 和 CO 作用生成 NO 和 CO_2：

$$NO_2(g)+CO(g)\longrightarrow NO(g)+CO_2(g)$$

若以 $c(NO_2)$，$c(CO)$ 分别表示 NO_2 和 CO 的浓度，单位为 $mol·L^{-1}$，以 v 表示在该温度时的反应速率，则 $v \propto c(NO_2)\ c(CO)$。

实验研究表明

$$v=kc(NO_2)c(CO)$$

式中，k 是比例常数，在这里叫作反应速率常数，简称速率常数。

这个常数由反应物本性决定，并随温度而变化，与浓度无关，即对某一给定的反应，在同一条件下 k 是一个定值。一个化学反应，如果在给定条件下，k 值愈大，说明这个反应的速率 v 也大，反应愈易进行。

大量实验结果表明，对任何一个基元反应如

$$mA+nB\longrightarrow pC+qD$$
$$v=k[c(A)]^m[c(B)]^n$$

式中，A、B 代表反应物；C、D 代表生成物；m、n、p、q 分别代表化学方程式中各反应物和生成物的化学计量数。

上述方程式是在一定条件下，对某一简单化学反应来说，反应速率与反应物浓度（以方程式中该物质的计量系数为次方）的乘积成正比。这一结论叫作质量作用定律。上述方程式称为质量作用定律的数字表达式，也叫作反应速率方程式。

在反应速率方程式中，反应物的浓度是指气态或溶液的浓度，不包括固态和纯的液体。

质量作用定律只适用于基元反应（指一步完成的反应，即反应物只经过一步反应就直接转变为生成物的反应），而不适用于分几步完成的总反应。

（二）压强对化学反应速率的影响

对有气体参加的反应来说，压强的影响实际上是浓度的影响。当温度一定时，一定量气体的体积与其所受的压强成反比。压强增大到2倍,气体的体积就缩小到一半,单位体积内的分子数就增加到原来的两倍,浓度也随之增大到2倍。所以增大压强,即增大反应物的浓度,因而可以增大反应速率;而减小压强,体积扩大,浓度减小,反应速率就减小。

如果参加反应的物质是固体、液体或溶液时,由于改变压强对它们体积改变的影响很小,因而对它们浓度改变的影响也很小,可以认为改变压强对它们的反应速率无影响。

(三)温度对化学反应速率的影响

在浓度一定时,升高温度,反应物分子的能量增加,使一部分原来能量较低的分子变成活化分子,从而增加了反应物分子中活化分子的比例,使有效碰撞次数增多,因而使化学反应速率增大。当然,温度升高,会使分子的运动加快,这样单位时间里反应物分子间的碰撞次数增加,反应也会相应地加快,但这不是反应加快的主要原因,前者才是反应加快的主要原因。

实验事实表明,对多数反应来说,温度每升高10℃,反应速率大约增加到原来的2~4倍。表3-1列出了温度对H_2O_2与HI反应速率的影响。

表3-1 温度对H_2O_2与HI反应速率的影响

温度/℃	0	10	20	30	40	50
相对反应速率	1.00	2.08	4.32	8.38	16.19	39.95

对于每升高10℃,反应速率增大1倍的反应,100℃时的反应速率约为0℃时的1024倍,即在0℃需要7天多才能完成的反应,在100℃只需10 min左右即可完成。

(四)催化剂对化学反应速率的影响

催化剂是一种能改变化学反应速率,其本身在反应前后质量、组成和化学性质都没有变化的物质。催化剂改变化学反应速率的作用叫催化作用。凡能加快反应速率的催化剂叫正催化剂,凡能减慢反应速率的催化剂叫负催化剂。一般提到催化剂,若不明确指出是负催化剂时,均是指起加快反应速率作用的正催化剂。

催化剂与
化学工业

催化剂能够增大化学反应速率的原因,是它能够改变化学反应历程,降低反应所需要的能量,这样就会使更多的反应物分子成为活化分子,大大增加单位体积内反应物分子中活化分子所占的比例,从而成千上万倍地增大化学反应速率。

由于催化剂能大幅增大化学反应速率,因此,催化剂在现代化工生产中占有极为重要的地位。据初步统计,约有85%的化学反应需要使用催化剂,有很多反应还必须靠性能优良的催化剂才能进行。

(五)其他因素对反应速率的影响

除了浓度、压强、温度、催化剂等对化学反应速率有影响外,固体表面积的大小、扩散速率的快慢等,也对化学反应速率有影响。例如生产上常把固体物质破碎成小颗粒或磨成细粉,将液态物质淋成滴状或喷成雾状等微小液滴,以增大反应物之间的接触面积,提高反应速率。工业上还通常通过搅拌、振荡等方法来加速扩散过程,使反应速率增大。

第二节 化学平衡

在化学研究和化工生产中，只考虑化学反应速率是不够的，还需要考虑化学反应所能达到的最大限度。例如，在合成氨工业中，除了要考虑使 N_2 和 H_2 尽可能快地转变为 NH_3 外，还要考虑使 N_2 和 H_2 尽可能多地转变为 NH_3，这就涉及化学反应进行的程度问题——化学平衡。

化学平衡主要是研究可逆反应规律的，如反应进行的程度以及各种条件对反应进行程度的影响等。

一、不可逆反应与可逆反应

化学反应按其进行的程度一般可分为不可逆反应和可逆反应两种类型。例如，以二氧化锰作催化剂的氯酸钾受热分解，反应能几乎无剩余地生成氯化钾和氧气。

$$2KClO_3 \xrightarrow[\triangle]{MnO_2} 2KCl + 3O_2 \uparrow$$

与此相反，如果要用 KCl 和 O_2 反应来制取氯酸钾，在目前所能达到的条件下是不可能的。像这样几乎只能往一个方向进行的反应叫作不可逆反应。

又如在高温时，一氧化碳和水蒸气作用可生成二氧化碳和氢气：

$$CO + H_2O \longrightarrow CO_2 + H_2$$

但是，在同样的温度下，二氧化碳和氢气作用又可得到一氧化碳和水蒸气。

$$CO_2 + H_2 \longrightarrow CO + H_2O$$

这种在同一条件下，既能向一个方向又能向相反方向进行的反应，叫作可逆反应。

一切化学反应都具有或多或少的可逆性。反应的可逆性是化学反应的普遍特征。只是对某些反应来说，两个相反进行的趋势相差很大，如上述氯酸钾加热分解、强酸强碱的中和反应等，可认为是不可逆反应。

在可逆反应中，为了表示化学反应过程的可逆性，在化学反应方程式中用两个相反的箭头"$\rightleftharpoons$"代替反应方程式中"$\longrightarrow$"。因此上述反应可写成

$$CO + H_2O \rightleftharpoons CO_2 + H_2$$

通常把从左到右进行的反应叫正反应，从右到左进行的反应叫逆反应。

二、化学平衡概念

化学平衡主要是研究可逆反应进行的规律。那么可逆反应有什么特点呢？我们可以通过 CO 与 $H_2O(g)$ 的反应来进行研究：

$$CO + H_2O \rightleftharpoons CO_2 + H_2$$

将 $0.01 mol$ CO 和 $0.01 mol$ $H_2O(g)$ 通入容积为 $1L$ 的密闭容器里，在催化剂存在的条件下加热到 $800℃$，结果生成了 $0.005 mol$ CO_2 和 $0.005 mol$ H_2，而反应物 CO 和 $H_2O(g)$ 各剩余 $0.005 mol$。如果温度不变，反应无论进行多长时间，容器里混合气体中各种气体的

浓度都不再发生变化。

我们可以用可逆反应中正反应速率和逆反应速率的变化来说明上述过程,如图 3-1 所示。

当反应开始时,CO 和 $H_2O(g)$ 的浓度最大,因而它们反应生成 CO_2 和 H_2 的正反应速率最大;而 CO_2 和 H_2 的起始浓度为零,因而它们反应生成 CO 和 $H_2O(g)$ 的逆反应速率也为零。此后,随着反应的进行,反应物 CO 和 $H_2O(g)$ 的浓度逐渐减小,正反应速率逐渐减小;生成物 CO_2 和 H_2 的浓度逐渐增大,逆反应速率逐渐增大。

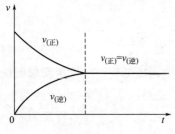

图 3-1　化学平衡建立过程示意图

如果外界条件不发生变化,化学反应进行到一定程度的时候,正反应速率和逆反应速率相等。此时,化学反应进行到最大限度,反应物和生成物的浓度不再发生变化,反应物和生成物的混合物(简称反应混合物)处于化学平衡状态,简称化学平衡。

实验证明,如果不是从 CO 和 $H_2O(g)$ 开始反应,而是各取 0.01mol CO_2 和 0.01mol H_2,以相同的条件进行反应,生成 CO 和 $H_2O(g)$,当达到化学平衡状态时,反应混合物里 CO、$H_2O(g)$、CO_2、H_2 各为 0.005mol,其组成与前者完全相同。

当反应达到平衡的时候,正反应和逆反应都仍在继续进行,只是由于在同一瞬间,正反应生成 CO_2 和 H_2 的分子数和逆反应所消耗的 CO_2 和 H_2 的分子数相等,亦即正、逆反应的速率相等,因此反应混合物中各组分的浓度不变。由此可见,化学平衡是一种动态平衡。

综上所述,化学平衡状态是指在一定条件下的可逆反应里,正反应和逆反应的速率相等,反应混合物中各组分的浓度保持不变的状态。可将化学平衡的基本特征归纳为以下几点:

① 在适宜条件下,可逆反应都可以达到平衡状态;

② 化学平衡是一种动态平衡,此时正、逆反应仍以相同的速率进行着,即 $v_正 = v_逆 \neq 0$,所以,反应体系中各组分浓度保持不变;

③ 化学平衡是暂时的、有条件的平衡。对在一定条件下达到平衡的化学反应,当条件改变时,反应会在新的条件下建立新的平衡;

④ 由于化学反应是可逆的,不管反应从哪个方向开始,最终都能达到平衡。

三、化学平衡常数

(一)化学平衡常数表达式

为了进一步了解可逆反应达到化学平衡状态时的特征,对于反应

$$CO + H_2O \underset{高温}{\overset{催化剂}{\rightleftharpoons}} CO_2 + H_2$$

可以进行以下实验。在 4 个 1L 的密闭容器里,均通入不同物质的量的 CO、$H_2O(g)$、CO_2 和 H_2,把 4 个密闭容器都加热到 800℃,经过足够长的时间后,如果这 4 个容器里的 4 种物质的浓度不再随时间的改变而改变,那么,容器里的反应混合物就都达到了化学平衡。把实验测得的平衡浓度等数据列在表 3-2 里。

表 3-2　$CO+H_2O(g) \rightleftharpoons CO_2+H_2$ 反应中起始和平衡时各物质的浓度（800℃）

起始时各物质的浓度/mol·L^{-1}				平衡时各物质的浓度/mol·L^{-1}				平衡时 $\dfrac{c(CO_2)c(H_2)}{c(CO)c(H_2O)}$
$c(CO)$	$c(H_2O)$	$c(CO_2)$	$c(H_2)$	$c(CO)$	$c(H_2O)$	$c(CO_2)$	$c(H_2)$	
0.01	0.01	0	0	0.005	0.005	0.005	0.005	1.0
0	0	0.02	0.01	0.0067	0.0067	0.033	0.0033	1.0
0.0025	0.03	0.0075	0.0075	0.0021	0.0296	0.0079	0.0079	1.0
0.01	0.03	0	0	0.0025	0.0255	0.0075	0.0075	1.0

为了研究平衡混合物中各物质浓度之间的关系，我们把平衡混合物中各生成物的浓度乘积作为分子，把各反应物的浓度乘积作为分母，求其比，其比值也列在表 3-2 里。分析表 3-2 中的实验数据，可以得出如下结论：

由上表可知，在一定温度下，可逆反应无论从正反应开始，还是从逆反应开始，又无论反应物起始浓度的大小，最后都能达到化学平衡，这时生成物的浓度乘积除以反应物的浓度乘积所得到的比是个常数。即 $\dfrac{[CO_2][H_2]}{[CO][H_2O]}$ 为一常数。

总结大量实验得出结论：在一定温度下，可逆反应达到平衡时，生成物浓度幂的乘积与反应物浓度幂的乘积之比为一常数。这个常数称为化学平衡常数，用符号 K 表示。

对于任意可逆反应：

$$a\mathrm{A}+b\mathrm{B} \rightleftharpoons c\mathrm{C}+d\mathrm{D}$$

在一定温度下，可逆反应达到平衡时，以化学计量数为指数的生成物浓度的乘积与以化学计量数为指数的反应物浓度的乘积之比是一常数 K_c。我们把 K_c 称为浓度平衡常数。

$$K_c = \dfrac{[\mathrm{C}]^c[\mathrm{D}]^d}{[\mathrm{A}]^a[\mathrm{B}]^b}$$

式中，K_c 为以浓度表示的平衡常数；[A]、[B]、[C]、[D] 表示 A、B、C、D 各物质的平衡浓度。

对于气相反应，在一定温度下达到平衡时，用平衡时气体的分压来代替气态物质的浓度，得到压力平衡常数，有：

$$K_p = \dfrac{p_\mathrm{C}^c p_\mathrm{D}^d}{p_\mathrm{A}^a p_\mathrm{B}^b}$$

式中，K_p 为以压力表示的平衡常数；p_A、p_B、p_C、p_D 表示 A、B、C、D 各物质的平衡分压。

浓度平衡常数 K_c 和压力平衡常数 K_p 统称为实验平衡常数。从平衡常数 K 的大小，可以推断反应进行的程度。K 越大，表示化学反应达到平衡时生成物浓度与反应物浓度的比值越大，也就是反应进行的程度越大，反应物的转化率也越大。反之，K 越小，表示反应进行的程度越小，反应物的转化率也越小。

可逆反应的平衡常数并不随反应物或生成物浓度的改变而改变，但随温度的改变而改变。因此，在使用平衡常数时，必须注意是在哪一个温度下进行的可逆反应。

（二）多重平衡常数

如果某一可逆反应由几个可逆反应相加（或相减）得到，则该可逆反应的标准平衡常数等于这几个可逆反应标准平衡常数的乘积（或商），这种关系称为多重平衡规则。当反应式乘以系数时，该系数作为平衡常数的指数。

例如，某温度下，已知反应：

$$SO_2(g) + \frac{1}{2}O_2(g) \rightleftharpoons SO_3(g) \quad K_1$$

$$NO_2(g) \rightleftharpoons NO(g) + \frac{1}{2}O_2(g) \quad K_2$$

若两反应相加可得：

$$SO_2(g) + NO_2(g) \rightleftharpoons SO_3(g) + NO(g) \quad K_3$$

则 $K_3 = K_1 K_2$

当某个化学平衡常数较难测定或无从查取时，可利用有关化学反应平衡常数算出。

（三）化学平衡常数书写应注意的事项

① 平衡常数表达式中的各组分浓度（或分压）必须为系统达到平衡时的浓度（或分压）。

② 反应体系中有纯液体、纯固体及稀溶液中的水参加的反应，在平衡常数表达式中这些物质的浓度为1。如：

$$Fe_3O_4(s) + 4H_2(g) \rightleftharpoons 3Fe(s) + 4H_2O(g)$$

$$K = \frac{[H_2O]^4}{[H_2]^4}$$

③ 同一化学反应，反应方程式不同，K 的表达式也不同。如氨的合成反应：

$$N_2(g) + 3H_2(g) \rightleftharpoons 2NH_3(g) \quad K_p = \frac{p_{NH_3}^2}{p_{N_2} p_{H_2}^3}$$

$$\frac{1}{2}N_2(g) + \frac{3}{2}H_2(g) \rightleftharpoons NH_3(g) \quad K_p = \frac{p_{NH_3}}{p_{N_2}^{1/2} p_{H_2}^{3/2}}$$

四、化学平衡计算

1. 由平衡浓度计算平衡常数

【例 3-2】 合成氨反应 $N_2(g) + 3H_2(g) \rightleftharpoons 2NH_3(g)$ 在某温度下达到平衡时，N_2、H_2、NH_3 的浓度分别为 $3\,mol \cdot L^{-1}$、$10\,mol \cdot L^{-1}$、$4\,mol \cdot L^{-1}$，求该温度下的平衡常数。

解： $K = \dfrac{[NH_3]^2}{[N_2][H_2]^3} = \dfrac{4^2}{3 \times 10^3} = 5.3 \times 10^{-3}$

2. 利用平衡常数，求体系中各物质的浓度及反应物的转化率

平衡转化率简称为转化率，是指反应达到平衡时，某反应物转化为生成物的百分数，即：

$$\text{转化率} = \frac{\text{某反应物已转化的物质的量}}{\text{反应前该反应物的总物质的量}} \times 100\%$$

若反应前后体积不变，反应物的物质的量可用浓度表示，即：

$$\text{转化率} = \frac{\text{某反应物已转化的浓度}}{\text{反应前该反应物的起始浓度}} \times 100\%$$

【例 3-3】 已知某温度时，反应 $Fe^{2+}(aq) + Ag^{+}(aq) \rightleftharpoons Fe^{3+}(aq) + Ag(s)$ 的平衡常数为 2.99。若溶液中 Fe^{2+} 和 Ag^{+} 的初始浓度为 $0.1000 \text{ mol} \cdot L^{-1}$，$Fe^{3+}$ 的初始浓度为 $0.0010 \text{ mol} \cdot L^{-1}$，则反应达到平衡时，$Ag^{+}$ 的转化率为多少？

解：设 Ag^{+} 的转化浓度为 $x \text{ mol} \cdot L^{-1}$，则：

$$Fe^{2+}(aq) + Ag^{+}(aq) \rightleftharpoons Fe^{3+}(aq) + Ag(s)$$

初始浓度/mol·L⁻¹	0.1000	0.1000	0.0010
转化浓度/mol·L⁻¹	x	x	x
平衡浓度/mol·L⁻¹	$0.1000-x$	$0.1000-x$	$0.0010+x$

达到平衡时，$K = \dfrac{[Fe^{3+}]}{[Fe^{2+}][Ag^{+}]} = \dfrac{0.0010+x}{(0.1000-x)^2} = 2.99$

解得：$x = 0.0187$

故 Ag^{+} 的转化率 $= \dfrac{Ag^{+} \text{已转化的浓度}}{\text{反应前 } Ag^{+} \text{ 起始浓度}} \times 100\% = \dfrac{0.0187}{0.1000} \times 100\% = 18.70\%$

3. 可逆反应进行方向的判断

化学反应：

$$aA + bB \rightleftharpoons mM + nN$$

在任意时刻各生成物相对浓度（或相对分压）幂的乘积与各反应物相对浓度（或相对分压）幂的乘积之比，定义为反应商，用符号"Q"表示，则：

$$Q = \frac{(c'_M)^m (c'_N)^n}{(c'_A)^a (c'_B)^b}$$

或

$$Q = \frac{(p'_M)^m (p'_N)^n}{(p'_A)^a (p'_B)^b}$$

当 $Q < K$ 时，正反应自发进行。

当 $Q = K$ 时，反应处于平衡状态。

当 $Q > K$ 时，逆反应自发进行。

故在一定温度下，我们可以通过比较 Q 与 K 的大小判断反应是否处于平衡状态及反应自发进行的方向。

【例 3-4】 在某温度下，反应 $A + B \rightleftharpoons D + E$ 在溶液中进行，若反应开始时 A、B、C、D 的浓度均为 $1 \text{ mol} \cdot L^{-1}$，反应在此温度下达到平衡时的平衡常数为 $K = 0.41$，请判断反应自发进行的方向。

解: $Q = \dfrac{c_D c_E}{c_A c_B} = \dfrac{1 \times 1}{1 \times 1} = 1$

因为 $Q > K$，所以反应自发向逆反应方向进行。

第三节 化学平衡的移动

化学平衡是一种动态平衡，其只有在一定条件下才能保持，当一个可逆反应达到化学平衡状态后，如果改变浓度、压强、温度等反应条件，达到平衡的反应混合物里各组分的浓度也会随着改变，从而达到新的平衡状态。这种由于外界条件的改变，使可逆反应从一种平衡状态向另一种平衡状态转变的过程叫作化学平衡的移动。

我们研究化学平衡的目的，并不是希望保持某一个平衡状态不变，而是要研究如何利用外界条件的改变，使旧的化学平衡破坏，并建立新的较理想的化学平衡。例如，使转化率不高的化学平衡破坏，而建立新的转化率高的化学平衡，从而提高产量。下面，我们着重讨论浓度、压强和温度的改变对化学平衡的影响。

一、浓度对化学平衡的影响

【演示 3-2】在一个小烧杯里混合 10mL 0.01mol·L^{-1} FeCl$_3$ 溶液和 10mL 0.01mol·L^{-1} KSCN(硫氰化钾)溶液，溶液立即变成红色。

把该红色溶液平均分入 3 个试管中。在第一个试管中加入少量 1mol·L^{-1} FeCl$_3$ 溶液，在第二个试管中加入少量 1mol·L^{-1} KSCN 溶液。观察这两个试管中溶液颜色的变化，并与第三个试管中溶液的颜色相比较。

FeCl$_3$ 与 KSCN 发生反应，生成红色的 Fe(SCN)$_3$(硫氰化铁)和 KCl，这个反应可表示如下：

$$FeCl_3 + 3KSCN \rightleftharpoons Fe(SCN)_3(红色) + 3KCl$$

从上面的实验可知，在平衡混合物里，当加入 FeCl$_3$ 溶液或 KSCN 溶液后，试管中溶液的颜色都变深了。这说明增大任何一种反应物的浓度都可促使化学平衡向正反应方向移动，生成更多的 Fe(SCN)$_3$。

其他实验也可证明，在达到平衡的反应里，减小任何一种生成物的浓度，平衡会向正反应方向移动；减小任何一种反应物的浓度，平衡会向逆反应方向移动。

综上所述，在其他条件不变的情况下，增大反应物的浓度或减小生成物的浓度，都可以使化学平衡向正反应方向移动；增大生成物的浓度或减小反应物的浓度，都可以使化学平衡向逆反应方向移动。

在生产上，往往采用增大容易取得或成本较低的反应物的浓度的方法，使成本较高的原料得到充分利用。

二、压强对化学平衡的影响

处于平衡状态的反应混合物里,不管是反应物还是生成物,如果有气态物质存在,而且可逆反应两边的气体分子总数不相等时,那么改变压强也会使化学平衡移动。

我们可以用下列反应来说明压强对化学平衡的影响。

$$2NO_2(g) \rightleftharpoons N_2O_4(g)$$
（红棕色）　　（无色）

在恒温下用注射器吸入少量 NO_2 和 N_2O_4 的混合气体,然后将注射器针头插入橡皮塞中以封口。将注射器活塞反复往里推和往外拉,可以观察到压强变化对化学平衡的影响。当活塞往外拉时,混合气体的颜色先变浅又逐渐变深。应怎样理解呢?这必然是由于针筒内体积增大,使气体的压强减小,浓度也减小,颜色变浅。后来颜色逐渐变深,这必然是由于化学平衡向着生成 NO_2 反应的方向即气体体积增大的方向（每 1 体积 N_2O_4 分解生成 2 体积 NO_2）移动。当活塞往里推时,混合气体的颜色先变深又逐渐变浅。这必然是由于针筒内体积减小,气体的压强增大,浓度也增大,颜色变深。由于化学平衡向着生成 N_2O_4 的方向即气体体积缩小的方向移动,因此混合气体的颜色又逐渐变浅了。

上述实验证明,在其他条件不变的情况下,增大压强,会使化学平衡向着气体体积缩小的方向移动;减小压强,会使化学平衡向着气体体积增大的方向移动。

在有些可逆反应里,反应前后气态物质的总体积没有变化,例如

$$2HI(g) \rightleftharpoons H_2(g) + I_2(g)$$

在这种情况下,增大或减小压强都不能使化学平衡移动。

固态物质或液态物质的体积,受压强的影响很小,可以忽略不计。因此,如果平衡混合物都是固体或液体,则改变压强不能使化学平衡移动。

三、温度对化学平衡的影响

在吸热或放热的可逆反应里,反应混合物达到平衡状态以后,改变温度也会使化学平衡移动。

【演示3-3】把 NO_2 和 N_2O_4 的混合气体盛在两个连通的烧瓶里,然后用夹子夹住橡皮管,一个烧瓶放进热水里,把另一个烧瓶放进冰水（或冷水）里,如图3-2所示。观察混合气体的颜色变化,并与常温时盛有相同混合气体的烧瓶中的颜色进行对比。

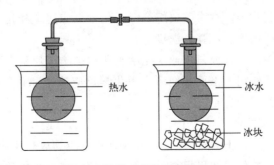

图3-2　温度对化学平衡的影响

> 在 NO_2 生成 N_2O_4 的反应里,正反应是放热反应,逆反应是吸热反应。
>
> $$2NO_2(g) \rightleftharpoons N_2O_4(g) \quad (正反应为放热反应)$$
> $\quad$(红棕色)$\quad\quad$(无色)
>
> 从上面的实验可知,混合气体受热颜色变深,说明 NO_2 浓度增大,即平衡向逆反应方向移动。混合气体被冷却时颜色变浅,说明 NO_2 的浓度减小,即平衡向正反应方向移动。

温度对化学平衡的影响与浓度、压强的影响有本质区别。温度变化时平衡常数会变,而压强、浓度变化时,平衡常数不变。实验测定表明,对于正向放热反应,温度升高,平衡常数减小,此时 $Q>K$,平衡向左移动,即向吸热方向移动。对于正向吸热反应,温度升高,平衡常数增大,此时 $Q<K$,平衡向右移动。

由此可见,对于任何可逆反应,在其他条件不变的情况下,温度升高,会使化学平衡向着吸热反应的方向移动;温度降低,会使化学平衡向着放热反应的方向移动。

四、催化剂对化学平衡的影响

由于催化剂能够同等程度地增加正反应速率和逆反应速率,因此它对化学平衡的移动没有影响。也就是说,催化剂不能改变达到化学平衡状态的反应混合物的组成,但是使用催化剂能够改变反应达到平衡所需的时间。

五、化学平衡移动原理

通过讨论浓度、压强、温度对化学平衡的影响,1884 年法国科学家勒夏特列概括出一条规律:如果改变影响平衡系统的一个条件(如浓度、压强或温度),平衡就向能够减弱这种改变的方向移动。这个规律称为勒夏特列原理,也叫作化学平衡移动原理。

勒夏特列原理只应用于已经达到平衡的系统,不能应用于未达到平衡的系统。

第四节 化学反应速率与化学平衡的应用

在化工生产和科学实验中,常常需要综合考虑化学反应速率和化学平衡两方面因素来选择最适宜的反应条件(如浓度、压强、温度等)。

我们以合成氨工业为例,合成氨工业对化学工业和国防工业具有重要意义,对我国实现农业现代化起着很重要的作用。下面我们将应用化学反应速率和化学平衡原理的有关知识,来探讨合成氨条件的选择问题。

我们已经知道,NH_3 的合成是一个气体总体积缩小的可逆放热反应:

$$N_2(g) + 3H_2(g) \rightleftharpoons 2NH_3(g) \quad (正反应为放热反应)$$

我们需要研究如何在单位时间里提高合成氨的产量,这涉及化学反应速率的问题。

根据有关化学反应速率的知识,我们可以得出,升高温度、增大压强以及使用催化剂等，都可以使合成氨的化学反应速率增大。

由于合成氨反应是可逆反应，在生产上，仅仅考虑使合成氨的化学反应速率增大还不行，还需要考虑如何最大限度地提高平衡混合物中 NH_3 的含量。表 3-3 中的实验数据是在不同温度和压强下，平衡混合物中 NH_3 含量的变化情况。

表 3-3　达到平衡时平衡混合物中 NH_3 的含量（体积分数）（$V_{N_2}:V_{H_2}=1:3$）　单位：%

温度/℃	压强/MPa					
	0.1	10	20	30	60	100
200	15.3	81.5	86.4	89.9	95.4	98.8
300	2.2	52.0	64.2	71.0	84.2	92.6
400	0.4	25.1	38.2	47.0	65.2	79.8
500	0.1	10.6	19.1	26.4	42.2	57.5
600	0.05	4.5	9.1	13.8	23.1	31.4

由表 3-3 的实验数据可以清楚地看出，在温度一定时，增加压强有利于提高平衡混合物中 NH_3 的含量；在压强一定时，降低温度有利于提高平衡混合物中 NH_3 的含量。

下面我们综合上面的讨论和合成氨工业生产的实际情况，具体地研究合成氨条件的选择问题。

1. 压强

由上面的讨论我们知道，增大压强既有利于增大合成氨的化学反应速率，又能使化学平衡向着正反应方向移动，有利于 NH_3 的合成，因此，从理论上讲，合成氨的压强越大越好。例如，有研究表明，在 400℃、压强超过 200MPa 时，不必使用催化剂，氨的合成反应能顺利进行。但在实际生产中，压强越大，需要的动力越大，对材料的强度和设备的制造要求也越高，这将会大大增加生产投资，并可能降低综合经济效益。目前合成氨生产中，为了耐高压，合成塔的钢板厚度已达 10cm 左右，如果再增大压强，H_2 会穿透如此厚的钢板而泄漏，而且即使使用特种钒合金钢，也难以承受如此巨大的压强。因此，受动力、材料、设备等条件的限制，目前我国的合成氨厂一般采用的压强是 20～50MPa。

2. 温度

由上面的讨论可以知道，氨的合成是一个可逆放热反应。从动力学角度来看，要提高反应速率，就必须适当提高反应温度。当压强一定、温度升高时，虽然能增大合成氨的反应速率，但由于合成氨反应是放热反应，升高温度，平衡常数减小，会降低平衡混合物中 NH_3 的含量。显然，降低温度对化学平衡是有利的。因此，从 NH_3 的平衡含量来看，氨的合成反应在较低温度下进行有利，表 3-3 中的实验数据也说明了这一点。但是温度过低，反应速率很小，需要很长时间才能达到平衡状态，这在工业生产上是很不经济的。

因此，对于合成氨反应温度对平衡和反应速率两者的影响是相互矛盾的，故存在一个最佳反应温度。在该温度下，使反应达到某个转化率，且其反应速率最大。此外，如果最佳反应温度值超出了催化剂的活性温度范围，则必须以催化剂的活性温度来确定操作温度。换句话说，最佳反应温度只有在催化剂的活性温度范围内，才具有工业实际意义。

所以综合考虑上述因素，在实际生产上，合成氨反应一般选择在 500℃ 左右的温度下进行。

3. 催化剂

我们知道，N_2 的分子结构比较稳定，即使在高温、高压下，N_2 与 H_2 的化合反应仍然进行得十分缓慢。通常，为了加快 N_2 与 H_2 的化合反应速率，都采用加入催化剂的方法，以降低反应所需的能量，使反应物在较低温度下能较快地进行反应。

对于合成氨具有活性的金属很多，如锇、铂、钼、钨、锰、铬、铁等。其中以铁为主体并添加促进剂的催化剂价廉易得、活性良好、使用寿命长，在工业上得到了广泛的应用。铁系催化剂使用温度在 500℃ 左右时活性最大，这也是合成氨反应一般选择在 500℃ 左右进行的重要原因之一。

4. 其他条件

由表 3-3 也可以看出，即使在 500℃ 和 30MPa 时，合成氨平衡混合物中 NH_3 的体积分数也只为 26.4%，即转化率仍不够大。在实际生产中，还需要考虑浓度对化学平衡的影响等。故操作中我们采取迅速冷却的方法，使气态氨变成液氨后及时从平衡混合气体中分离出去，降低产物中 NH_3 的含量，以促使化学平衡向生成 NH_3 的方向移动。

此外，如果让 N_2 和 H_2 混合气体只一次通过合成塔进行反应是很不经济的，应将分离 NH_3 后的原料气循环使用，并及时补充 N_2 和 H_2，使反应物保持一定的浓度，以有利于合成氨反应。

？思考与练习题

一、填空题

1. 将 Cl_2、H_2O、HCl 和 O_2 四种气体置于容器中，发生如下反应：
$$2Cl_2(g) + 2H_2O(g) \rightleftharpoons 4HCl(g) + O_2(g)（放热反应）$$
反应达到平衡后，如果按下列各方法改变反应条件，则各物质和平衡常数将如何变化？
(1) 增大容器体积，$n(O_2, g)$ ____，K ____。
(2) 加入 O_2，$n(Cl_2, g)$ ____，$n(HCl, g)$ ____。
(3) 升高温度，K ____，$n(Cl_2, g)$ ____。
(4) 加入催化剂，$n(O_2, g)$ ____。
(5) 加入 Cl_2，$n(H_2O, g)$ ____，$n(HCl, g)$ ____。

2. 一定条件下，可逆反应达到平衡时，____ 和 ____ 速率相等，反应物和生成物浓度 ____，故化学平衡是一种 ____ 平衡。

3. 反应 $CO(g) + H_2O(g) \rightleftharpoons CO_2(g) + H_2(g)$ 的平衡常数表达式为 ____。

4. 反应 $CaCO_3(s) \rightleftharpoons CaO(s) + CO_2(g)$，若增大压强，平衡向 ____ 移动。

5. 可逆反应 $2A(g) + B(g) \rightleftharpoons 2C(g)$，反应达到平衡时，若维持容器体积不变，增加 A 的分压，则 C 的分压 ____；若减小容器的体积，则 B 的分压 ____，K ____。

6. 在 2L 的密闭容器中，发生以下反应：$2A(g) + B(g) \rightleftharpoons 2C(g) + D(g)$，若最初加入的 A 和 B 都是 4mol，在前 10s A 的平均反应速率为 $0.12 mol \cdot (L \cdot s)^{-1}$，则 10s 时，容器中 B 的物质的量是 ____。

7. 对于 X+Y⇌Z 的平衡，其中 X 为固态，Y 为气态，若增大压强，Y 的转化率增大，则 Z 的状态为____。

8. 催化剂能显著改变反应速率，但不能影响____。

9. 当可逆反应的正反应速率和逆反应速率相等时，反应物和生成物的量不再发生改变，这时体系所处的状态称为____。

二、选择题

1. 在化学反应 A(g)+3B(g)⇌2C(g)+D(g) 中，各物质的平均反应速率间的关系式正确的是（　　）。

    A. $v(A)=v(B)$ B. $v(A)=2v(C)$
    C. $3v(B)=v(C)$ D. $v(B)=3v(D)$

2. 对于可逆反应 $3H_2+N_2⇌2NH_3$，下列措施能使反应物中化学反应速率和化学平衡常数都变化的是（　　）。

    A. 增大压强   B. 充入更多 N_2
    C. 使用高效催化剂   D. 降低温度

3. 在密闭容器中，给一氧化碳和水蒸气的气体混合物加热，在催化剂存在下发生反应：$CO(g)+H_2O(g)⇌H_2(g)+CO_2(g)$。在 500℃ 时，平衡常数 $K=9$。若反应开始时，一氧化碳和水蒸气的浓度都是 $0.02mol \cdot L^{-1}$，则在此条件下 CO 的转化率为（　　）。

    A. 25%   B. 50%   C. 75%   D. 80%

4. 可逆反应 $2A(g)+3B(g)⇌4C(g)+D(g)$，已知起始浓度 $c(A)=4mol \cdot L^{-1}$，$c(B)=3mol \cdot L^{-1}$，C、D 浓度均等于 0，反应开始 2s 后达到平衡状态，此时 D 的平衡浓度为 $0.5mol \cdot L^{-1}$，则下列说法不正确的是（　　）。

    A. 反应速率 $v(C)=1mol \cdot (L \cdot s)^{-1}$ B. C 的平衡浓度为 $4mol \cdot L^{-1}$
    C. A 的转化率为 25%   D. B 的平衡浓度为 $1.5mol \cdot L^{-1}$

5. 对于可逆反应 $H_2(g)+I_2(g)⇌2HI(g)$，在一定温度下由 $H_2(g)$ 和 $I_2(g)$ 开始反应，下列说法正确的是（　　）。

    A. $H_2(g)$ 的消耗速率与 HI(g) 的生成速率之比为 2∶1
    B. 反应进行的净速率是正、逆反应速率之和
    C. 正、逆反应速率的比值是恒定的
    D. 达到平衡时，正、逆反应速率相等

6. 对于一个给定条件下的反应，随着反应的进行（　　）。

    A. 速率常数 k 变小   B. 平衡常数 K 变大
    C. 正反应速率增大   D. 逆反应速率增大

7. 某反应在一定条件下的平衡转化率为 45%，当加入催化剂后，若反应条件不变，则此时的平衡转化率（　　）。

    A. 大于 45%   B. 小于 45%
    C. 等于 45%   D. 以上都有可能

8. 利用反应 $2NO(g)+2CO(g)⇌2CO_2(g)+N_2(g)$ $\Delta H=-746.8kJ \cdot mol^{-1}$，可净化汽车尾气，如果要同时提高该反应的速率和 NO 的转化率，采取的措施是（　　）。

    A. 降低温度   B. 增大压强同时加催化剂
    C. 升高温度同时充入 N_2 D. 及时将 CO_2 和 N_2 从反应体系中移走

9. 下列方法中，能改变可逆反应的平衡常数的是（　　）。
   A. 改变系统的温度　　　　　　　　B. 改变反应物浓度
   C. 加入催化剂　　　　　　　　　　D. 改变系统的压强
10. 可逆反应 A+B⇌C+D 为放热反应，若温度升高 10℃，其结果（　　）。
    A. 对反应没有影响　　　　　　　　B. 使平衡常数增大一倍
    C. 不改变反应速率　　　　　　　　D. 使平衡常数减小

三、计算题

1. 已知二氧化碳气体与氢气的反应为
$$CO_2(g) + H_2(g) \rightleftharpoons H_2O(g) + CO(g)$$
反应开始前系统中无 H_2O 和 CO，该反应在某温度下达到平衡时 CO_2 和 H_2 的浓度为 $0.46\,mol \cdot L^{-1}$，CO 和 H_2O 的浓度为 $0.54\,mol \cdot L^{-1}$，计算：
(1) CO_2 和 H_2 的初始浓度；
(2) 此温度下的平衡常数 K；
(3) H_2 的平衡转化率。

2. 已知下列反应在 1123K 时的平衡常数：
$$C(s) + CO_2(g) \rightleftharpoons 2CO(g) \qquad K_1 = 1.3 \times 10^{14}$$
$$CO(g) + Cl_2(g) \rightleftharpoons COCl_2(g) \qquad K_2 = 6.0 \times 10^{-3}$$
试计算反应：$2COCl_2(g) \rightleftharpoons C(s) + CO_2(g) + 2Cl_2(g)$ 在 1123K 时的平衡常数 K。

3. 反应 $CH_3COOH + C_2H_5OH \rightleftharpoons CH_3COOC_2H_5 + H_2O$，在某温度下达到平衡，$K=4$。若初始时乙酸和乙醇的浓度相等，平衡时乙酸乙酯的浓度是 $0.4\,mol \cdot L^{-1}$，求平衡时乙酸的浓度。

4. 反应 $H_2 + I_2 \rightleftharpoons 2HI$ 在某温度时 $K=16.8$，若在该温度下将 H_2、I_2 和 HI 三种气体在一密闭容器中混合，测得其初始压强分别为 $400.2\,kPa$、$400.2\,kPa$ 和 $200.6\,kPa$。反应将向何方向进行？

5. 在 1000℃ 及总压强为 3000kPa 下，反应：
$$CO_2(g) + C(s) \rightleftharpoons 2CO(g)$$
达到平衡时，CO_2 的摩尔分数为 17%。求当总压减至 2000kPa 时，CO_2 的摩尔分数为多少？并判断平衡移动方向。

第四章
酸碱中和反应

知识目标：

1. 掌握酸碱质子理论及酸碱反应的实质；
2. 理解强弱电解质的概念；
3. 掌握一元弱酸、一元弱碱解离平衡及解离平衡常数、解离度相关计算；
4. 掌握水的解离平衡和溶液 pH 的计算，了解常用指示剂的使用；
5. 掌握缓冲溶液概念和组成，及其相关计算；
6. 掌握盐类水解相关计算及其影响因素。

能力目标：

1. 能计算各种溶液的 pH；
2. 能根据酸碱质子理论判断物质的酸碱性；
3. 能根据需求选择缓冲溶液类型和配制缓冲溶液。

素质目标：

培养具有良好的职业道德、严谨认真的科学态度、辩证的化学思维、理性的知识素养。

第一节 酸碱中和反应

人类对于酸碱的认识经历了漫长的时间。最初人们将有酸味的物质叫作酸，有涩味的物质叫作碱。17世纪英国化学家波义耳将从植物中提取的汁液作为指示剂，对酸碱有了初步的认识。在大量实验的总结下，波义耳提出了最初的酸碱理论：凡物质的水溶液能溶解某些金属，与碱接触会失去原有特性，而且能使石蕊试液变红，则该物质叫酸；凡物质的水溶液有苦涩味，能腐蚀皮肤，与酸接触会失去原有特性，而且能使石蕊试液变蓝，则该物质叫碱。

一、酸碱反应的理论基础

（一）酸碱电离理论

瑞典科学家阿伦尼乌斯总结大量事实，于1887年提出了关于酸碱本质的观点——酸碱电离理论。在酸碱电离理论中，酸碱的定义是：凡在水溶液中电离出的阳离子全部都是 H^+ 的物质叫酸；电离出的阴离子全部都是 OH^- 的物质叫碱，酸碱反应的本质是 H^+ 与 OH^- 结合生成水的反应。这里的氢离子在水中的呈现形态是水合氢离子（H_3O^+），但为书写方便，在不引起混淆的情况下可简写为 H^+。

相对于之前的古典酸碱理论，其有如下进步：

① 酸碱电离理论更深刻地揭示了酸碱反应的实质。

② 由于水溶液中 H^+ 和 OH^- 的浓度是可以测量的，所以这一理论第一次从定量的角度来描述酸碱的性质和它们在化学反应中的行为，酸碱电离理论适用于 pH 计算、电离度计算、缓冲溶液计算、溶解度计算等，而且计算的精确度相对较高，所以至今仍然是一个非常实用的理论。

③ 阿伦尼乌斯还指出，多元酸和多元碱在水溶液中分步离解，能电离出多个氢离子的酸是多元酸，能电离出多个氢氧根离子的碱是多元碱，它们在电离时都是分步进行的。

但是也有一些现象利用酸碱电离理论解释不了，如在没有水存在时，也能发生酸碱反应，比如氯化氢气体和氨气发生反应生成氯化铵，但这些物质都未电离，电离理论不能讨论这类反应；或将氯化铵溶于液氨中，溶液即具有酸的特性，能与金属发生反应产生氢气，能使指示剂变色，但氯化铵在液氨这种非水溶剂中并未电离出 H^+，电离理论对此也无法解释；碳酸钠在水溶液中并不电离出 OH^-，但它却显碱性，电离理论认为这是碳酸根离子在水中发生了水解所致。

要解决这些问题，必须使酸碱概念脱离溶剂（包括水和其他非水溶剂）而独立存在。同时，酸碱概念不能脱离化学反应而孤立存在，酸和碱是相互依存的，而且都具有相对性。

（二）酸碱质子理论

1923年，布朗斯特和劳莱提出了质子理论。它不仅适用于以水为溶剂的系统，而且适用于非水系统和无溶剂系统，大大扩大了酸碱的范围。质子理论认为：凡是能给出质子（H^+）的物质都是酸；凡是能接受质子（H^+）的物质都是碱。按照质子酸碱理论，HAc、HCl、H_2SO_4、NH_4^+、HCO_3^- 等都能给出质子，所以是酸；而 Ac^-、OH^-、NH_3、HSO_4^- 等都能接受质子，所以是碱。它们之间的关系为：

$$酸 \rightleftharpoons 碱 + 质子$$

$$HAc \rightleftharpoons Ac^- + H^+$$

$$NH_4^+ \rightleftharpoons NH_3 + H^+$$

$$HCO_3^- \rightleftharpoons CO_3^{2-} + H^+$$

我们用 HA 表示酸的通式，根据上述关系则有：

$$HA \rightleftharpoons A^- + H^+$$

由上可知，酸 HA 给出质子后剩余的部分 A^- 能接受质子，为碱；而碱 A^- 接受质子后变成相应的酸 HA。HA 与 A^- 之间只差一个质子，称为一对共轭酸碱对，HA 称为 A^- 的共轭酸，A^- 称为 HA 的共轭碱。

从两者关系可以看出：

① 酸和碱可以是中性分子，也可以是阳离子或阴离子；

② 酸碱质子理论中，酸碱具有相对性，同一物质在某对共轭酸碱体系中是碱，但是在另一共轭酸碱对中是酸。如：

$$H_2CO_3 \rightleftharpoons HCO_3^- + H^+ \qquad HCO_3^- 为碱$$

$$HCO_3^- \rightleftharpoons CO_3^{2-} + H^+ \qquad HCO_3^- 为酸$$

③ 质子理论中不存在盐的概念，它们分别是离子酸或离子碱。

二、酸碱反应的实质

根据酸碱质子理论，酸碱中和反应的实质是两个共轭酸碱对之间的质子（H^+）传递过程。每个酸碱反应都是由两个共轭酸碱对的半反应中酸$_1$ 传递质子给碱$_2$ 后，生成了碱$_1$；而碱$_2$ 得到质子后生成了相应的酸$_2$。

半反应1：$\qquad\qquad 酸_1 \rightleftharpoons 碱_1 + H^+$

半反应2：$\qquad\qquad H^+ + 碱_2 \rightleftharpoons 酸_2$

总反应：$\qquad\qquad 酸_1 + 碱_2 \rightleftharpoons 碱_1 + 酸_2$

例如：$HCl + NH_3 \rightleftharpoons Cl^- + NH_4^+$，酸$_1$（HCl）把质子传递给了碱$_2$（$NH_3$）后生成了碱$_1$（$Cl^-$）。

综上所述，按照酸碱反应的实质，除了中和反应，酸碱的电离、水的电离、盐的水解等反应等也可以看作质子传递的酸碱反应。如：

酸的电离 $\quad HCl + H_2O \rightleftharpoons H_3O^+ + Cl^-$

碱的电离 $\quad NH_3^+ + H_2O \rightleftharpoons NH_4^+ + OH^-$

盐的水解 $\quad Ac^- + H_2O \rightleftharpoons HAc + OH^-$

水的电离 $\quad H_2O + H_2O \rightleftharpoons H_3O^+ + OH^-$

第二节　电解质溶液

一、弱电解质的解离平衡

（一）强弱电解质

在水溶液中或熔化状态下，能够导电的化合物叫作电解质，不能导电的化合物叫作非电解质。我们知道酸、碱、盐都是电解质，它们在水溶液中（或受热熔化状态下）能解离出自由移动的离子，因而都能导电；而蔗糖、酒精等物质是非电解质，它们在水溶液中（或受热熔化状态下）不能解离，所以不能导电。

电解质在水溶液或熔化状态下形成自由离子的过程叫作解离。电解质溶液之所以能够导电，是由于溶液里存在能够自由移动的离子，如酸、碱、盐的溶液中，受水分子作用，电解质解离为能够自由移动的阴、阳离子。溶液导电性的强弱与单位体积溶液里能自由移动的离子的多少有关。也就是说，在相同体积和浓度的不同溶液中，自由移动的离子数目越多，其导电能力越强，反之则越弱，这说明，不同电解质在溶液中解离的程度是不同的。

根据电解质在水溶液里解离能力的大小，电解质分为强电解质和弱电解质。通常，把在水溶液中能完全解离成自由移动的离子的电解质，叫作强电解质。大多数盐类和强碱都是离子键构成的化合物，溶于水时，在水分子作用下能全部解离为离子。具有极性键的共价化合物如 HCl、H_2SO_4 等强酸，在水分子作用下也能全部解离为离子。因此，离子化合物和某些具有极性键的共价化合物如强酸、强碱和大部分盐类都是强电解质。

在强电解质的解离方程式中用"——>"（或"=="）表示完全电离。如

$$NaCl \longrightarrow Na^+ + Cl^-$$

$$H_2SO_4 \longrightarrow 2H^+ + SO_4^{2-}$$

$$KOH \longrightarrow K^+ + OH^-$$

在水溶液中部分解离的电解质叫作弱电解质。例如醋酸和氨水等弱酸、弱碱，它们溶于水时，虽然也受到水分子的作用，却只有部分分子解离为离子，溶液中还有未解离的电解质分子存在。

在弱电解质的解离方程式中，用"⇌"表示弱电解质只有部分解离成离子。在弱电解质的解离方程式中，用"⇌"表示可逆过程，表示部分解离达到平衡。例如：

$$CH_3COOOH \rightleftharpoons CH_3COO^- + H^+$$

$$NH_3 \cdot H_2O \rightleftharpoons NH_4^+ + OH^-$$

综上所述，强电解质在水溶液中完全解离，溶液中只有离子，没有分子，自由移动的离子浓度大，所以导电性强；而弱电解质在水溶液中部分解离，溶液中既有离子，又有分子，自由移动的离子浓度小，所以溶液的导电性弱。

（二）一元弱电解质的解离平衡

弱电解质溶于水时，在水分子的作用下，弱电解质分子电离出离子，而离子又可以重新结合成分子。因此，弱电解质的电离过程是可逆的，这个可逆的电离过程也和可逆的化学反

应一样，它是相反的两种趋向，最终也将达到平衡。

在一定条件下（如温度、浓度）下，当电解质分子电离成离子的速率和离子重新结合成分子的速率相等时，电离过程就达到了平衡状态，这叫作弱电解质的解离平衡。

解离平衡和化学平衡一样，也是动态平衡。达到平衡状态时，溶液中离子的浓度和分子的浓度保持不变。这时，已解离的各离子浓度的乘积与未解离的分子浓度的比值是一个常数，称为解离平衡常数，简称解离常数，用"K_i"表示。

1. 一元弱电解质的解离常数

以 HA 代表一元弱酸，其解离常数表示为：

$$HA \rightleftharpoons H^+ + A^-$$

$$K_a = \frac{[H^+][A^-]}{[HA]}$$

以 BOH 代表一元弱碱，其解离常数表示为：

$$BOH \rightleftharpoons B^+ + OH^-$$

$$K_b = \frac{[B^+][OH^-]}{[BOH]}$$

K_a、K_b 分别表示弱酸、弱碱的解离平衡常数。式中各浓度表示解离平衡时的浓度，同时应指明弱电解质的化学式。

与其他平衡常数一样，标准解离常数与温度有关，与浓度无关。但温度对标准解离常数的影响不太大，在室温下可不予考虑。

解离常数的大小表示弱电解质的解离程度，K_i 值越大，解离程度就越大，该弱电解质相对就较强。如 25℃时醋酸的标准解离常数为 1.75×10^{-5}，次氯酸的标准解离常数为 2.95×10^{-8}。可见在相同浓度下，醋酸的酸性比次氯酸强。通常把 $K_a < 10^{-2}$ 的酸称为弱酸，弱碱也按此分类。

2. 一元弱电解质的解离度

解离常数只反映电解质解离能力的大小，没有反映解离程度的大小。因为不同的弱电解质在水溶液中的解离程度是不一样的，有的解离程度大，有的解离程度小。这种解离程度的大小，常用解离度来表示。

所谓电解质的解离度就是当电解质在溶液中达到解离平衡时，溶液中已解离的弱电解质浓度和电解质的起始浓度之比。解离度常用百分数来表示，通常用符号 α 表示，用公式表示为：

$$\alpha = \frac{已解离的弱电解质浓度}{弱电解质的起始浓度} \times 100\%$$

在温度、浓度相同的条件下，解离度大，表示该弱电解质相对较强。解离度与解离常数不同，它与溶液的浓度有关。故在表示解离度时必须指出酸或碱的浓度。

3. 解离常数与解离度的关系

以一元弱酸 HA 为例。设 HA 溶液的起始浓度为 c mol·L^{-1}，解离度为 α，则有：

	HA	$\rightleftharpoons$	H$^+$	+	A$^-$
起始浓度/mol·L^{-1}	c		0		0
变化浓度/mol·L^{-1}	$c\alpha$		$c\alpha$		$c\alpha$
平衡浓度/mol·L^{-1}	$c - c\alpha$		$c\alpha$		$c\alpha$

根据解离常数的表达式，有：

$$K_a = \frac{[H^+][A^-]}{[HA]} = \frac{c\alpha \times c\alpha}{c - c\alpha} = \frac{c\alpha^2}{1-\alpha}$$

由于弱电解质的 α 值很小，当 $\dfrac{c}{K_a} \geqslant 500$ 时，可以认为 $1-\alpha \approx 1$，所以有：

$$K_a = c\alpha^2 \text{ 或 } \alpha = \sqrt{\frac{K_a}{c}} \text{ 或 } [H^+] = \sqrt{K_a c}$$

对于一元弱碱，可以得到类似的表达式：

$$K_b = c\alpha^2 \text{ 或 } \alpha = \sqrt{\frac{K_b}{c}} \text{ 或 } [OH^-] = \sqrt{K_b c}$$

由上可知，同一弱电解质的解离度与其浓度的平方根成反比，即溶液越稀，解离度越大；相同浓度的不同弱电解质的解离度与解离常数的平方根成正比，即解离常数越大，解离度越大，该关系称为稀释定律。即在一定的温度下，弱电解质的解离度随溶液的稀释而增大；而对相同浓度的不同弱电解质，由于 α 与 K_i 的平方根成正比，因此 K_i 越大，α 也越大。

由表 4-1 可知，随着溶液浓度的减小，HAc 的解离度增大；但溶液中 $[H^+]$ 却随着溶液浓度减小而减小。

表 4-1 不同浓度时 HAc 的解离度与 H^+ 浓度（25℃）

$[HAc]/mol \cdot L^{-1}$	0.20	0.10	0.01	0.005	0.001
解离度/%	0.93	1.3	4.2	5.8	12
$[H^+]/mol \cdot L^{-1}$	1.86×10^{-3}	1.3×10^{-3}	4.2×10^{-4}	2.9×10^{-4}	1.2×10^{-4}

【例 4-1】 已知 25℃时，$K_a(HAc) = 1.75 \times 10^{-5}$，计算该温度下 0.2 mol·L^{-1} HAc 溶液的解离度。

解：因为 $\dfrac{c}{K_a} = \dfrac{0.20}{1.75 \times 10^{-5}} = 1.14 \times 10^4 > 500$，根据解离度公式得

$$\alpha = \sqrt{\frac{K_a}{c}} = \sqrt{\frac{1.75 \times 10^{-5}}{0.20}} = 0.93\%$$

（三）多元弱电解质的解离平衡

1. 多元弱酸的解离平衡

在水溶液中一个分子能解离出两个或两个以上的 H^+ 的弱酸叫作多元弱酸。多元弱酸在水溶液中的解离是分步进行的，每步只能给出一个质子。

例如：25℃时，H_2S 在水溶液中的解离：

第一步解离　　$H_2S \rightleftharpoons H^+ + HS^-$　　$K_{a1} = 1.32 \times 10^{-7}$

第二步解离　　$HS^- \rightleftharpoons H^+ + S^{2-}$　　$K_{a2} = 7.10 \times 10^{-15}$

由上可知，$K_{a1} \gg K_{a2}$，故多元弱酸溶液中的 H^+ 主要来自第一步解离。所以，多元弱

酸水溶液中 H^+ 的浓度的计算，可近似按一元弱酸处理。不同多元弱酸的相对强度，可由第一步解离常数的大小来比较。

2. 多元弱碱的解离平衡

25℃时，S^{2-} 在水溶液中的解离：

第一步解离　　$S^{2-} + H_2O \rightleftharpoons HS^- + OH^-$　　　$K_{b1} = 1.4$

第二步解离　　$HS^- + H_2O \rightleftharpoons H_2S + OH^-$　　　$K_{b2} = 7.6 \times 10^{-8}$

因为 $K_{b1} \gg K_{b2}$，故其处理方法与多元弱酸相同，即多元弱碱中 OH^- 浓度计算也只考虑第一步解离，即按一元弱碱计算。

二、水的解离和溶液的 pH 值

研究电解质溶液时往往涉及溶液的酸碱性，而溶液的酸碱性又与水的电离有直接关系，要从本质上认识溶液的酸碱性，首先应研究水的电离。我们通常认为纯水是不导电的。但如果我们用精密仪器检验，发现水有微弱的导电性，说明纯水有微弱的解离，所以水是极弱的电解质。

（一）水的解离平衡

水既能给出质子，又能接受质子，因此两水分子之间存在水的质子自递反应：

$$H_2O(酸_1) + H_2O(碱_2) \rightleftharpoons OH^-(碱_1) + H_3O^+(酸_2)$$

水合氢离子（H_3O^+）常简写为 H^+，故上式可简写为：

$$H_2O \rightleftharpoons H^+ + OH^-$$

在一定温度下，水和其他弱电解质一样，当解离达到平衡时，也有一个解离常数，表示为：

$$K = \frac{[H^+][OH^-]}{[H_2O]}$$

已知 25℃时，1L 纯水的质量为 1000g，H_2O 的摩尔质量为 $18g \cdot mol^{-1}$，所以每升水中含有的物质的量为

$$\frac{1000g \cdot L^{-1}}{18g \cdot mol^{-1}} = 55.6 mol \cdot mol^{-1}。$$

由纯水的电导实验测得，在 25℃时，纯水中 H^+ 和 OH^- 浓度均为 $1.0 \times 10^{-7} mol \cdot L^{-1}$。由此可知，水解离平衡时，只有少部分的水分子解离，绝大多数还是以水分子形式存在，故可将 $[H_2O]$ 视为常数。

因此上式可表示为：

$$K_w = K[H_2O] = [H^+][OH^-] = 1.0 \times 10^{-14}$$

此式表示，在一定温度下，纯水中 H^+ 与 OH^- 浓度的乘积是一个常数，称为水的离子积常数，用 K_w 表示，简称为水的离子积。水的离子积是一个很重要的常数，它反映了一定温度下水中 H^+ 和 OH^- 浓度之间的关系。

水的离子积随温度的变化而变化（表 4-2），但在室温附近变化很小，一般都以 $K_w = 1.0 \times 10^{-14}$ 进行计算。因为水的解离过程是一个吸热过程，所以当温度升高时，有利于水

的解离，即 K_w 增大。

表 4-2 不同温度下水的离子积常数

$t/℃$	0	10	20	25	40	50	90	100
$K_w/10^{-14}$	0.1138	0.2917	0.6808	1.009	2.917	5.470	38.02	54.95

水的离子积不仅适用于纯水，对电解质稀溶液也适用。如在水中加入少量强酸时，溶液中 H^+ 浓度增加，OH^- 的浓度必然减小。反之亦然。$K_w=[H^+][OH^-]$ 这个关系仍然存在。

（二）溶液的酸碱性和 pH 值

实验证明，水的离子积不仅适用于纯水，也适用于稀的酸性或碱性溶液。无论稀溶液是酸性、碱性还是中性，都同时存在着 H^+ 和 OH^-。不同的是酸性溶液中 H^+ 比 OH^- 浓度大；碱性溶液中，OH^- 比 H^+ 浓度大；中性溶液中，H^+ 和 OH^- 浓度一样。总之，无论稀溶液是酸性、碱性还是中性，在常温下，$[H^+]$ 和 $[OH^-]$ 的乘积都等于 1×10^{-14}。

在常温下，溶液的酸碱性与 $[H^+]$ 和 $[OH^-]$ 的关系可表示如下：

中性溶液 $[H^+]=[OH^-]=1\times10^{-7}\,mol\cdot L^{-1}$

酸性溶液 $[H^+]>[OH^-]$ $[H^+]>1\times10^{-7}\,mol\cdot L^{-1}$

碱性溶液 $[H^+]<[OH^-]$ $[H^+]<1\times10^{-7}\,mol\cdot L^{-1}$

由此可看出，溶液的酸碱性可用 $[H^+]$ 来衡量，$[H^+]$ 越小，溶液的酸性越弱；$[H^+]$ 越大，溶液的酸性越强。

我们在实验中经常用到 $[H^+]$ 很小的稀溶液，给使用和计算带来不便。方便起见，在化学上常采用 $[H^+]$ 的负对数来表示溶液酸碱性的强弱，叫作溶液的 pH 值。

$$pH=-\lg[H^+]$$

例如，$[H^+]=10^{-5}\,mol\cdot L^{-1}$ 的酸性溶液，$pH=-\lg[10^{-5}]=5$；而 $[H^+]=10^{-9}\,mol\cdot L^{-1}$ 的碱性溶液，$pH=-\lg[10^{-9}]=9$；纯水中，$[H^+]=10^{-7}\,mol\cdot L^{-1}$，$pH=-\lg[10^{-7}]=7$。

因此在常温时，在中性溶液中 $pH=7$；在酸性溶液中 $pH<7$；在碱性溶液中 $pH>7$。溶液的酸性越强，pH 值越小；溶液的碱性越强，pH 值越大。所以可用 pH 值表示溶液酸碱性的强弱。

pH 值通常适用于 $[H^+]$ 在 $1\times10^{-14}\sim1\,mol\cdot L^{-1}$ 之间，即 pH 值在 0～14 之间。当超过此范围，可直接用 $[H^+]$ 或 $[OH^-]$ 来表示溶液的酸碱性。

（三）酸碱指示剂

测定溶液 pH 值的方法很多，常用的是酸碱指示剂或 pH 试纸。

借助于颜色的改变来指示溶液酸碱性的物质叫作酸碱指示剂。酸碱指示剂是在特定的 pH 值范围内，其颜色随溶液 pH 值的改变而变化的化合物。它们一般是弱的有机酸或弱的有机碱，有的是酸碱两性物质。随着溶液 pH 值的改变，这类物质的分子或离子在结构上发生了变化，从而引起颜色的改变，由此可以很方便地确定溶液的酸碱性。

每一种指示剂都有一定的变色范围，一般常用的指示剂有甲基橙、石蕊和酚酞。它们的变色范围各有不同，如表 4-3 所示。

表 4-3 常用指示剂的变色范围

指示剂	pH 变色范围		
甲基橙	<3.1 红色	3.1~4.4 橙色	>4.4 黄色
石蕊	<5 红色	5.0~8.0 紫色	>8 蓝色
酚酞	<8.0 无色	8.0~10 粉红	>10 玫瑰红

在实际工作中常使用 pH 试纸来测定溶液的 pH 值。只要把待测试液滴在 pH 试纸上，将显示的颜色与标准比色卡对照，就可以知道该溶液的 pH 值。这个方法既经济快速又相对准确。

若需要确定准确的 pH 值，可使用各种类型的酸度计（又称 pH 计）。

酸碱指示剂与 pH 值

三、缓冲溶液

1. 缓冲溶液的概念及其组成

许多化学反应（包括生物化学反应）需要在一定的 pH 范围内进行，然而某些反应有 H^+ 或 OH^- 的生成或消耗，溶液的 pH 会随反应的进行而发生变化，从而影响反应的正常进行。在这种情况下，就要借助缓冲溶液来稳定溶液的 pH，以维持反应的正常进行。

为了说明缓冲作用，首先参看表 4-4。

表 4-4 常用缓冲溶液

序号	组成	加入 1.0mL 1.0mol·L^{-1} 的 HCl 溶液	加入 1.0mL 1.0mol·L^{-1} NaOH 溶液
1	1.0L 纯水	pH 从 7.0 变为 3.0,改变 4 个单位	pH 从 7.0 变为 11,改变 4 个单位
2	1.0L 溶液中含 0.10mol HAc 和 0.10mol NaAc	pH 从 4.76 变为 4.75,改 0.01 个单位	pH 从 4.76 变为 4.77,改变 0.01 个单位
3	1.0L 溶液中含 0.10mol NH_3 和 0.10mol NH_4Cl	pH 从 9.26 变为 9.25,改 0.01 个单位	pH 从 9.26 变为 9.27,改变 0.01 个单位

以上数据说明，纯水中加入少量的酸或碱，其 pH 发生显著的变化；而由 HAc 和 NaAc 或者 NH_3 和 NH_4Cl 组成的混合溶液，当加入纯水或少量的酸、碱时，其 pH 改变很小。这种能保持 pH 相对稳定的溶液称为缓冲溶液，这种作用称为缓冲作用。

缓冲溶液通常由弱酸及其盐或弱碱及其盐组成，主要有以下三种类型：
① 弱酸及其盐，如 HAc-NaAc、H_2CO_3-$NaHCO_3$；
② 多元弱酸的酸式盐及其次级盐，如 $NaHCO_3$-Na_2CO_3；
③ 弱碱及其盐，如 $NH_3·H_2O$-NH_4Cl。

2. 缓冲溶液的作用原理

现以 HAc-NaAc 混合溶液为例说明缓冲溶液的作用原理。

在 HAc-NaAc 混合溶液中存在以下解离过程：

$$HAc \rightleftharpoons H^+ + Ac^-$$
$$NaAc \longrightarrow Na^+ + Ac^-$$

由于 NaAc 完全解离,所以溶液中存在着大量的 Ac^-。弱酸 HAc 只有较少部分解离,加上由 NaAc 解离出的大量 Ac^- 产生的同离子效应,使 HAc 的解离度变得更小,因此溶液中除大量的 Ac^- 外,还存在大量的 HAc 分子。在溶液中同时存在大量弱酸分子及该弱酸的酸根离子(或大量弱碱分子及该弱碱的阳离子),就是缓冲溶液的组成特征。缓冲溶液中的弱酸及其盐(或弱碱及其盐)称为缓冲对。

当向此混合溶液中加入少量强酸时,溶液中大量的 Ac^- 将与加入的 H^+ 结合而生成难解离的 HAc 分子,以致溶液的 H^+ 浓度几乎不变。换句话说,Ac^- 起了抗酸的作用。

当加入少量强碱时,由于溶液中的 H^+ 将与 OH^- 结合生成 H_2O,使 HAc 的解离平衡向右移动,继续解离出的 H^+ 仍与 OH^- 结合,致使溶液中的 OH^- 浓度也几乎不变,因而 HAc 分子在这里起了抗碱的作用。由此可见,缓冲溶液同时具有抵抗外来少量酸或碱的作用,其抗酸、抗碱作用是由缓冲对的不同部分来担负的。

3. 缓冲溶液 pH 值的计算

以 HAc-NaAc 混合溶液为例,设 HAc 初始浓度为 $c_{酸}$,NaAc 浓度为 $c_{共轭碱}$,平衡时,已解离的 HAc 相对浓度为 x,则:

$$NaAc \longrightarrow Na^+ + Ac^-$$
$$HAc \rightleftharpoons H^+ + Ac^-$$

初始浓度/mol·L^{-1} 　　　　$c_{酸}$　　　0　　$c_{共轭碱}$

平衡浓度/mol·L^{-1}　　　　$c_{酸}-x$　　x　　$c_{共轭碱}+x$

由 HAc 的解离平衡常数方程可得:

$$K_a = \frac{[H^+][Ac^-]}{HAc} = \frac{x(c_{共轭碱}+x)}{c_{酸}-x}$$

由于同离子效应使 HAc 的解离度变得更小,因此可进行如下近似计算:

$$c_{共轭碱} + x \approx c_{共轭碱}$$
$$c_{酸} + x \approx c_{酸}$$

故上式可简化为

$$K_a = \frac{c_{共轭碱} \, x}{c_{酸}}$$

由上式可得

$$[H^+] = x = K_a \frac{c_{酸}}{c_{共轭碱}}$$

则

$$pH = pK_a - \lg \frac{c_{酸}}{c_{共轭碱}}$$

同理,可以推导出弱碱-共轭酸(盐)溶液中 $[OH^-]$ 近似计算式为

$$[OH^-] = K_b \frac{c_{碱}}{c_{共轭酸}}$$

则

$$pOH = pK_b - \lg \frac{c_{碱}}{c_{共轭酸}}$$

缓冲溶液的缓冲作用有一定的限度，超过此限度，缓冲溶液会失去缓冲能力。缓冲溶液的缓冲能力取决于缓冲对的总浓度和缓冲对浓度的比值（也称缓冲比）。缓冲比相同，缓冲对总浓度越大，缓冲能力越强；同一缓冲对，总浓度一定，缓冲比为 1 时，缓冲能力最强。

缓冲溶液的应用

一般缓冲比控制在 0.1～10 之间，此时缓冲溶液的缓冲范围为（pK_a-1）～（pK_a+1）。

【例 4-2】 将 20mL 0.2mol·L^{-1} 的 HAc 溶液和 30mL 0.2mol·L^{-1} 的 NaAc 溶液混合，试计算混合后溶液的 pH。

解： 查得 $K_{HAc}=1.75\times10^{-5}$。

稀溶液混合时其体积就有加和性，由于 NaAc 在溶液中完全解离，则

$$c(Ac^-)=c(NaAc)=\frac{0.2mol·L^{-1}\times30mL}{50mL}=0.12mol·L^{-1}$$

$$c(HAc)=\frac{0.2mol·L^{-1}\times20mL}{50mL}=0.08mol·L^{-1}$$

$$pH=pK_a-\lg\frac{c(HAc)}{c(Ac^-)}$$

则

$$pH=-\lg(1.75\times10^{-5})-\lg\frac{0.08mol·L^{-1}}{0.12mol·L^{-1}}=4.9$$

四、盐类的水解

（一）盐的水解

我们知道，酸溶液呈酸性，碱溶液呈碱性，那么盐溶解于水后，所形成的水溶液是否呈中性？盐溶液的酸碱性与生成这种盐的酸和碱的强弱有着密切的关系。现分别说明如下。

1. 强碱和弱酸所生成的盐

NaAc 是强碱 NaOH 与弱酸 HAc 中和所生成的盐，其水溶液中存在着下列变化：

$$NaAc \longrightarrow Ac^- + Na^+$$
$$+$$
$$H_2O \rightleftharpoons H^+ + OH^-$$
$$\updownarrow$$
$$HAc$$

由于 Ac^- 和水电离的 H^+ 结合而生成了弱电解质 HAc，消耗了溶液中的 H^+，从而破坏了水的电离平衡，随着溶液中 H^+ 的减少，水的电离平衡向右移动，于是 OH^- 浓度增大，直至建立新的平衡。结果，溶液中 $[OH^-]>[H^+]$，所以溶液呈碱性。

上述反应可用离子方程式表示如下：

$$Ac^- + H_2O \rightleftharpoons HAc + OH^-$$

其他如 Na_2CO_3、Na_2S、Na_3PO_4 等均属于这种类型。

由前面分析可知，该反应由以下两个平衡组成：

$$H_2O \rightleftharpoons H^+ + OH^- \qquad K_1 = [H^+][OH^-] = K_w$$

$$H^+ + Ac^- \rightleftharpoons HAc \qquad K_2 = \frac{[HAc]}{[H^+][Ac^-]} = \frac{1}{K_a}$$

两式相加得：$\qquad Ac^- + H_2O \rightleftharpoons HAc + OH^-$

若水解平衡常数（简称水解常数）为 K_h，则有

$$K_h = \frac{[HAc][OH^-]}{[Ac^-]}$$

根据多重平衡规则，水解平衡常数为

$$K_h = \frac{[HAc][OH^-]}{[Ac^-]} = K_1 K_2 = \frac{K_w}{K_a}$$

由此可见，组成盐的酸越弱（即 K_a 值越小），水解常数就越大，相应盐的水解程度也就越大。盐的水解程度也可以用水解度 h 来表示：

$$h = \frac{\text{已水解盐的浓度}}{\text{盐的起始浓度}} \times 100\%$$

水解度 h、水解常数 K_h 和盐浓度 c' 之间的关系为

$$h = \sqrt{\frac{K_h}{c'}} = \sqrt{\frac{K_w}{K_a c'}}$$

即水解度除了与生成盐的弱酸的强弱（K_a）有关外，还与盐的浓度有关。即 K_a 越小，该盐的水解程度就越大。同一种盐，浓度越小，其水解程度越大。

2. 强酸和弱碱所生成的盐

NH_4Cl 是由强酸 HCl 与弱碱 $NH_3 \cdot H_2O$ 中和所生成的盐。其水溶液中，存在着以下变化：

$$NH_4Cl \longrightarrow NH_4^+ + Cl^-$$
$$+$$
$$H_2O \rightleftharpoons OH^- + H^+$$
$$\Updownarrow$$
$$NH_3 \cdot H_2O$$

由于 NH_4^+ 与水电离出的 OH^- 结合生成弱电解质 $NH_3 \cdot H_2O$，消耗了溶液中的 OH^-，从而破坏了水的电离平衡。随着溶液中 OH^- 浓度减小，水的电离平衡向正方向移动，于是 H^+ 浓度增大，溶液中的 $[H^+] > [OH^-]$，溶液呈酸性。上述反应可用离子方程式表示如下：

$$NH_4^+ + H_2O \rightleftharpoons NH_3 \cdot H_2O + H^+$$

其他如 NH_4NO_3、$(NH_4)_2SO_4$ 等都属于这种类型。

其水解常数 K_h、水解度 h 与强碱弱酸盐同样处理，得到

$$K_h = \frac{K_w}{K_b}$$

$$h = \sqrt{\frac{K_w}{K_b c'}}$$

3. 弱酸和弱碱所生成的盐

NH_4Ac 是由弱酸 HAc 和弱碱 $NH_3 \cdot H_2O$ 反应生成的盐，是弱酸弱碱盐。在水溶液中

存在如下解离：

$$NH_4Ac \longrightarrow NH_4^+ + Ac^-$$

（伴随 $H_2O \rightleftharpoons OH^- + H^+$，分别与 NH_4^+、Ac^- 结合生成 $NH_3 \cdot H_2O$ 和 HAc）

NH_4Ac 的水解反应离子方程式为

$$NH_4Ac + H_2O \rightleftharpoons NH_3 \cdot H_2O + HAc$$

由于分别形成了弱电解质 $NH_3 \cdot H_2O$、HAc，溶液中 H^+、OH^- 浓度都减小，水的解离平衡向右移动。由于生成的 $NH_3 \cdot H_2O$ 和 HAc 的解离常数很接近，溶液中 H^+、OH^- 浓度几乎相等，溶液呈中性。

其水解常数同上处理，可得到弱酸弱碱盐的水解常数为

$$K_h = \frac{K_w}{K_a K_b}$$

对于弱酸弱碱盐的水解，有如下规律：

$K_a \approx K_b$ 的盐水解，溶液呈中性，pH=7。

$K_a > K_b$ 的盐水解，溶液呈酸性，pH<7。

$K_a < K_b$ 的盐水解，溶液呈碱性，pH>7。

4. 强酸和强碱所生成的盐

强酸和强碱所生成的盐如 NaCl 等，由于它们电离生成的阴、阳离子都不与溶液中的 H^+ 或 OH^- 结合生成弱电解质，所以水中 H^+ 和 OH^- 的浓度保持不变，没有破坏水的电离平衡，因此，由强酸和强碱中和所生成的盐不发生水解，溶液呈中性。

综上所述，盐类的离子和水所电离出来的 H^+ 和 OH^- 相结合而生成弱酸或弱碱，使水的电离平衡发生移动，从而使溶液中 H^+ 和 OH^- 的浓度不相等，因此，盐类的水溶液显酸性或碱性。我们把盐类的离子与水作用生成弱酸或弱碱的反应，叫作盐的水解反应。

盐水解后生成了酸和碱，所以盐的水解反应是酸、碱中和反应的逆反应。

（二）影响盐的水解的因素

1. 盐的本性和水解产物的性质

影响盐类水解程度的因素首先与盐的本性即形成盐的酸、碱的强弱有关。形成盐的弱酸、弱碱的解离常数越小，盐的水解程度越大。当水解产物是难溶物或易挥发物时，难溶物的溶解度越小，或挥发物越容易挥发，盐的水解程度越大。

2. 温度

酸碱中和反应是放热反应，因为盐的水解是中和反应的逆反应，因此水解是吸热反应，故升高温度会促进水解反应的进行。

3. 浓度

同一种盐，其浓度越小，盐的水解程度越大。将溶液稀释会促进盐的水解。

4. 溶液的酸碱度

由于盐类水解使溶液呈现一定的酸碱性，根据平衡移动原理，调节溶液的酸碱度，能促进或抑制盐的水解。实验室配制 $SnCl_2$ 溶液时，用盐酸溶液溶解 $SnCl_2$ 固体而不用蒸馏水作溶剂，就是利用酸来抑制 Sn^{2+} 的水解。

? 思考与练习题

一、填空题

1. $0.1 mol \cdot L^{-1}$ H_3PO_4 溶液中，____离子最多，____离子最少。
2. 100mL $0.4 mol \cdot L^{-1}$ NaAc 溶液的 pH 值____7，倒去 50mL NaAc 溶液后，pH 值____，若再加入 50mL $0.2 mol \cdot L^{-1}$ 盐酸，pH 值____。
3. 在 $0.1 mol \cdot L^{-1}$ HAc 溶液中加入 NaAc 固体后，HAc 的电离度____，pH 值____，电离常数____。
4. 在 NH_3-NH_4Cl 缓冲溶液中，抗酸成分是____，抗碱成分是____。
5. HSO_4^- 的共轭酸是____，共轭碱是____。
6. pH=1 和 pH=3 的两种强电解质溶液等体积混合后，溶液的 pH 值是____。
7. 氨水加水稀释时，其电离度____，H^+ 浓度____，pH 值将____。

二、选择题

1. 实验室配制 $SnCl_2$ 溶液时，必须在少量盐酸中配制（而后稀释至所需浓度）才能得到澄清溶液，这是由于（　　）。
   A. 形成缓冲溶液　　B. 盐效应　　C. 同离子效应　　D. 氧化还原反应
2. 根据酸碱质子理论，下列叙述不正确的是（　　）。
   A. 水溶液的裂解反应、水解反应及中和反应都是质子转移反应
   B. 化合物中没有盐的概念
   C. 强酸反应后会变成弱酸
   D. 酸碱反应的方向是强酸与强碱反应生成弱酸和弱碱
3. 下列溶液中滴入甲基橙指示剂，变红色的是（　　）。
   A. $0.1 mol \cdot L^{-1}$ 硫酸溶液　　　　B. $0.1 mol \cdot L^{-1}$ 氨水溶液
   C. $0.1 mol \cdot L^{-1}$ 硫化钠溶液　　　D. $0.1 mol \cdot L^{-1}$ 硫酸钠溶液
4. 向纯水中加入少量的 $NaHSO_4$（温度不变），则溶液的（　　）。
   A. pH 值增大　　B. pH 值减小　　C. pH 值不变　　D. 不确定
5. 根据酸碱电子理论，下列叙述中正确的是（　　）。
   A. 电子对接受体称为碱
   B. 电子对给予体称为酸
   C. 酸碱反应的实质是酸与碱之间形成配位键
   D. 凡是金属原子都可作为碱
6. 欲配制 pH=4.50 的缓冲溶液，若用 HAc 和 NaAc 溶液，则二者的浓度比为（　　）。

A. 1/1.8　　　　B. 3.2/36　　　　C. 1.8/1　　　　D. 8/9

7. 将 $0.1 \text{mol} \cdot \text{L}^{-1}$ 的 HAc 溶液加水稀释至原体积的 2 倍时，其 H^+ 浓度和 pH 值变化趋势为（　　）。

A. 增大和减小　　B. 减小和增大　　C. 增大和增大　　D. 减小和减小

8. 影响缓冲容量的因素是（　　）。

A. 缓冲溶液的 pH 值和缓冲比
B. 共轭酸碱的 pK_a 和缓冲比
C. 共轭酸碱的 pK_b 和缓冲比
D. 缓冲溶液的总浓度和缓冲比

9. 在 Na_2CO_3 溶液中，$c(OH^-)$ 为（　　）。

A. $\sqrt{\dfrac{K_w}{K_{a2}}c_{盐}}$　　B. $\sqrt{K_b c_{盐}}$　　C. $\sqrt{\dfrac{K_w}{K_{a1}}c_{盐}}$　　D. $\sqrt{K_a c_{盐}}$

10. HPO_4^{2-} 的共轭酸和共轭碱分别是（　　）。

A. H_3PO_4、$H_2PO_4^-$
B. $H_2PO_4^-$、PO_4^{3-}
C. H_3PO_4、HPO_4^{2-}
D. HPO_4^{2-}、$H_2PO_4^-$

三、计算题

1. 健康人血液的 pH 值为 7.35～7.45。患某种疾病的人的血液的 pH 值可暂时降到 5.90，那么此时患者血液中 H^+ 浓度为正常状态的多少倍？

2. 已知 298K 时，$0.01 \text{mol} \cdot \text{L}^{-1}$ 某一元弱碱的水溶液的 pH 值为 10，求：

(1) α 和 K_b。

(2) 稀释 100 倍以后的 α 和 K_b。

3. 在 $1.0 \text{L}\ 0.10 \text{mol} \cdot \text{L}^{-1}$ 氨水溶液中，应加入多少克 NH_4Cl 固体，才能使溶液的 pH 值等于 9.00。（忽略固体的加入对溶液体积的影响）

4. 将 40mL $0.2 \text{mol} \cdot \text{L}^{-1}$ HCl 溶液和 20mL $0.4 \text{mol} \cdot \text{L}^{-1}$ 氨水混合，计算溶液的 pH 值。已知 $NH_3 \cdot H_2O$ 的 $K_b = 1.74 \times 10^{-5}$。

5. 准确量取 200mL $0.60 \text{mol} \cdot \text{L}^{-1}$ $NH_3 \cdot H_2O$ 溶液与 300mL $0.30 \text{mol} \cdot \text{L}^{-1}$ NH_4Cl 溶液，混合制取缓冲溶液。问：

(1) 假定总体积为 500mL，该缓冲溶液的 pH 值是多少？

(2) 加入 0.020mol HCl 后，溶液的 pH 值是多少？（忽略加入前后的体积变化）

(3) 加入 0.020mol NaOH 后，溶液的 pH 值又是多少？（忽略加入前后的体积变化）

第五章
氧化还原反应

 知识目标:

1. 掌握氧化还原反应的相关概念及氧化还原反应方程式的配平方法;
2. 了解原电池的组成及工作原理并掌握原电池的电池符号书写;
3. 理解电极电势及标准电极电势的测定方法;
4. 掌握能斯特方程及浓度、酸度、沉淀等对电极电势的影响;
5. 掌握电极电势的应用。

 能力目标:

1. 能配平氧化还原反应方程式;
2. 能利用能斯特方程计算不同条件下的电极电势;
3. 能根据电对的电极电势判断电对氧化能力强弱,并判断氧化还原反应进行方向及程度等。

 素质目标:

通过原电池实验设计实验,培养通过宏观现象深入分析实验的微观本质的素养。

第一节 氧化还原反应基本概念

人们最初对氧化还原反应的认识是，与氧化合的反应叫作氧化反应，失去氧的反应叫作还原反应。随着对原子结构认识的深入，对氧化还原反应的本质有了进一步的认识。是否得失氧并不是氧化还原反应的本质特征。

一、氧化与还原反应

先从得失氧角度，分析氢气和氧化铜的反应：
$$CuO + H_2 \longrightarrow Cu + H_2O$$

从反应来看，氧化铜失去氧变成单质铜，发生还原反应，被还原；而氢气得到氧生成水，发生氧化反应，被氧化。在化学反应中，一种物质与氧化合，必然同时有一种物质中的氧被夺去。也就是说，有一种物质被氧化，必然有一种物质被还原。像这样，一种物质被氧化，同时另一种物质被还原的反应，叫作氧化还原反应。氧化反应和还原反应同时发生、同时存在、同时结束。

从反应前后元素化合价升降角度，分析氢气和氧化铜的反应：
$$\overset{+2}{Cu}O + \overset{0}{H_2} \longrightarrow \overset{0}{Cu} + \overset{+1}{H_2}O$$

在反应中，铜元素的化合价由+2价降到0价，氧化铜被还原；氢元素的化合价由0价升高到+1价，氢气被氧化。

用元素化合价升降的角度定义氧化还原反应，有更深刻的意义。氧化还原反应不再局限于有得失氧的反应。

又如：
$$H_2 + Cl_2 \longrightarrow 2HCl$$

在这个反应中，氢气和氯气化合生成共价化合物 HCl，过程中无氧原子的得失，也没有电子的得失，而是共用电子对的偏移，由于氢原子显正电性，氯原子显负电性，发生了化合价的升降，这样的反应也属于氧化还原反应。

由此我们可以得出这样的结论：物质所含元素化合价升高的反应是氧化反应，物质所含元素化合价降低的反应是还原反应。凡有元素化合价升降的化学反应均是氧化还原反应。

电子是呈负电性的，一个电子即带一个单位负电荷。某原子或离子失去一个电子，其元素化合价相应升高1价；反之，则元素化合价相应降低1价。

下面从电子转移角度，再分析氢气和氧化铜的反应。
$$\overset{+2}{Cu}O + \overset{0}{H_2} \xrightarrow{\triangle} \overset{0}{Cu} + \overset{+1}{H_2}O$$

反应表明，铜元素降低2价，是因为铜得到2个电子，被还原；氢元素升高1价，是因为氢失去1个电子（两个氢即失去2个电子），被氧化。

对其他反应进行同样的分析，可以得出结论：失去电子的反应是氧化反应，失去电子的物质自身被氧化；得到电子的反应是还原反应，得到电子的物质自身被还原。凡有电子转移的反应都是氧化还原反应；凡没有电子转移的反应，都是非氧化还原反应。

二、氧化剂和还原剂

氧化剂和还原剂作为反应物共同参加氧化还原反应。在反应中，电子从还原剂转移到氧化剂。氧化剂是得到电子（或电子对偏向）的物质，在反应时所含元素的化合价降低。氧化剂具有氧化性，发生还原反应，自身被还原。还原剂是失去电子（或电子对偏离）的物质，在反应时所含元素的化合价升高。还原剂具有还原性，发生氧化反应，自身被氧化。氧化剂得到的电子数等于还原剂失去的电子数。

常用的氧化剂有活泼的非金属（卤素）以及 H_2O_2、Na_2O_2，HNO_3、浓 H_2SO_4、$KMnO_4$、$K_2Cr_2O_7$、$KClO_3$、$HClO$、$NaClO$ 等，它们在化学反应中都比较容易得到电子，所以具有氧化性。

常用的还原剂有活泼的金属以及 C、H_2、CO、H_2S 等，它们在化学反应中都比较容易失去电子或发生电子对偏离，所以具有还原性。

三、氧化还原反应方程式的配平

我们知道，氧化还原反应的本质是电子发生转移，通过元素化合价的升降表现出来。而在同一反应中，得到电子数和失去电子数必定相等；反应前后各元素原子的总数相等。据此，可以按照以下步骤进行配平。

① 根据事实，写出反应中反应物和生成物；
② 标出有关元素的化合价，列出元素化合价的变化；
③ 由氧化和还原过程得失电子的个数，求出最小公倍数，以确定有关分子式前的系数；
④ 用观察法配平其他物质的系数，并检查。确认配平后，把反应式中的箭头换写成等号，并注明必要的反应条件（如↑、↓、△、催化剂等）。

在上面第二步标出反应中有关元素化合价时，必须准确无误，可以根据以下原则进行。

① 在一般化合物中，通常 O 是 −2 价，H 是 +1 价；过氧化物中 O 为 −1 价；金属氢化物中 H 为 −1 价。
② 单质中元素的化合价是 0 价。
③ 在化合物中，金属是正价。
④ 化合物中元素的正负化合价代数和等于零。

下面举例说明配平方法。

（1）配平铜和稀硝酸反应的方程式
① 反应式
$$Cu + HNO_3(稀) \longrightarrow Cu(NO_3)_2 + NO + H_2O$$

② 元素化合价及其变化

$\overset{0}{Cu} \longrightarrow \overset{+2}{Cu}(NO_3)_2$ 铜元素由 0 价升至 +2 价，失去 2 个电子。

$\overset{+5}{H}NO_3 \rightarrow \overset{+2}{N}O$ 氮元素由 +5 价降至 +2 价，得到 3 个电子。

注意，硝酸中的氮有一部分没有发生价态变化，仍为 +5 价，以硝酸铜的形式存在。

③ 将"2"和"3"求得最小公倍数为 6。因此，反应物 Cu 前系数写上"3"，生成物 $Cu(NO_3)_2$ 前系数也为"3"。硝酸前系数等下步确定，但可以肯定 NO 前系数应为"2"。

④ 在生成物中氮原子个数总共有 6+2=8，故反应物中 HNO_3 前系数应写上"8"。由反应物中氢的个数，可以确定生成物中 H_2O 分子前系数应为"4"。再检查反应前后氧原子个数，发现都是 24 个。因此，该反应方程式已配平，把箭头写成等号。配平的化学反应方程式是：

$$3Cu + 8HNO_3(稀) \longrightarrow 3Cu(NO_3)_2 + 2NO + 4H_2O$$

(2) 配平下面的反应

$$KBr + KBrO_3 + H_2SO_4 \longrightarrow K_2SO_4 + Br_2 + H_2O$$

① 反应式如上。

② 元素化合价及其变化。

$K\overset{-1}{Br} \to \overset{0}{Br_2}$ 溴元素化合价升高 1 价；

$K\overset{+5}{Br}O_3 \to \overset{0}{Br_2}$ 溴元素化合价降低 5 价。

③ 将"1"和"5"求得最小公倍数为 5。因此，KBr 前系数写上"5"，$KBrO_3$ 前系数写上"1"。

④ 反应物中溴原子个数共有 6 个，故生成物中 Br_2 前系数为"3"，同样可以确定 K_2SO_4 前系数为"3"。K_2SO_4 前系数已定为 3，则 H_2SO_4 前系数也应为"3"，最后 H_2O 前系数也是"3"。检查反应前后氧原子个数是相等的，表明已配平。配平的方程式是：

$$5KBr + KBrO_3 + 3H_2SO_4 \longrightarrow 3K_2SO_4 + 3Br_2 + 3H_2O$$

氧化还原反应在生活中的应用

第二节　原电池和电极电势

一、原电池

（一）原电池的组成

将一块锌片放入 $CuSO_4$ 溶液中，立即发生反应：

$$Zn + Cu^{2+} \longrightarrow Zn^{2+} + Cu$$

在该反应中，Zn 失去电子为还原剂，Cu^{2+} 得到电子为氧化剂，Zn 把电子直接传递给了 Cu^{2+}。在反应过程中，溶液温度上升，化学能转变成热能。若设计一种装置让电子转移变成电子的定向移动，这就是原电池。原电池将化学能转变成电能，通过氧化还原反应产生电流，从而证明氧化还原反应中确有电子转移。

下面以铜锌原电池为例进行说明。原电池装置如图 5-1 所示，在一个烧杯中装有 $ZnSO_4$ 溶液，并插入锌片。另一个烧杯中装有 $CuSO_4$ 溶液，并插入铜片。两个烧杯之间用一个"盐桥"连通起来。盐桥为一倒置的 U 形管，其中盛有电解质溶液（通常用饱和 KCl 溶液和琼脂做成胶冻，溶液不致流出，而离子又可以在其中自由流动）。将铜片和锌片用导线连接，其间串联一个检流计。

当电路接通后，可以看到检流计的指针发生了偏转，根据指针偏转的方向，得知电子由锌片流向铜片（与电流方向相反）。同时观察到锌片逐渐溶解，铜片上有铜沉积。因此，在这两个烧杯中发生的反应分别为：

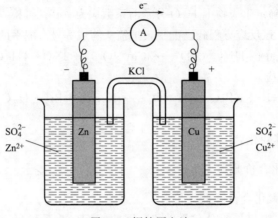

图 5-1 铜锌原电池

$Zn \longrightarrow Zn^{2+} + 2e^-$　　　　锌变成 Zn^{2+} 进入溶液；

$Cu^{2+} + 2e^- \longrightarrow Cu$　　　　Cu^{2+} 变成单质 Cu 析出。

该装置中电子通过导线由锌片流向铜片而不是在 Zn 和 Cu^{2+} 之间直接传递，故外电路中产生了电流。

上述原电池由两个半电池组成，每个半电池包含一个氧化还原电对。在铜锌原电池中电对分别为 Zn^{2+}/Zn 和 Cu^{2+}/Cu。半电池中应有一种固态物质作为导体，称为电极。有些电极既起导电作用，又参与氧化还原反应。如铜锌原电池中的锌片、铜片。另有些固体物质只起导电作用，而不与电池系统中的物质发生反应，这种物质称为惰性电极，常用的有金属铂和石墨。如 Fe^{3+}/Fe^{2+}、Cl_2/Cl^- 等无固体电极的电对，可采用惰性电极。

半电池所发生的反应称为半电池反应或电极反应。在原电池中，给出电子的电极称为负极，发生氧化反应，对应于电池氧化还原反应的还原剂与其氧化产物；接受电子的电极称为正极，发生还原反应，对应于电池氧化还原反应的氧化剂与其还原产物。

在铜锌原电池中，锌为负极，反应为
$$Zn \longrightarrow Zn^{2+} + 2e^-$$

铜为正极，反应为
$$Cu^{2+} + 2e^- \longrightarrow Cu$$

原电池的总反应为两个电极反应之和：
$$Cu^{2+} + Zn \longrightarrow Cu + Zn^{2+}$$

原电池装置可以用电池符号来表示，如：
$$(-)Zn|ZnSO_4(c_1)\|CuSO_4(c_2)|Cu(+)$$

习惯上把负极写在左边，$(-)$ 表示由 Zn 和 $ZnSO_4$ 溶液组成负极；把正极写在右边，$(+)$ 表示由 Cu 和 $CuSO_4$ 溶液组成正极。其中"$|$"表示两相（此处为固相和液相）之间的界面，正、负两极之间的"$\|$"表示两溶液用盐桥连接，通常还需注明电极中离子的浓度。若溶液中含有两种离子参与电极反应，可用逗号把它们分开。有气体参与的反应，须注明气体的压力。若外加惰性电极也需注明。例如，由 H^+/H_2 电对和 Fe^{3+}/Fe^{2+} 电对组成的原电池，电池符号为
$$(-)Pt|H_2(p)|H^+(c_1)\|Fe^{3+}(c_2),Fe^{2+}(c_3)|Pt(+)$$

负极反应　　　　　　　　　$H_2 \longrightarrow 2H^+ + 2e^-$
正极反应　　　　　　　　　$Fe^{3+} + e^- \longrightarrow Fe^{2+}$
原电池反应　　　　　　　　$H_2 + 2Fe^{3+} \longrightarrow 2H^+ + 2Fe^{2+}$

原电池电池符号书写规则总结如下：

① 一般把负极写在左边，用（-）表示；正极写在右边，用（+）表示。

② 用"｜"表示物质间有一界面，不存在界面用","表示；用"‖"表示盐桥。

③ 用化学式表示电池物质的组成，气体要注明其分压，溶液要注明其浓度，如不注明，一般指 $1 mol \cdot L^{-1}$ 或 $100 kPa$。

④ 对于某些电极的电对，自身不是金属导电体时，则需要加一个能导电而又不参与电极反应的惰性电极，通常用铂作惰性电极。

（二）原电池的电动势

当原电池的两极用导线连接时就会有电流通过，说明两极间存在电势差，用电位计所测得的正极与负极之间的电势差就是原电池的电动势，电动势用符号 E 表示。为了比较各种原电池电动势的大小，通常在标准状态下测定，所得到的电动势为标准电动势，标准电动势用 $E^\ominus$ 表示。所谓标准状态是指组成电极的离子浓度为 $1 mol \cdot L^{-1}$，气体的分压为 $100 kPa$，纯液体和纯固体的状态。通常选择温度为 298.15K，标准电极电势以符号 $\varphi^\ominus$ 表示。$E^\ominus = \varphi^\ominus_+ - \varphi^\ominus_-$。

二、电极电势

（一）电极电势的产生

当把金属放入含有该金属离子的盐溶液中时，会有两种反应倾向存在：一种是金属表面的金属离子和溶液中的极性水分子互相吸引，有脱离金属晶格、以水合离子进入溶液中的倾向（金属越活泼，溶液越稀，这种倾向越大）；另一种是盐溶液中的金属水合离子又有从金属表面获得电子而沉积到金属表面上的倾向（金属越不活泼，溶液越浓，这种倾向越大）。某种条件下达到以下平衡：

$$M(金属) \rightleftharpoons M^{n+} + ne^-$$

如上所述，如果金属越活泼或溶液中金属离子浓度越小，则金属溶解的趋势越大于金属离子沉积到金属表面的趋势，达到平衡时金属表面因聚集了金属溶解时留下的自由电子而带负电荷，溶液则因金属离子进入而带正电荷。这样，由于正、负电荷相互吸引，在金属与其盐溶液的接触面处就建立起由带负电荷的电子和带正电荷的金属离子所构成的双电层［图 5-2(a)］。反之，也建立起双电层［图 5-2(b)］。由于双电层的形成，在金属和其盐溶液之间产生了平衡电势差，称为金属的电极电势，用符号 φ 表示，单位为 V（伏）。

（二）标准氢电极

计算原电池的电动势，必须知道两个电极的电势值，方可直接算出原电池的电动势。但是到目前为止，电极电势的绝对值仍然无法测定。通

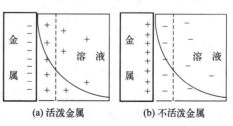

图 5-2　金属的电极电势

常选定一个电极作为参比标准,人为规定该电极的电势数值,然后与其他电极进行比较,得出各种电极的电势值。通常采用的参比电极是标准氢电极。

标准氢电极是在铂片上镀上一层蓬松的铂,插入氢离子浓度为 $1mol \cdot L^{-1}$ 的某种酸溶液中,在 298.15K 下不断通入 100kPa 的纯氢气流,此时被铂表面吸附的 H_2 与溶液中 H^+ 建立起 H^+/H_2 电对,两者建立了如下平衡:

$$2H^+ + 2e^- \rightleftharpoons H_2(g)$$

此时电对中的物质都处于标准状态,此电极即为标准氢电极,规定在此状态下的标准氢电极的电极电势为零,即 $\varphi^{\ominus}_{298.15K}(H^+/H_2) = 0V$。

(三)标准电极电势的测定

如果用标准氢电极与各种标准状态下的电极组成原电池,根据检流计指针偏转方向确定原电池的正负极,然后用电位计测定原电池的电动势,即可算出被测电极的标准电极电势。

例如,如果要测定铜电极的标准电极电势,可将铜电极与标准氢电极组成原电池。根据检流计指针偏转方向,可知电流是由铜电极通过导线流向氢电极,所以铜电极为正极,氢电极为负极。故组成的原电池为:

$$(-)Pt|H_2(100kPa)|H^+(1mol \cdot L^{-1})\|Cu^{2+}(1mol \cdot L^{-1})|Cu(+)$$

在 298.15K 由电位计测得该电池的电动势为 0.337V,则

$$E^{\ominus} = \varphi^{\ominus}_+ - \varphi^{\ominus}_- = \varphi^{\ominus}(Cu^{2+}/Cu) - \varphi^{\ominus}(H^+/H_2)$$

代入数据得:

$$0.337V = \varphi^{\ominus}(Cu^{2+}/Cu) - 0$$

所以 $\varphi^{\ominus}(Cu^{2+}/Cu) = 0.337V$

以同样的方法测得其他各种电极的电极电势。把所测得的一系列电对的标准电极电势制成表,就得到标准电极电势表。

使用标准电极电势时应注意以下几点:

① 标准电极电势表示在标准状态下某电极的电极电势。非标准状态下,不可直接应用。

② 使用电极时一定要注明相应的电对。同一种物质在某一电对中是氧化型,在另一电对中也可以是还原型。

例如,Fe^{2+} 在 $Fe^{2+} + 2e^- \longrightarrow Fe$ 中是氧化型,在 $Fe^{3+} + e^- \longrightarrow Fe^{2+}$ 中是还原型,所以在讨论与 Fe^{2+} 有关的氧化还原时,应分清 Fe^{2+} 是还原型还是氧化型。在不同的情况下,对应的电极反应不同,标准电极电势值也不一样。

③ 同一电对在不同的介质中电极电势的值不同,甚至存在形态也不同。

④ 标准电极电势 $\varphi^{\ominus}$ 与电子得失多少无关,即与电极反应的化学计量数无关,仅取决于电极的本性。例如,电极反应:

$$Cl_2 + 2e^- \rightleftharpoons 2Cl^- \quad \varphi^{\ominus} = 1.36V$$

或写成 $\frac{1}{2}Cl_2 + e^- \rightleftharpoons Cl^- \quad \varphi^{\ominus} = 1.36V$

⑤ $\varphi^{\ominus}$ 值越小,电对中的氧化态物质得到电子的倾向就越小,其氧化能力越弱;其还原态物质就越容易失去电子,是越强的还原剂。$\varphi^{\ominus}$ 值越大,电对中的氧化态物质越容易得到电子,是越强的氧化剂;其还原态物质就越难失去电子,是越弱的还原剂。

⑥ $\varphi^{\ominus}$ 仅适用于水溶液,对非水溶液、固相反应并不适用。

（四）能斯特方程

电极电势的大小，首先取决于电对的本性。此外，还与温度和溶液中离子的浓度、气体的分压有关。1889年，德国化学家能斯特推导出电极电势与浓度之间的关系，称为能斯特方程。对于任意一个给定电极：

$$a\text{氧化型} + ne^- \rightleftharpoons b\text{还原型}$$

则
$$\varphi = \varphi^{\ominus} + \frac{RT}{nF}\ln\frac{c^a_{\text{氧化型}}}{c^b_{\text{还原型}}} \tag{5-1}$$

式中 φ——电对在某一温度、某一浓度时的电极电势，V；

$\varphi^{\ominus}$——电对的标准电极电势，V；

R——气体常数 $[8.314\text{J} \cdot (\text{K} \cdot \text{mol})^{-1}]$；

T——热力学温度，K；

F——法拉第常数（$96487\text{C} \cdot \text{mol}^{-1}$）；

n——电极反应中转移的电子数；

a, b——半反应中各物质的化学计量数。

当温度为298.15K时，将各常数值代入式(5-1)，可变为：

$$\varphi = \varphi^{\ominus} + \frac{0.0592}{n}\lg\frac{c^a_{\text{氧化型}}}{c^b_{\text{还原型}}} \tag{5-2}$$

（五）影响电极电势的因素

1. 浓度对电极电势的影响

对于一个指定电对来说，根据能斯特方程很容易得出，当其他条件不变时，氧化型物质浓度增大，则 φ 值增大，氧化型物质的氧化能力增强，还原型物质的还原能力减弱。反之，当其他条件不变时，还原型物质浓度增大，则 φ 值减小，还原型物质的还原能力增强，氧化型物质的氧化能力减弱。

【例5-1】 298.15K 下，$c(\text{Cu}^{2+}) = 0.0010\text{mol} \cdot \text{L}^{-1}$ 时，电对 Cu^{2+}/Cu 的电极电势值是多少？已知 $\varphi^{\ominus}(\text{Cu}^{2+}/\text{Cu}) = 0.337\text{V}$。

解： 电极反应为

$$\text{Cu}^{2+} + 2e^- \rightleftharpoons \text{Cu}$$

$$\varphi(\text{Cu}^{2+}/\text{Cu}) = \varphi^{\ominus}(\text{Cu}^{2+}/\text{Cu}) + \frac{0.0592}{n}\lg\frac{c(\text{Cu}^{2+})}{1}$$

$$= 0.337 + \frac{0.0592}{2}\lg\frac{0.0010}{1}$$

$$= 0.248 \text{ (V)}$$

上例计算结果表明，氧化型物质浓度减小，其电对的电极电势值减小。

2. 酸度对电极电势的影响

对于有 H^+ 或 OH^- 参加的反应，由能斯特方程可知，改变介质的酸度，电极电势肯定也会跟着改变，从而改变电对物质的氧化还原能力。

【例 5-2】 计算电对 MnO_4^-/Mn^{2+} 分别在 $c(H^+)=10 mol \cdot L^{-1}$ 和 $c(H^+)=1.0 \times 10^{-3} mol \cdot L^{-1}$ 时，各自的电极电势是多少（假设其他物质均处于标准状态）。已知电极反应：$MnO_4^- + 8H^+ + 5e^- \rightleftharpoons Mn^{2+} + 4H_2O$，$\varphi^\ominus(MnO_4^-/Mn^{2+})=1.51V$。

解： 电极反应

$$MnO_4^- + 8H^+ + 5e^- \rightleftharpoons Mn^{2+} + 4H_2O$$

$$\varphi(MnO_4^-/Mn^{2+}) = \varphi^\ominus(MnO_4^-/Mn^{2+}) + \frac{0.0592}{n} \lg \frac{c(MnO_4^-)[c(H^+)]^8}{c(Mn^{2+})}$$

因为假设其他物质均处于标准状态，故 $c(MnO_4^-)=1.0 mol \cdot L^{-1}$，$c(Mn^{2+})=1.0 mol \cdot L^{-1}$。

当 $c(H^+)=10 mol \cdot L^{-1}$ 时，

$$\varphi(MnO_4^-/Mn^{2+}) = \varphi^\ominus(MnO_4^-/Mn^{2+}) + \frac{0.0592}{n} \lg \frac{c(MnO_4^-)[c(H^+)]^8}{c(Mn^{2+})}$$

$$= 1.51 + \frac{0.0592}{5} \lg \frac{1 \times 10^8}{1} = 1.60 \ (V)$$

当 $c(H^+)=1.0 \times 10^{-3} mol \cdot L^{-1}$ 时，

$$\varphi(MnO_4^-/Mn^{2+}) = \varphi^\ominus(MnO_4^-/Mn^{2+}) + \frac{0.0592}{n} \lg \frac{c(MnO_4^-)[c(H^+)]^8}{c(Mn^{2+})}$$

$$= 1.51 + \frac{0.0592}{5} \lg \frac{1 \times (1.0 \times 10^{-3})^8}{1} = 1.22 \ (V)$$

由上例计算结果可知，MnO_4^- 的氧化能力随着 H^+ 浓度的增大而增大，随着 H^+ 浓度的减小而减弱。

3. 沉淀对电极电势的影响

【例 5-3】 在含有 Ag^+/Ag 电对的体系中加入 NaCl 溶液后，产生 AgCl 沉淀，若沉淀达到平衡后 $c(Cl^-)=1.0 mol \cdot L^{-1}$，求此时电对的电极电势。

已知电极反应 $Ag^+ + e^- \rightleftharpoons Ag(s)$，$\varphi^\ominus(Ag^+/Ag)=0.799V$，$K_{sp,AgCl}^\ominus = 1.8 \times 10^{-10}$。

解： 加入 NaCl 溶液后，存在如下反应

$$Ag^+(aq) + Cl^-(aq) \rightleftharpoons AgCl(s)$$

$$K_{sp,AgCl}^\ominus = c(Ag^+)c(Cl^-)$$

已知达到平衡后 $c(Cl^-)=1.0 mol \cdot L^{-1}$，则：

$$c(Ag^+) = \frac{K_{sp,AgCl}^\ominus}{c(Cl^-)} = \frac{1.8 \times 10^{-10}}{1} = 1.8 \times 10^{-10} \ (mol \cdot L^{-1})$$

电极反应：

$$Ag^+ + e^- \rightleftharpoons Ag(s)$$

$$\varphi(Ag^+/Ag) = \varphi^{\ominus}(Ag^+/Ag) + \frac{0.0592}{1}\lg c(Ag^+)$$

$$= 0.799 + 0.0592 \times \lg(1.8 \times 10^{-10})$$

$$= 0.22 \text{ (V)}$$

分析上例结果可得，当向溶液中加入沉淀剂使离子产生沉淀时，会使溶液中游离态的离子浓度减少，从而使电极电势值发生显著改变。

如果电对中的氧化型物质生成沉淀，其氧化型离子的平衡浓度减小，电极电势值降低。沉淀的溶解度越小，电极电势值降得越低。反之，如果电对中还原型物质生成沉淀，其还原型离子的平衡浓度减小，电极电势值增大。沉淀的溶解度越小，电极电势值升得越高。

第三节 电极电势的应用

一、判断氧化剂和还原剂的相对强弱

标准电极电势 $\varphi^{\ominus}$ 值的大小反映了电对处于标准状态时氧化还原能力的相对强弱。电极电势越大，表示电对氧化型的氧化能力越强，还原型的还原能力越弱。反之，则表示电对还原型的还原能力越强，氧化型的氧化能力越弱。

【例 5-4】 根据标准电极电势，判断电对 Br_2/Br^-、$Cr_2O_7^{2-}/Cr^{3+}$ 中氧化型的相对强弱。

查表已知以上两电对的标准电极为

$$Br_2 + 2e^- \rightleftharpoons 2Br^- \qquad \varphi^{\ominus}(Br_2/Br^-) = 1.065\text{V}$$

$$Cr_2O_7^{2-} + 14H^+ + 6e^- \rightleftharpoons 2Cr^{3+} + 7H_2O \qquad \varphi^{\ominus}(Cr_2O_7^{2-}/Cr^{3+}) = 1.33\text{V}$$

解：电对 $\varphi^{\ominus}(Cr_2O_7^{2-}/Cr^{3+}) > \varphi^{\ominus}(Br_2/Br^-)$，故各电对中氧化型的相对强弱为 $Cr_2O_7^{2-} > Br_2$；而电对中还原型的相对强弱为 $Br^- > Cr^{3+}$。

注意：当电对处于标准状态时才能用标准电极电势来比较电对中氧化型的氧化能力或还原型的还原能力的相对强弱，否则需要通过能斯特方程计算出非标准状态下的电极电势值来进行比较判断。

二、判断氧化还原反应进行的方向

氧化还原反应总是电极电势值大的电对中的氧化型物质氧化电极电势值小的电对中的还原型物质。或者说，与氧化剂对应的电池正极的 $\varphi^{\ominus}_+$ 应该大于还原剂对应的电池负极的 $\varphi^{\ominus}_-$，即两者的差值（对应电池的电动势 $E^{\ominus} = \varphi^{\ominus}_+ - \varphi^{\ominus}_-$）$>0$；如果 $E^{\ominus} = \varphi^{\ominus}_+ - \varphi^{\ominus}_- < 0$，则反应会向

逆方向进行；而 $E^{\ominus}=\varphi_{+}^{\ominus}-\varphi_{-}^{\ominus}=0$，则氧化还原反应达到了平衡。

当 $E^{\ominus}$ 值足够大时，不必考虑反应中各种离子浓度改变对 $E^{\ominus}$ 值正负或反应方向的影响。而 $E^{\ominus}$ 值比较小时，溶液中各离子浓度的改变可能会使反应方向发生逆转，此时需要按能斯特方程求出非标准状态下的 φ_+ 和 φ_-，再进行比较，以确定反应进行的方向。

【例 5-5】在标准状态下，金属铁能否防止溶液中的 Fe^{2+} 被氧化为 Fe^{3+}，即反应 $2Fe^{3+}+Fe \rightleftharpoons 3Fe^{2+}$ 能否发生？

查标准电极电势表可知

$$Fe^{3+}+e^- \rightleftharpoons Fe^{2+} \qquad \varphi^{\ominus}(Fe^{3+}/Fe^{2+})=0.771V$$

$$Fe^{2+}+2e^- \rightleftharpoons Fe \qquad \varphi^{\ominus}(Fe^{2+}/Fe)=-0.44V$$

解： 已知上述反应两电对为：Fe^{3+}/Fe^{2+}、Fe^{2+}/Fe。

则在标准状态下：$E^{\ominus}=\varphi^{\ominus}(Fe^{3+}/Fe^{2+})-\varphi^{\ominus}(Fe^{2+}/Fe)$

$$=0.771-(-0.44)$$
$$=1.211>0$$

即该反应在标准状态下可自发进行，故金属铁能防止溶液中的 Fe^{2+} 被氧化为 Fe^{3+}。

【例 5-6】用电池符号表示如下电池反应，并判断反应进行方向：

$$\frac{1}{2}Cu(s)+\frac{1}{2}Cl_2(p^{\ominus}) \rightleftharpoons \frac{1}{2}Cu^{2+}(0.1mol \cdot L^{-1})+Cl^-(1mol \cdot L^{-1})$$

查表已知：$\varphi^{\ominus}(Cl_2/Cl^-)=1.358V \qquad \varphi^{\ominus}(Cu^{2+}/Cu)=0.3419V$

解： 电池符号为

$$(-)Cu(s)|Cu^{2+}(0.1mol \cdot L^{-1})\|Cl^-(1mol \cdot L^{-1})|Cl_2(p^{\ominus})|Pt(+)$$

$$E=\varphi_+-\varphi_-$$
$$=\varphi(Cl_2/Cl^-)-\varphi(Cu^{2+}/Cu)$$
$$=\varphi^{\ominus}(Cl_2/Cl^-)+\frac{0.0592}{2}\lg\frac{p(Cl_2)/p^{\ominus}}{[c(Cl^-)]^2}-\left[\varphi^{\ominus}(Cu^{2+}/Cu)+\frac{0.0592}{2}\lg c(Cu^{2+})\right]$$

代入已知数据得

$$E=1.358+\frac{0.0592}{2}\lg\frac{p^{\ominus}/p^{\ominus}}{1^2}-\left(0.3419+\frac{0.0592}{2}\lg 0.1\right)$$

$$=1.0457 \text{ (V)}$$

由于 $E>0$，所以该反应自发自左向右进行。

三、判断氧化还原反应进行的程度

氧化还原反应的标准平衡常数可以从两个电对的标准电极电势求得，根据平衡常数 K 值大小可判断氧化还原反应进行的程度。对于任意一个氧化还原反应：

$$aA(aq)+bB(aq) \rightleftharpoons gG(aq)+dD(aq)$$

可以将其按照反应所确定的方向设计成一个原电池。

由热力学可以推出：在 298.15K 时，任一氧化还原反应的标准平衡常数和对应电对的 $\varphi^{\ominus}$ 差值之间的关系为

$$\lg K = \frac{n(\varphi_{+}^{\ominus} - \varphi_{-}^{\ominus})}{0.0592} = \frac{nE^{\ominus}}{0.0592}$$

式中　$\varphi_{+}^{\ominus}$——氧化剂电对的标准电极电势，即原电池正极的标准电极电势；

$\varphi_{-}^{\ominus}$——还原剂电对的标准电极电势，即原电池负极的标准电极电势；

$E^{\ominus}$——该氧化还原反应对应的原电池的标准电动势；

n——氧化还原反应中转移的电子数。

由上可见氧化还原反应标准平衡常数的对数与该反应的两个电对的标准电极电势的差值（即该反应对应的电池的标准电动势）成正比，电极电势差值越大，平衡常数也越大，反应进行得越彻底。

【例 5-7】 计算以下反应的标准平衡常数：

$$Ni(s) + Pb^{2+}(aq) \rightleftharpoons Ni^{2+}(aq) + Pb(s)$$

查标准电极电势表可知

$$Pb^{2+} + 2e^{-} \rightleftharpoons Pb \quad \varphi_{+}^{\ominus}(Pb^{2+}/Pb) = -0.1262V$$

$$Ni^{2+} + 2e^{-} \rightleftharpoons Ni \quad \varphi_{-}^{\ominus}(Ni^{2+}/Ni) = -0.257V$$

解：
$$\lg K = \frac{n(\varphi_{+}^{\ominus} - \varphi_{-}^{\ominus})}{0.0592}$$

$$= \frac{2[\varphi_{+}^{\ominus}(Pb^{2+}/Pb) - \varphi_{-}^{\ominus}(Ni^{2+}/Ni)]}{0.0592}$$

$$= \frac{2 \times [-0.1262 - (-0.257)]}{0.0592}$$

$$= 4.43$$

则
$$K = 2.63 \times 10^{4}$$

四、判断氧化还原反应发生的次序

一般情况下，当一种氧化剂遇到几种还原剂时，氧化剂首先与最强的还原剂反应。同样，当一种还原剂遇到几种氧化剂时，还原剂首先与最强的氧化剂反应。从电极电势的角度看，就是电池电动势大的反应首先发生。

工业上通氯气晒盐所得的苦卤中，使 Br^{-} 和 I^{-} 氧化制取 Br_2 和 I_2，就是基于此原理。从电极电势的角度看：

$$I_2 + 2e^{-} \rightleftharpoons 2I^{-} \quad \varphi^{\ominus}(I_2/I^{-}) = 0.5345V$$

$$Br_2 + 2e^{-} \rightleftharpoons Br^{-} \quad \varphi^{\ominus}(Br_2/Br^{-}) = 1.065V$$

$$Cl_2 + 2e^{-} \rightleftharpoons 2Cl^{-} \quad \varphi^{\ominus}(Cl_2/Cl^{-}) = 1.36V$$

当把氯气通入苦卤中时，Cl_2 首先将 I^{-} 氧化为 I_2。控制 Cl_2 流量，待 I^{-} 几乎全部被氧化后，Br^{-} 才被氧化而析出 Br_2，从而分别得到 I_2 和 Br_2。

第四节 化学电池

化学电池是指能将化学能转变为电能的装置。主要包括电解质溶液和浸入溶液的正负电极。使用时，将导线连接两个电极，即有电流通过（放电），因而获得电能。常见的电池大多是化学电池。它在国民经济、科学技术、军事和日常生活方面均获得了广泛应用。

化学电池使用面广，品种繁多，按使用性质可分为三类：干电池、蓄电池、燃料电池。按电池中电解质性质可分为：锂电池、碱性电池、酸性电池、中性电池。

一、锌锰电池

锌-二氧化锰电池（简称锌锰电池）又称勒克朗谢（Leclanche）电池，是法国科学家勒克朗谢（Leclanche，1839—1882）于1868年发明的，由锌（Zn）作负极，二氧化锰（MnO_2）作正极，中性氯化铵（NH_4Cl）、氯化锌（$ZnCl_2$）的水溶液为电解质，面淀粉或浆层纸作隔离层，制成的电池。由于其电解质溶液通常制成凝胶状或被吸附在其他载体上而呈不流动状态，故又称锌锰干电池。按所使用隔离层可分为糊式和板式两种，板式又按电解液不同分为铵型和锌型纸板电池两种。

锌锰电池用锌制筒形外壳作负极，位于电池中央顶盖上有铜帽的石墨棒作正极导电材料，在石墨棒的周围由内向外依次是二氧化锰粉末（黑色）——用于吸收在正极上生成的氢气（以防止产生极化现象），以及饱和的氯化铵和氯化锌的淀粉糊。

电极反应式为：

负极（锌筒） $\quad\quad\quad\quad Zn \longrightarrow Zn^{2+} + 2e^-$

正极（石墨） $\quad\quad 2NH_4^+ + 2e^- \longrightarrow 2NH_3 \uparrow + H_2 \uparrow$

$\quad\quad\quad\quad\quad\quad 2H_2O + 2MnO_2 + 2e^- \longrightarrow 2MnOOH + 2OH^-$

总反应： $\quad Zn + 2NH_4Cl + 2MnO_2 \longrightarrow Zn(NH_3)_2Cl_2 \downarrow + 2MnOOH$

二、铅酸蓄电池

法国人普兰特于1859年发明了铅酸蓄电池，已经历了近150年的发展历程，铅酸蓄电池在理论研究方面，在产品种类及品种、产品电气性能等方面都得到了长足的进步，不论是在交通、通信、电力、军事还是在航海、航空各个领域，铅酸蓄电池都起到了不可缺少的作用。

根据铅酸蓄电池结构与用途，粗略地将铅酸蓄电池分为四大类：
① 启动用铅酸蓄电池；
② 动力用铅酸蓄电池；
③ 固定型阀控密封式铅酸蓄电池；
④ 其他类，包括小型阀控密封式铅酸蓄电池、矿灯用铅酸蓄电池等。

铅酸蓄电池充、放电化学反应方程式如下。

放电：

负极　　　　　　　　$Pb+SO_4^{2-} \longrightarrow PbSO_4+2e^-$

正极　　　　$PbO_2+2e^-+SO_4^{2-}+4H^+ \longrightarrow PbSO_4+2H_2O$

充电：

负极：　　　　　　　$PbSO_4+2e^- \longrightarrow Pb+SO_4^{2-}$

正极：　　　　$PbSO_4+2H_2O \longrightarrow PbO_2+2e^-+SO_4^{2-}+4H^+$

总反应：　　　$PbO_2+2H_2SO_4+Pb \underset{充电}{\overset{放电}{\rightleftharpoons}} 2PbSO_4+2H_2O$

三、锌银电池

一般用不锈钢制成小圆盒形，圆盒由正极壳和负极壳组成，形似纽扣（俗称纽扣电池）。盒内正极壳一端填充由氧化银和石墨组成的正极活性材料，负极壳一端填充锌汞合金组成的负极活性材料，电解质溶液为 KOH 浓溶液。电极反应式如下。

负极：　　　　　　　$Zn+2OH^- \longrightarrow ZnO+H_2O+2e^-$

正极：　　　　　　　$Ag_2O+H_2O+2e^- \longrightarrow 2Ag+2OH^-$

电池的总反应式为：　　$Ag_2O+Zn \longrightarrow 2Ag+ZnO$

电池的电压一般为 1.59V，使用寿命较长。

? 思考与练习题

一、填空题

1. 氧化还原反应中，获得电子的物质是____剂，自身被____；失去电子的物质是____剂，自身被____。

2. 原电池的两极分别称为____极和____极。电子流出的一极称为____极，电子流入的一极称为____极。在____极发生氧化反应，在____极发生还原反应。

3. Cu-Fe 原电池的电池符号是_____，原电池反应式为_____。

4. 在氧化还原反应中，氧化剂是 $\varphi^\ominus$ 值____的电对中____型物质，还原剂是 $\varphi^\ominus$ 值____的电对中____型物质。

5. 氧化还原反应 $2KMnO_4+5H_2O_2+3H_2SO_4 \longrightarrow 2MnSO_4+K_2SO_4+5O_2\uparrow+8H_2O$ 中氧化剂为____，还原剂为____，氧化产物为____，还原产物为____。

6. 书写电池符号时，应将____写在左侧，____写在右侧，相界面用____表示，盐桥用____表示。

二、选择题

1. 下列反应中属于氧化还原反应的是（　　）。

A. 硫酸与氢氧化钙溶液反应

B. 盐酸与硝酸银反应

C. 铜与稀硝酸反应

D. 醋酸钠的水解反应

2. 下列电对中，其氧化型物质氧化性最强的电对是（　　）。

A. $\varphi^{\ominus}(Cl_2/Cl^-)=1.36V$

B. $\varphi^{\ominus}(Br_2/Br^-)=1.065V$

C. $\varphi^{\ominus}(Fe^{3+}/Fe^{2+})=0.771V$

D. $\varphi^{\ominus}(Cr_2O_7^{2-}/Cr^{3+})=1.33V$

3. 下列物质中不具有还原性的是（　　）。

A. H_2

B. H^+

C. Cl_2

D. Cl^-

4. 下列各半反应中，发生还原过程的是（　　）。

A. $Fe \longrightarrow Fe^{2+}$

B. $Co^{3+} \longrightarrow Co^{2+}$

C. $NO \longrightarrow NO_3^-$

D. $H_2O_2 \longrightarrow O_2$

5. 对于电对 Fe^{2+}/Fe，增加 Fe^{2+} 的浓度，其标准电极电势的值将（　　）。

A. 增大

B. 减小

C. 不变

D. 无法判断

6. 在一个氧化还原反应中，若两电对的电极电势值差很大，则可判断（　　）。

A. 该反应的反应趋势很大

B. 该反应是可逆反应

C. 该反应的反应速率很大

D. 无法判断

7. 有一原电池：$Pt \mid Fe^{2+}, Fe^{3+} \parallel Ce^{4+}, Ce^{3+} \mid Pt$，则该电池的反应为（　　）。

A. $Ce^{3+}+Fe^{3+} \rightleftharpoons Fe^{2+}+Ce^{4+}$

B. $Ce^{4+}+e^- \rightleftharpoons Ce^{3+}$

C. $Fe^{2+}+Ce^{4+} \rightleftharpoons Fe^{3+}+Ce^{3+}$

D. $Fe^{2+}+Ce^{3+} \rightleftharpoons Fe^{3+}+Ce^{4+}$

8. 利用标准电极电势判断氧化还原反应进行的方向，正确的说法是（　　）。

A. 氧化型物质与还原型物质起反应

B. $\varphi^{\ominus}$ 较大的电对的氧化型物质与 $\varphi^{\ominus}$ 较小的电对的还原型物质起反应

C. 氧化性强的物质与氧化性弱的物质起反应

D. 还原性强的物质与还原性弱的物质起反应

三、计算题

1. 根据标准电极电势 $\varphi^{\ominus}$，判断下列反应进行的方向。

(1) $Cd+Zn^{2+} \rightleftharpoons Cd^{2+}+Zn$ [$\varphi^{\ominus}(Cd^{2+}/Cd)=-0.403V$，$\varphi^{\ominus}(Zn^{2+}/Zn)=-0.763V$]

(2) $Sn^{2+}+2Ag^+ \rightleftharpoons Sn^{4+}+2Ag$ [$\varphi^{\ominus}(Sn^{4+}/Sn^{2+})=0.154V$，$\varphi^{\ominus}(Ag^+/Ag)=0.799V$]

(3) $2MnO_4^- + 3Mn^{2+} + 2H_2O \rightleftharpoons 5MnO_2 + 4H^+$ $[\varphi^{\ominus}(MnO_4^-/MnO_2) = 1.695V$,$\varphi^{\ominus}(MnO_2/Mn^{2+}) = 1.23V]$

(4) $H_2SO_3 + 2H_2S \rightleftharpoons 3S + 3H_2O[\varphi^{\ominus}(H_2SO_3/S) = 0.45V$,$\varphi^{\ominus}(S/H_2S) = 0.141V]$

2. 计算下列各原电池的电动势，并写出电极反应式和电池反应式。

(1) $(-)Fe | Fe^{2+}(c^{\ominus}) \| Cl^-(c^{\ominus}) | Cl_2(50kPa) | Pt(+)[\varphi^{\ominus}(Fe^{2+}/Fe) = -0.44V$,$\varphi^{\ominus}(Cl_2/Cl^-) = 1.36V]$

(2) $(-)Cu | Cu^{2+}(c^{\ominus}) \| Fe^{3+}(0.1mol \cdot L^{-1}), Fe^{2+}(c^{\ominus}) | Pt(+)[\varphi^{\ominus}(Cu^{2+}/Cu) = 0.337V$,$\varphi^{\ominus}(Fe^{3+}/Fe^{2+}) = 0.771V]$

(3) $(-)Pb(s) | Pb^{2+}(0.1mol \cdot L^{-1}) \| Ag^+(1mol \cdot L^{-1}) | Ag(s)(+)$

(4) $(-)Pt, I_2(s) | I^-(0.1mol \cdot L^{-1}) \| MnO_4^-(0.1mol \cdot L^{-1}), Mn^{2+}(0.1mol \cdot L^{-1}), H^+(0.01mol \cdot L^{-1}) | Pt(+)[\varphi^{\ominus}(I_2/I^-) = 0.5345V$,$\varphi^{\ominus}(MnO_4^-/Mn^{2+}) = 1.23V]$

3. 某溶液中 $c(Mn^{3+}) = 0.3mol \cdot L^{-1}$，$c(Mn^{2+}) = 0.5mol \cdot L^{-1}$，试计算该溶液中 Mn^{3+}/Mn^{2+} 电对的电极电势。已知 $\varphi^{\ominus}(Mn^{3+}/Mn^{2+}) = 1.51V$。

4. 计算反应 $Fe + Cu^{2+} \rightleftharpoons Fe^{2+} + Cu$ 的平衡常数。若反应结束后溶液中 Fe^{2+} 浓度为 $0.10mol \cdot L^{-1}$，此时溶液中 Cu^{2+} 的浓度为多少？已知 $\varphi^{\ominus}(Fe^{2+}/Fe) = -0.44V$，$\varphi^{\ominus}(Cu^{2+}/Cu) = 0.337V$。

第六章

配位反应

 知识目标：

1. 了解配位化合物的基本概念，掌握其组成及命名方法；
2. 了解配合物的价键理论和常见配合物的空间构型；
3. 掌握平衡理论，以及稳定常数的概念和应用；
4. 了解配合物与酸碱平衡、沉淀平衡、其他配位平衡、氧化还原平衡之间的关系；
5. 熟悉螯合物的概念，了解其结构特性和应用。

 能力目标：

1. 会正确命名、书写配位化合物，并准确指出其组成；
2. 能够根据配位平衡理论进行相关计算。

 素质目标：

1. 培养结构决定性质的辩证唯物主义观。提升宏观辨识与微观探析的学科素养。
2. 培养严谨求实的科学态度和作风。

第一节 配位化合物的基本概念

一、配位化合物的定义及组成

> 【例 6-1】试写出 [Cu(NH$_3$)$_4$]SO$_4$·H$_2$O 的配体和中心离子。

> 【例 6-2】试写出 K$_3$[Fe(CN)$_6$] 的配体和中心离子。

> 【演示 6-1】在 CuSO$_4$ 溶液中加少量氨水,生成浅蓝色 Cu(OH)$_2$ 沉淀,再加入氨水,沉淀溶解变成深蓝色溶液,取深蓝色溶液,加 BaCl$_2$,生成白色 BaSO$_4$ 沉淀,说明溶液中存在 SO$_4^{2-}$,溶液中加少量 NaOH,无 Cu(OH)$_2$ 沉淀和 NH$_3$ 产生,说明溶液中不存在 Cu^{2+} 和 NH$_3$ 分子。
>
> 在此深蓝色溶液中加入乙醇,降低溶解度,得到深蓝色晶体,该晶体经元素分析,得知含 Cu、SO$_4^{2-}$、NH$_3$、H$_2$O,从而分析其结构为 [Cu(NH$_3$)$_4$]SO$_4$·H$_2$O。

在 [Cu(NH$_3$)$_4$]$^{2+}$ 中,金属阳离子 Cu^{2+} 和中性分子 NH$_3$ 通过配位键结合,其中共用电子对完全由 NH$_3$ 提供,Cu^{2+} 只提供空轨道。我们把由一个简单的正离子与一定数目的中性分子或阴离子以配位键相结合而成的复杂的化学质点称为配离子或配分子,由配离子或配分子组成的化合物称为配位化合物。

(一) 配位化合物的组成

配位化合物一般分为两部分:配离子或配分子,称为配位化合物的内界,并用方括号括起来;方括号以外的,与配离子带有相反电荷的部分称为配位化合物的外界。内外界以静电引力相结合。对配分子来讲,无外界。

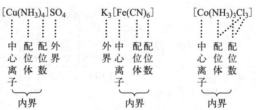

① 配离子可以是阴或阳离子。

② 中心离子或原子:是具有空轨道、能够接受孤对电子的离子或原子,也称为配位化合物的形成体,位于配离子的中心位置,是配合物的核心。中心离子(或原子)通常是金属阳离子,特别是过渡金属离子,或者是某些金属原子及高氧化数的非金属离子(原子)。例如,[Cu(NH$_3$)$_4$]$^{2+}$ 中的 Cu^{2+},[FeF$_6$]$^{3-}$ 中的 Fe^{3+},[Ni(CO)$_4$] 中的 Ni 原子。

③ 配体:又称为配位体,是具有孤对电子的阴离子或分子,位于中心离子周围,与中心

离子（或原子）以配位键相结合。在配体中，给出孤对电子的原子称为配位原子，如 NH_3 中的 N 原子、H_2O 和 OH^- 中的 O 原子及 CO、CN^- 中的 C 原子等。常见的配位原子主要是元素周期表中电负性较大的非金属元素的原子，如 N、O、S、C 以及 F、Cl、Br、I 等。

（二）配位数

在配体中，直接与中心离子（或原子）结合成键的配位原子的数目称为配位数。必须注意的是：配位数是指配位原子的总数，而不是配体总数，常见的配位数为 2、4、6。例如，$[Cu(NH_3)_4]^{2+}$ 中 Cu^{2+} 的配位数为 4，$[Co(NH_3)_3Cl_3]^{2+}$ 中 Co^{3+} 的配位数为 6。配位数取决于中心离子和配位体的性质，其电荷、体积、电子层结构及它们之间相互影响，形成配位化合物的温度也会影响配位数。

NH_4^+、SO_4^{2-}、PO_4^{3-} 等离子中也存在着配位键，但习惯上不把它们当作配离子。另有一些物质，如铁铵矾 $[NH_4Fe(SO_4)_2·6H_2O]$、明矾 $[KAl(SO_4)_2·12H_2O]$ 等，在晶体和溶液中仅含有 NH_4^+、Fe^{3+}、SO_4^{2-}、K^+、Al^{3+} 等简单离子和分子，这些化合物是复盐而不是配位化合物。

根据配体中所含配位原子的个数，将配体分为单齿配体和多齿配体。只含有一个配位原子的配体叫单齿配体，如 NH_3、H_2O、CN^- 等，其组成比较简单；含有两个或两个以上配位原子的配体叫多齿配体，如乙二胺、草酸根等，其组成较复杂，多数是有机分子。一些常见的配体，如表 6-1 所示。

表 6-1 常见的配体及其名称

单齿配体					
配位原子	配体化学式	配体名称	配位原子	配体化学式	配体名称
F	F^-	氟离子	S	SCN^-	硫氰酸根
Cl	Cl^-	氯离子	S	$S_2O_3^{2-}$	硫代硫酸根
Br	Br^-	溴离子	N	NH_3	氨
I	I^-	碘离子	N	NCS^-	异硫氰酸根
O	OH^-	羟基	N	NO_2^-	硝基
O	H_2O	水	N	NH_2^-	氨基
O	ROH	醇	C	CN^-	氰离子
O	ONO^-	亚硝酸根	C	CO	羰基
多齿配体					
	$\begin{array}{c} H_2\ddot{N} \quad \ddot{N}H_2 \\ | \quad\quad | \\ H_2C-CH_2 \end{array}$	乙二胺 （简称 en）		$\left[\begin{array}{c} O \quad\quad O \\ \| \quad\quad \| \\ C-C \\ \| \quad\quad \| \\ \ddot{O} \quad\quad \ddot{O} \end{array}\right]^{2-}$	草酸根
	$\begin{array}{c} H\ddot{O}OCH_2C \quad\quad CH_2COOH \\ \diagdown \quad\quad\quad\quad\quad\quad \diagup \\ \ddot{N}-CH_2-CH_2-\ddot{N} \\ \diagup \quad\quad\quad\quad\quad\quad \diagdown \\ HOOCH_2C \quad\quad CH_2COOH \end{array}$				乙二胺四乙酸 （简称 EDTA）

二、配位化合物的命名

【例 6-3】 命名配合物：$[Co(NH_3)_5(H_2O)]Cl_3$。

> **【例 6-4】** 写出配合物的化学式：二硫代硫酸根合银（Ⅰ）酸钠。

配位化合物的命名原则和一般无机化合物一致。如果化合物的负离子是一个简单离子，叫"某化某"；如果化合物的负离子是一个复杂离子，叫"某酸某"。若外界为氢离子，配阴离子的名称之后用酸字结尾。配位化合物只有内界时，按内界的命名方法命名，配位化合物的命名比一般无机化合物更复杂的地方就在于配位化合物的内界。

配合物内界命名次序为：配体数目（一、二、三、四）-配位体名称-"合"-中心原子名称-中心离子氧化数（用带括号的Ⅰ、Ⅱ、Ⅲ、Ⅳ等表示），当配体不止一种时，不同配体之间用圆点"·"分开。例：

$[Co(NH_3)_6]Cl_3$　　　　　　三氯化六氨合钴（Ⅲ）
$[Pt(NH_3)_4](OH)_2$　　　　氢氧化四氨合铂（Ⅱ）
$K_2[PtCl_6]$　　　　　　　　六氯合铂（Ⅳ）酸钾
$H_2[PtCl_6]$　　　　　　　　六氯合铂（Ⅳ）酸

不止一种配体时，无机配体在前，有机配体在后；阴离子在前，中性分子在后；若配体同类，则按配位原子元素符号的英文次序排列，中间以"·"分开。例：

$[Co(NH_3)_5(H_2O)]Cl_3$　　　三氯化五氨·一水合钴（Ⅲ）
$K[PtCl_3(NH_3)]$　　　　　　三氯·一氨合铂（Ⅱ）酸钾
$[Pt(NH_3)_4(NO_2)Cl]CO_3$　　碳酸一氯·一硝基·四氨合铂（Ⅳ）
$H_2[SiF_6]$　　　　　　　　　六氟合硅（Ⅳ）酸

三、配位化合物的结构

配位化合物的结构是指配合物中的化学键及其空间结构。

配位化合物

（一）配位化合物的价键理论要点

① 配合物中的配位原子提供孤对电子，是电子对给予体，而中心原子提供与配位数相同数目的空轨道，是电子对接受体。配位原子的孤对电子填入中心原子的空轨道形成配位键。中心原子所提供的空轨道先进行杂化，形成数目相等、能量相同、具有一定空间伸展方向的杂化轨道，杂化轨道与配位原子的孤对电子沿键轴方向重叠成键。

② 中心原子的杂化轨道具有一定的空间取向，这种空间取向决定了配体的排布方式，所以配合物具有一定的空间构型（见表 6-2），如 $[FeF_6]^{3-}$ 中 Fe^{3+} 的 6 个 sp^3d^2 杂化轨道，为了减小相互之间的排斥，空间构型以正八面体取向。

（二）轨道杂化

在形成配合物时，接受配体孤对电子的中心离子（或原子）的空轨道是经过杂化的。典型的杂化方式有如下几种。

1. sp 杂化

如 $[Ag(NH_3)_2]^+$ 配离子：

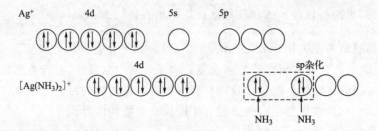

Ag$^+$价层的 5s 和 5p 轨道是空的,1 个 5s 轨道和 1 个 5p 轨道进行 sp 杂化,2 个 N 原子上具有孤对电子的轨道分别与 Ag$^+$ 的 2 个空的 sp 杂化轨道重叠成键。常形象地形容为 2 个 N 原子上的孤对电子分别"投入"Ag$^+$ 的 2 个空的 sp 杂化轨道成键。sp 杂化轨道的夹角为 180°,故 $[Ag(NH_3)_2]^+$ 为直线形。

经 sp 杂化形成的配合物,配位数为 2。

2. sp^3 杂化

以 $[Zn(NH_3)_4]^{2+}$ 配离子为例:

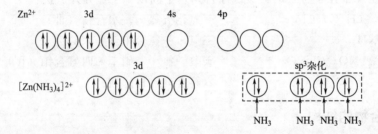

Zn^{2+} 价层的 1 个 4s 和 3 个 4p 空轨道进行 sp^3 杂化,形成 4 个 sp^3 空杂化轨道,分别接受 4 个 NH$_3$ 分子中 4 个 N 原子的孤对电子并成键。杂化轨道之间的夹角为 109°28′,指向正四面体的四个顶点,故 $[Zn(NH_3)_4]^{2+}$ 配离子的空间构型为正四面体。

经 sp^3 杂化形成的配合物,配位数为 4。

此外,还有 $[Ni(CN)_4]^{2-}$ 的 dsp^2 杂化,空间构型为平面正方形;$[Fe(CN)_6]^{3-}$ 的 d^{2}sp^3 杂化,空间构型为正八面体等。配离子的空间构型取决于其价层空轨道所采取的杂化方式。部分配离子的杂化方式与空间构型见表 6-2。

表 6-2 常见配离子的杂化方式与空间构型

杂化轨道	轨道数	配位数	几何构型		实例
sp	2	2	直线形	○—○—○	$[Ag(NH_3)_2]^+$
sp^2	3	3	平面三角形		$[CuCl_3]^{2-}$
sp^3	4	4	正四面体		$[Co(SCN)_4]^{2-}$

续表

杂化轨道	轨道数	配位数	几何构型		实例
dsp^2	4	4	平面正方形		$[Ni(CN)_4]^{2-}$
d^2sp^2 d^4s	5	5	四方锥形	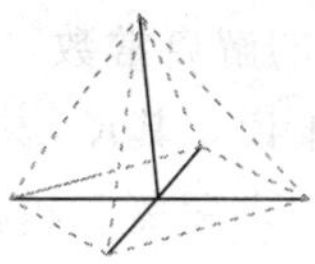	$[Co(CN)_5]^{3-}$
d^2sp^3 sp^3d^2	6	6	八面体	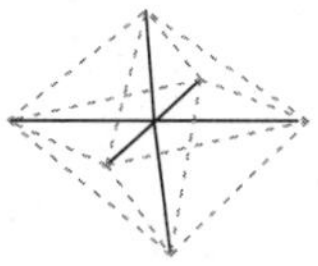	$[FeF_6]^{3-}$

第二节 配位平衡

一、配离子的稳定常数

【例 6-5】写出配离子 $[Ag(S_2O_3)_2]^{2-}$ 稳定常数的表达式。

【例 6-6】比较配合物 $[Ag(NH_3)_2]^+$ 和 $[Ag(CN)_2]^-$ 稳定性的大小。

配合物的内界与外界之间是以离子键结合的,在水溶液中能完全解离成配离子和外界离子。例如:

$$[Cu(NH_3)_4]SO_4 \longrightarrow [Cu(NH_3)_4]^{2+} + SO_4^{2-}$$

而配离子的中心离子与配位体之间是以配位键结合的,它像弱电解质一样,在水溶液中只是部分解离。配离子在水溶液中的解离程度,就是配合物在水溶液中的稳定性。下面以 $[Cu(NH_3)_4]^{2+}$ 为例来说明。在 $[Cu(NH_3)_4]SO_4$ 溶液中加入少量 Ba^{2+},可以看到白色 $BaSO_4$ 沉淀,而加入 NaOH 溶液却无 $Cu(OH)_2$ 沉淀生成,说明 $[Cu(NH_3)_4]^{2+}$ 配离子在溶液中能稳定存在。但在 $[Cu(NH_3)_4]SO_4$ 溶液中加入少量 Na_2S 溶液时,能够生成黑色 CuS 沉淀。这是因为稳定存在的 $[Cu(NH_3)_4]^{2+}$ 配离子仍然可以微弱地离解,虽然离解出的 Cu^{2+} 量极少,但足以与 S^{2-} 生成极难溶的 CuS 沉淀,这说明水溶液中 $[Cu(NH_3)_4]^{2+}$ 配离子与 Cu^{2+} 和 NH_3 分子之间存在配位平衡。

在水溶液中,$[Cu(NH_3)_4]^{2+}$ 部分解离出 Cu^{2+} 和 NH_3,与此同时,Cu^{2+} 和 NH_3 又结合成 $[Cu(NH_3)_4]^{2+}$。这两个过程是可逆的,在一定条件下可以达到平衡状态,可以表示为:

$$[Cu(NH_3)_4]^{2+} \underset{结合}{\overset{解离}{\rightleftharpoons}} Cu^{2+} + 4NH_3$$

这种平衡称为配离子的配位平衡,和电离平衡一样,在一定条件下,当配离子的生成和解离达到平衡时,其平衡常数的表达式为:

$$K^{\ominus}_{不稳} = \frac{[Cu^{2+}][NH_3]^4}{[Cu(NH_3)_4]^{2+}}$$

$K^{\ominus}_{不稳}$ 称为配离子的解离常数,又称不稳定常数,它表示配离子的稳定性大小。对具有相同配位数的配合物来说,其 $K_{不稳}$ 越大,配离子解离的趋势越大,配离子越不稳定;反之,配离子解离的趋势越小,配离子越稳定。

配离子的稳定性还可以用生成配离子的平衡常数来表示,符号为 $K_{稳}$。如:

$$Cu^{2+} + 4NH_3 \rightleftharpoons [Cu(NH_3)_4]^{2+}$$

$$K_{稳} = \frac{[Cu(NH_3)_4]^{2+}}{[Cu^{2+}][NH_3]^4}$$

$$K_{稳} = \frac{1}{K_{不稳}}$$

$K_{稳}$ 又称稳定常数,具有相同配位数的配合物,其 $K_{稳}$ 越大,生成配离子的趋势越大,配离子越稳定,在水中越难解离。

由于 $K_{稳}$ 与 $K_{不稳}$ 互为倒数,因此只用一种常数表示配离子的稳定性即可。配离子的形成是逐级进行的,每一步结合一个配位体,相应平衡常数称为逐级稳定常数。

$$Cu^{2+} + NH_3 \rightleftharpoons [Cu(NH_3)]^{2+} \qquad K_1 = \frac{[Cu(NH_3)]^{2+}}{[Cu^{2+}][NH_3]}$$

$$[Cu(NH_3)]^{2+} + NH_3 \rightleftharpoons [Cu(NH_3)_2]^{2+} \qquad K_2 = \frac{[Cu(NH_3)_2]^{2+}}{[Cu(NH_3)]^{2+}[NH_3]}$$

$$[Cu(NH_3)_2]^{2+} + NH_3 \rightleftharpoons [Cu(NH_3)_3]^{2+} \qquad K_3 = \frac{[Cu(NH_3)_3]^{2+}}{[Cu(NH_3)_2]^{2+}[NH_3]}$$

$$[Cu(NH_3)_3]^{2+} + NH_3 \rightleftharpoons [Cu(NH_3)_4]^{2+} \qquad K_4 = \frac{[Cu(NH_3)_4]^{2+}}{[Cu(NH_3)_3]^{2+}[NH_3]}$$

由多重平衡原则可知,配离子生成的总反应为上述 4 步反应之和,即:

$$Cu^{2+} + 4NH_3 \rightleftharpoons [Cu(NH_3)_4]^{2+}$$

总反应平衡常数为

$$K_{稳} = K_1 K_2 K_3 K_4 = \frac{[Cu(NH_3)_4]^{2+}}{[Cu^{2+}][NH_3]^4}$$

大多数配离子的逐级稳定常数是逐渐减小的,即 $K_1 > K_2 > K_3 > K_4 \cdots\cdots$,这是因为后面配位的配体(如第二个)受到前面已经配位的配体(如第一个)的排斥,减弱了它同中心离子配位的效果。

稳定常数和不稳定常数,在应用上十分重要,使用时应予以注意,不可混淆。$K_{稳}$ 是温度的函数,与浓度无关。同一种中心离子,由于配体的种类、数目不同,对应的配离子的 $K_{稳}$ 值也不同。同种类型的配离子,可直接由 $K_{稳}$ 来比较它们的相对稳定性。例如,$[Ag(NH_3)_2]^+$ 的 $K_{稳} = 1.7 \times 10^7$,$[Ag(S_2O_3)_2]^{3-}$ 的 $K'_{稳} = 2.9 \times 10^{18}$,$[Ag(CN)_2]^-$ 的 $K''_{稳} = 1.0 \times 10^{21}$,

这些配离子属于同一类型（中心离子与配体的比为1：2型），由于$K''_稳 > K'_稳 > K_稳$，所以稳定性大小依次为：$[Ag(CN)_2]^- > [Ag(S_2O_3)_2]^{3-} > [Ag(NH_3)_2]^+$。

二、配离子平衡浓度的计算

利用配离子的稳定常数，可以计算配合物溶液中某一离子的平衡浓度。

【例 6-7】 在 $0.10\text{mol}\cdot\text{L}^{-1}$ 的 $[Ag(NH_3)_2]^+$ 溶液中，问：

(1) 当游离 NH_3 浓度为 $0.10\text{mol}\cdot\text{L}^{-1}$ 时，溶液中 Ag^+ 的浓度为多少？

(2) 当游离 NH_3 浓度为 $1.0\text{mol}\cdot\text{L}^{-1}$ 时，溶液中 Ag^+ 的浓度为多少？

已知 $K_{稳[Ag(NH_3)_2]^+} = 1.7 \times 10^7$

解：(1) 设溶液中 Ag^+ 浓度为 $x_1 \text{mol}\cdot\text{L}^{-1}$，则有

$$[Ag(NH_3)_2]^+ \rightleftharpoons Ag^+ + 2NH_3$$

平衡浓度/$\text{mol}\cdot\text{L}^{-1}$：　$0.10-x_1 \approx 0.10$ 　　　 x_1 　　　 $2x_1+0.1 \approx 0.10$

$$K_稳 = \frac{[Ag(NH_3)_2]^+}{[Ag^+][NH_3]^2} = \frac{0.1}{0.1^2 x_1}$$

则：$x_1 = 5.9 \times 10^{-7} \text{mol}\cdot\text{L}^{-1}$

(2) 设溶液中 Ag^+ 浓度为 $x_2 \text{mol}\cdot\text{L}^{-1}$，则有

$$[Ag(NH_3)_2]^+ \rightleftharpoons Ag^+ + 2NH_3$$

平衡浓度/$\text{mol}\cdot\text{L}^{-1}$：　$0.10-x_2 \approx 0.10$ 　　　 x_2 　　　 $2x_2+1.0 \approx 1.0$

$$K_稳 = \frac{[Ag(NH_3)_2]^+}{[Ag^+][NH_3]^2} = \frac{0.1}{x_2}$$

则：$x_2 = 5.9 \times 10^{-9} \text{mol}\cdot\text{L}^{-1}$

以上结果可知：配体的浓度越大，溶液中未被配位的中心离子越少，即配离子离解得越少。

【例 6-8】 若在1L浓度为 $6\text{mol}\cdot\text{L}^{-1}$ 的氨水溶液中溶解 0.10mol $AgNO_3$ 固体（忽略体积变化），求溶液中各组分浓度。已知 $K_{稳[Ag(NH_3)_2]^+} = 1.7 \times 10^7$

解： $AgNO_3$ 完全离解为 Ag^+ 和 NO_3^- 离子，假定所得 Ag^+ 因过量的 NH_3 而全部生成 $[Ag(NH_3)_2]^+$，那么所生成的配离子浓度为 $0.10\text{mol}\cdot\text{L}^{-1}$。剩余 NH_3 的浓度为：

$$c(NH_3) = 6 - 2 \times 0.1 = 5.8 \; (\text{mol}\cdot\text{L}^{-1})$$

由于 $[Ag(NH_3)_2]^+$ 存在配位平衡，设平衡时 Ag^+ 浓度为 $x \text{mol}\cdot\text{L}^{-1}$，则有：

$$[Ag(NH_3)_2]^+ \rightleftharpoons Ag^+ + 2NH_3$$

平衡浓度/$\text{mol}\cdot\text{L}^{-1}$：　$0.10-x \approx 0.10$ 　　　 x 　　　 $2x+5.8 \approx 5.8$

$$K_{\text{稳}} = \frac{[Ag(NH_3)_2]^+}{[Ag^+][NH_3]^2} = \frac{0.1}{5.8^2 x}$$

则：$x = 1.7 \times 10^{-10}$ mol·L^{-1}
所以，溶液中各组分浓度为：
$[Ag^+] = 1.7 \times 10^{-10}$ mol·L^{-1}
$[Ag(NH_3)_2]^+ \approx 0.1$ mol·L^{-1}
$[NH_3] \approx 5.8$ mol·L^{-1}
$[NO_3^-] = 0.1$ mol·L^{-1}

第三节 配合物在溶液中的离解平衡

配离子的配位离解平衡也是一定条件下的相对平衡状态，当条件改变时，也有平衡移动的问题。下面讨论不同情况下配离子的配位离解平衡的移动及有关计算问题。

一、配位平衡与溶液酸度的关系

许多配体（如 F^-、CN^-、SCN^-、NH_3 等）及有机酸根离子，都能与 H^+ 结合，形成难离解的弱酸，所以当溶液的 pH 改变时，可能会引起某些配离子的配位离解平衡的移动。

在试管中制取 10mL $[FeF_6]^{3-}$ 溶液（往 0.1mol·L^{-1} $FeCl_3$ 溶液中逐滴加入 1mol·L^{-1} NaF 溶液，至溶液呈无色为止），均分于两试管中，在其中一支试管中逐滴加入 2mol·L^{-1} NaOH 溶液，另一支试管中滴入 2mol·L^{-1} H_2SO_4 溶液。观察发现，第一支试管中产生红褐色沉淀，说明有 $Fe(OH)_3$ 生成；第二支试管中溶液由无色逐渐变为黄色，说明有更多的 Fe^{3+} 生成。

两支试管中的实验现象为何会有如此大的差异？这是因为 $[FeF_6]^{3-}$ 溶液中，存在下列配位平衡：

$$[FeF_6]^{3-}（无色） \rightleftharpoons Fe^{3+}（黄色） + 6F^-$$

当往溶液中加入 NaOH 时，由于 $Fe(OH)_3$ 沉淀的生成，降低了 Fe^{3+} 的浓度，配位平衡被破坏，使 $[FeF_6]^{3-}$ 的稳定性降低。因此，从 Fe^{3+} 考虑，溶液的酸度大有利于配离子稳定。当往溶液中加入 H_2SO_4 至一定浓度时，由于 H^+ 与 F^- 结合生成了 HF，使 $[FeF_6]^{3-}$ 向解离方向移动，生成 Fe^{3+} 的浓度逐渐增大，配离子稳定性降低。故从配位体考虑，溶液的酸度越大，配离子的稳定性越低。

通常，酸度对配位体的影响较大。当配位体为弱酸根（如 F^-、CN^-、SCN^-）、NH_3 及有机酸根时，都能与 H^+ 结合，形成难解离的弱酸，因此增大溶液酸度，配离子向解离方向移动。但强酸根作配位体形成的配离子，如 $[CuCl_4]^{2-}$ 等，酸度增大不影响其稳定性。这种增大溶液的酸度，而导致配离子稳定性降低的现象，称为酸效应。在一些定性鉴定和容量分析中，为避免酸效应，常控制在一定的 pH 条件下进行。

如，往 $[Ag(NH_3)_2]^+$ 溶液中加入硝酸以降低溶液的 pH 时，由于 NH_3 与 H^+ 结合生成 NH_4^+，使配位平衡朝着离解的方向移动。当硝酸加到足够量时，配离子则会完全离解。如果初始时溶质是 $[Ag(NH_3)_2]Cl$，则此时溶液中会出现白色 AgCl 沉淀。

【例 6-9】 向浓度为 $0.20\,mol \cdot L^{-1}$ 的 $[Cu(NH_3)_4]^{2+}$ 溶液中加入等体积的浓度为 $2.0\,mol \cdot L^{-1}$ 的 HNO_3 溶液，求最后平衡时，溶液中 $[Cu(NH_3)_4]^{2+}$ 配离子的浓度。

解： 混合过程存在如下反应，

$$[Cu(NH_3)_4]^{2+} + 4H^+ \rightleftharpoons Cu^{2+} + 4NH_4^+$$

由于溶液等体积混合，则，初始浓度分别为：

$[Cu(NH_3)_4]^{2+}_{始} = 0.1\,mol \cdot L^{-1}$

$[HNO_3]_{始} = 1.0\,mol \cdot L^{-1}$

由平衡化学反应方程式知，H^+ 过量，可以认为 $[Cu(NH_3)_4]^{2+}$ 完全解离，生成 $0.1\,mol \cdot L^{-1}$ 的 Cu^{2+} 和 $0.4\,mol \cdot L^{-1}$ 的 NH_4^+，同时消耗 $0.4\,mol \cdot L^{-1}$ 的 H^+。由于配离子存在配位离解平衡，故设平衡时溶液中 $[Cu(NH_3)_4]^{2+}$ 的浓度为 $x\,mol \cdot L^{-1}$，则有：

$[H^+] = 1.0 - 0.4 + 4x \approx 0.6\,mol \cdot L^{-1}$

$[Cu^{2+}] = 0.1 - x \approx 0.1\,mol \cdot L^{-1}$

$[NH_4^+] = 0.4 - 4x \approx 0.4\,mol \cdot L^{-1}$

	$[Cu(NH_3)_4]^{2+}$	$+\ 4H^+$	$\rightleftharpoons$	Cu^{2+}	$+\ 4NH_4^+$
平衡浓度/$mol \cdot L^{-1}$：	x	0.6		0.1	0.4

$$K = \frac{[Cu^{2+}][NH_4^+]^4}{[Cu(NH_3)_4]^{2+}[H^+]^4} = \frac{[Cu^{2+}][NH_4^+]^4[NH_3]^4}{[Cu(NH_3)_4]^{2+}[H^+]^4[NH_3]^4} = \frac{1}{K_{稳}\left(\dfrac{K_w}{K_b}\right)^4} = \frac{0.1 \times 0.4^4}{0.6^4 x}$$

$K_{稳} = 4.3 \times 10^{13}$ $K_w = 1.0 \times 10^{-14}$ $K_b = 1.8 \times 10^{-5}$

则 $x = 8.1 \times 10^{-26}\,mol \cdot L^{-1}$

二、配位平衡与其他配位反应的关系

在含有 Fe^{3+} 的溶液中，加入 KSCN 会出现血红色，这是定性检验 Fe^{3+} 常用的方法，因为生成了血红色的 $[Fe(SCN)_6]^{3-}$ 配离子。取少量 $[Fe(SCN)_6]^{3-}$ 溶液于试管中，再逐滴加入 $1\,mol \cdot L^{-1}$ NaF 溶液，红色逐渐消失，这是因为 F^- 夺取了 Fe^{3+}，生成了更稳定的 $[FeF_6]^{3-}$。转化反应如下：

$$[Fe(SCN)_6]^{3-} + 6F^- \rightleftharpoons [FeF_6]^{3-} + 6SCN^-$$

血红色　　　　　　　　　无色

$K_{稳1} = 1.3 \times 10^9$　　　　　$K_{稳2} = 2 \times 10^{15}$

转化平衡常数为：

$$K = \frac{K_{稳2}}{K_{稳1}} \approx 1.5 \times 10^6$$

K很大，说明转化反应进行得很完全。配离子之间的平衡转化总是向着生成更稳定的配离子方向进行。当配体数相同时，反应由$K_稳$较小的配离子向$K_稳$较大的配离子方向转化，且稳定常数相差越大，转化得越完全。

【例6-10】 在1.0L浓度为0.10mol·L^{-1}的[Ag(NH$_3$)$_2$]$^+$溶液中，加入0.20mol KCN晶体（忽略体积变化），求平衡时溶液中[Ag(NH$_3$)$_2$]$^+$与[Ag(CN)$_2$]$^-$的浓度。($K_{稳[Ag(CN)_2]^-} = 5.6 \times 10^{18}$，$K_{稳[Ag(NH_3)_2]^+} = 1.7 \times 10^7$)

解： 对于反应[Ag(NH$_3$)$_2$]$^+$ + 2CN$^-$ ⇌ [Ag(CN)$_2$]$^-$ + 2NH$_3$

$$K = \frac{[Ag(CN)_2]^-[NH_3]^2}{[Ag(NH_3)_2]^+[CN^-]^2} = \frac{K_{稳[Ag(CN)_2]^-}}{K_{稳[Ag(NH_3)_2]^+}} = 3.3 \times 10^{11}$$

平衡常数较大，说明[Ag(NH$_3$)$_2$]$^+$转化为[Ag(CN)$_2$]$^-$较彻底，因此可假定0.1mol·L^{-1}的[Ag(NH$_3$)$_2$]$^+$因存在足量CN$^-$而全部转化为[Ag(CN)$_2$]$^-$，则消耗的CN$^-$浓度为0.20mol·L^{-1}，生成的NH$_3$浓度为0.20mol·L^{-1}。但在[Ag(NH$_3$)$_2$]$^+$与Ag$^+$、NH$_3$之间，[Ag(CN)$_2$]$^-$与Ag$^+$、CN$^-$之间还存在着配位离解平衡，则可设溶液中[Ag(NH$_3$)$_2$]$^+$浓度为x mol·L^{-1}，则平衡时有：

[Ag(CN)$_2$]$^-$ = 0.10 − x ≈ 0.10 mol·L^{-1}

[NH$_3$] = 0.20 − 2x ≈ 0.20 mol·L^{-1}

[CN$^-$] = 0.20 − 0.20 + 2x = 2x mol·L^{-1}

由化学平衡反应方程式

[Ag(NH$_3$)$_2$]$^+$ + 2CN$^-$ ⇌ [Ag(CN)$_2$]$^-$ + 2NH$_3$

$$K = 3.3 \times 10^{11} = \frac{0.1 \times 0.2^2}{(2x)^2 x}$$ 解得：$x = 1.4 \times 10^{-5}$ mol·L^{-1}

因此，平衡时溶液中[Ag(NH$_3$)$_2$]$^+$浓度为1.4×10^{-5} mol·L^{-1}，[Ag(CN)$_2$]$^-$浓度约为0.10 mol·L^{-1}。

三、配位平衡与沉淀溶解平衡的关系

配位平衡与沉淀溶解平衡的关系，实质上是沉淀剂与配位剂对金属离子的争夺。在盛有1mL含有少量AgCl沉淀的饱和溶液中，逐滴加入2mol·L^{-1} NH$_3$溶液，振荡试管后发现AgCl沉淀能溶于NH$_3$溶液中，反应如下：

$$AgCl(s) + 2NH_3 \rightleftharpoons [Ag(NH_3)_2]^+ + Cl^-$$

若再往上述溶液中逐滴加入0.1mol·L^{-1} KI溶液，沉淀剂I$^-$又能夺取与NH$_3$结合的Ag$^+$，生成黄色沉淀AgI。

$$[Ag(NH_3)_2]^+ + I^- \rightleftharpoons AgI\downarrow + 2NH_3$$

转化反应总是向金属离子浓度减小的方向移动。若往含有某种配离子的溶液中加入适当的沉淀剂，所生成沉淀物的溶解度越小，配离子转化为沉淀的反应趋势越大；若往难溶电解质中加入适当的配位剂，所生成的配离子越稳定，难溶电解质转化为配离子的反应趋势越大。

一些难溶盐往往因形成可溶性的配合物而溶解，如将 $AgNO_3$ 和 NaCl 溶液混合，则有白色 AgCl 沉淀生成，加入氨水后，AgCl 沉淀消失，生成可溶的 $[Ag(NH_3)_2]^+$ 配离子。然而，继续加入 KBr 溶液后，又会生成淡黄色的 AgBr 沉淀；再加入 $Na_2S_2O_3$ 溶液，AgBr 沉淀又溶解，生成 $[Ag(S_2O_3)_2]^{3-}$ 配离子；接着又加入 KI 溶液，则有黄色 AgI 沉淀生成；再加入 KCN 溶液，黄色 AgI 沉淀又消失而生成 $[Ag(CN)_2]^-$ 配离子；若再加入 Na_2S 溶液，则有黑色 Ag_2S 沉淀生成。由上述可知，当配位剂的配位能力大于沉淀剂的沉淀能力时，则沉淀溶解，生成可溶性配合物；反之，沉淀剂的沉淀能力大于配位剂的配位能力，则配合物被破坏，生成新的沉淀。

四、配位平衡与氧化还原反应的关系

将金属铜放入 $Hg(NO_3)_2$ 溶液中，会发生如下反应：

$$Cu + Hg^{2+} \longrightarrow Cu^{2+} + Hg$$

但 Cu 却不能从 $[Hg(CN)_4]^{2-}$ 溶液中置换出 Hg。这是因为 $[Hg(CN)_4]^{2-}$ 非常稳定（$K_稳 = 2.5 \times 10^{41}$），在溶液中解离出的 Hg^{2+} 浓度极低，致使 Hg^{2+} 的氧化能力大为降低。即配位反应改变了金属离子的稳定性。我们知道，当电对中氧化态物质的浓度减小时，其电极电势值减小，所以 Hg^{2+} 的氧化能力减弱，不足以使 Cu 氧化。总之，一般金属离子在形成配离子后，金属离子的氧化能力减弱，而金属的还原性增强。

如果向配离子的溶液中加入能与中心离子或配体反应的氧化剂或还原剂，也会使配离子的配位离解平衡发生移动。例如，向 $[Ag(CN)_2]^-$ 溶液中加入锌粉，由于 Ag^+ 被 Zn 还原成单质 Ag，而使 $[Ag(CN)_2]^-$ 配离子向离解的方向移动，最后完全离解。即

$$2[Ag(CN)_2]^- + Zn \rightleftharpoons 2Ag + [Zn(CN)_4]^{2-}$$

第四节　螯合物

一、螯合物的概念

在多齿配体中的多个配位原子同时和中心离子键合时，可形成具有环状结构的配合物，这类具有环状结构的配合物称为螯合物。

例如，Cu^{2+} 与双齿配体乙二胺（en）反应

$$Cu^{2+} + 2\begin{matrix} H_2N-CH_2 \\ | \\ H_2N-CH_2 \end{matrix} \longrightarrow \begin{bmatrix} H_2C-NH_2 \ H_2N-CH_2 \\ | \quad\quad Cu \quad\quad | \\ H_2C-NH_2 \ H_2N-CH_2 \end{bmatrix}^{2+}$$

形成具有两个五元环的螯合物 $[Cu(en)_2]^{2+}$。

螯合物结构中的环称为螯环。能形成螯环的配体，称为螯合剂，如乙二胺、草酸根、乙二胺四乙酸（EDTA）、氨基酸等。螯合物中心离子与螯合剂分子或离子数目之比称为螯合比。如上述螯合物的螯合比为 1∶2。根据成环的原子数，将环称为几元环，如上述螯合物含有两个五元环。

螯合剂必须具备以下两点：①螯合剂分子或离子中含有两个或两个以上配位原子，而且这些配位原子同时与一个中心离子形成配位键。②螯合剂中每两个配位原子之间相隔 2~3 个其他原子，以便与中心离子形成稳定的五元环或六元环。多于或少于五元环或六元环都不稳定。

二、螯合物的稳定性

螯合物与非螯合物相比，具有特殊的稳定性。这种特殊的稳定性是由于环状结构的形成。人们将这种由于螯环的形成而使螯合物具有特殊稳定性的作用，称为螯合效应。如中心离子、配位原子和配位数都相同的两种配离子 $[Cu(NH_3)_4]^{2+}$、$[Cu(en)_2]^{2+}$，其配位解离平衡常数（即稳定常数）$K_稳$ 分别为 4.3×10^{13} 和 1.0×10^{20}，后者配离子要稳定得多。螯合物的稳定性与环的大小和多少有关。一般来说以五元环、六元环最为稳定；一种配体与中心离子形成螯合物，其环数越多越稳定。如 Ca^{2+} 与 EDTA 形成的螯合物中有 5 个五元环结构，因此很稳定：

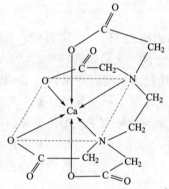

很多螯合物具有特征的颜色，可用于金属离子的定性鉴定或者定量测定。

第五节　乙二胺四乙酸及其配合物

乙二胺四乙酸（EDTA）能与许多金属离子形成稳定的螯合物，在分析化学、生物学和药学中都有着广泛的用途。

EDTA 微溶于水（22℃时，每 100g 水中溶解 0.028g），难溶于酸和一般有机溶剂，但易溶于氨性溶液或者苛性碱溶液，生成相应的盐溶液。由于 EDTA 在水中溶解度小，通常将它制成二钠盐，即乙二胺四乙酸二钠，用 $Na_2H_2Y\cdot 2H_2O$ 表示，它的溶解度为 11.1g·$(100g\ H_2O)^{-1}$，此溶液的浓度约为 $0.3mol\cdot L^{-1}$，pH 约为 4.4。在酸度较高的水溶液中，H_4Y 的两个羧基可再接受 H^+，形成 H_6Y^{2+}，相当于六元酸。

在水溶液中，EDTA 以 H_6Y^{2+}、H_5Y^+、H_4Y、H_3Y^-、H_2Y^{2-}、HY^{3-}、Y^{4-} 七种形式存在，存在形式与溶液 pH 值有关。在 pH<1 的强酸性溶液中，EDTA 主要以 H_6Y^{2+} 形式存在；在 pH 为 3.75～6.24 时，主要以 H_2Y^{2-} 形式存在；在 pH>10.3 时，主要以 Y^{4-} 形式存在。

乙二胺四乙酸根（Y^{4-}）是一种六齿配体，有很强的配位能力，与金属离子形成的螯合物具有以下特性。

1. 广谱性

在溶液中它几乎能与所有金属离子形成螯合物，并且螯合物易溶于水，能在水溶液中进行滴定。Ca^{2+} 为ⅡA族金属离子，与一般配体不易形成配合物，或形成的配合物很不稳定，但 Ca^{2+} 与 EDTA 能形成很稳定的螯合物。该反应可用于测定水中 Ca^{2+} 的含量。

2. 螯合比恒定

一般而言，EDTA 与金属离子形成的螯合物的螯合比为 1:1。例如：

$$Ca^{2+} + H_2Y^{2-} \rightleftharpoons CaY^{2-} + 2H^+$$

$$Al^{3+} + H_2Y^{2-} \rightleftharpoons AlY^- + 2H^+$$

$$Sn^{4+} + H_2Y^{2-} \rightleftharpoons SnY + 2H^+$$

只有少数高价金属离子与 EDTA 形成不是 1:1 的螯合物，如五价钼形成 2:1 的螯合物 $(MoO_2)_2Y^{2-}$。

3. 稳定性高

EDTA 与大多数金属离子形成多个五元环型螯合物。一些金属离子与 EDTA 形成的螯合物的稳定常数见表 6-3。由表中数据可看到，绝大多数金属离子与 EDTA 形成的螯合物都相当稳定。

表 6-3 一些金属离子与 EDTA 形成的螯合物的 $\lg k$（298K）

离子	lg$K$	离子	lg$K$	离子	lg$K$	离子	lg$K$
Ag^+	7.32	Cu^{2+}	18.8	Be^{2+}	9.3	Pd^{2+}	18.5
Al^{3+}	16.3	Dy^{3+}	18.3	Mg^{2+}	8.7	Sn^{2+}	22.11
Ba^{2+}	7.86	Fe^{2+}	14.32	Mn^{2+}	13.87	Zn^{2+}	16.5
Ca^{2+}	10.69	Fe^{3+}	25.1	Na^+	1.66	TiO^{2+}	17.3
Ce^{3+}	15.98	Ga^{3+}	20.3	Ni^{2+}	18.62	ZrO^{2+}	29.5

4. 螯合物的颜色特征

EDTA 与无色金属离子形成无色螯合物，与有色金属离子一般生成颜色更深的螯合物。几种有色的 EDTA 螯合物见表 6-4。

表 6-4 有色 EDTA 螯合物

螯合物	颜色	螯合物	颜色
NiY^{2-}	绿蓝	CrY^-	深蓝
CuY^{2-}	深蓝	$Cr(OH)Y^{2-}$	蓝(pH>10)
CoY^{2-}	紫红	FeY^-	黄
MnY^{2-}	紫红	$Fe(OH)Y^{2-}$	褐(pH≈5)

5. pH 影响小

溶液的酸度或碱度较高时，H^+ 或 OH^- 也参与配位，形成酸式或碱式配合物。例如，Al^{3+} 与 EDTA 在酸度较高时生成酸式螯合物 [AlHY]，或在碱度较高时生成碱式螯合物 $[Al(OH)Y]^{2-}$。这些螯合物一般不太稳定，它们的生成不影响金属离子与 EDTA 之间的定量关系。

EDTA 也是治疗金属中毒的螯合剂，它的二钠钙盐治疗铅中毒效果最好，还能促排钚、钍、铀等放射性元素。

思考与练习题

一、填空题

1. 在配位化合物中，提供孤对电子的负离子或分子称为_____，接受孤对电子的原子或离子称为_____，它们之间以_____键结合。

2. 在 Ag^+ 溶液中加入 Cl^- 溶液生成____沉淀；再加入氨水生成_____而使沉淀溶解，再加入 Br^- 溶液则又出现____沉淀；再加入 $S_2O_3^{2-}$ 溶液由于生成_____而使沉淀溶解，再加入 I^- 溶液又出现_____沉淀；再加入 CN^- 溶液，由于生成_____而使沉淀溶解。

3. 命名下列配合物，并指出中心离子（原子）、配体、配位原子和配位数。

配合物	名称	中心离子(原子)	配体	配位原子	配位数
$K_2[Cu(CN)_4]$					
$K_2[HgI_4]$					
$[CrCl(NH_3)_5]Cl_2$					
$[Fe(CO)_5]$					
$[Co(en)_3]Cl_3$					
$K_2[Pt(CN)_4(NO)_2]$					

4. 写出下列物质的化学式、内界和外界。

配合物名称	化学式	内界	外界
氯化六氨合镍(Ⅱ)			
氯化二氯·三氨·一水合钴(Ⅲ)			
五氰·一羰基合铁(Ⅱ)酸钠			
硫酸二乙二胺合铜(Ⅱ)			
四异硫氰合铜(Ⅱ)酸钾			
氢氧化二羟基·四水合铝(Ⅲ)			

二、判断题

1. 在所有配合物中，配体总数就是中心离子的配位数。（　　）

2. 配离子 $[Cu(en)_2]^{2+}$ 中有 2 个配体，该配离子中 Cu^{2+} 的配位数为 2。（   ）

3. 螯合物的配体为多齿配体，与中心离子形成环状结构，故螯合物稳定性大。（   ）

4. 因配体 SCN^- 中 S 和 N 均具有孤对电子，因此 SCN^- 与 Fe^{3+} 形成的配合物为螯合物。（   ）

5. $FeCl_3$ 溶液中加入 KI 溶液，有 I_2 产生；如果先加入 NH_4F，再加 KI，结果没有 I_2 产生，原因是 Fe^{3+} 与 F^- 形成了稳定的 $[FeF_6]^{3-}$ 的缘故。（   ）

三、计算题

1. 将 $0.100 mol \cdot L^{-1}$ Ni^{2+} 溶液与等体积的 $2.0 mol \cdot L^{-1} NH_3 \cdot H_2O$ 混合，计算溶液中 Ni^{2+} 和 $[Ni(NH_3)_4]^{2+}$ 配离子的浓度。（$K_{稳[Ni(NH_3)_4]^{2+}} = 9.1 \times 10^7$）

2. 将 $0.100 mol \cdot L^{-1}$ Ni^{2+} 溶液与等体积的 $2.0 mol \cdot L^{-1}$ 乙二胺（en）溶液混合，计算溶液中 Ni^{2+} 和 $[Ni(en)_2]^{2+}$ 配离子的浓度。与上题结果比较，可得出什么结论？（$K_{稳[Ni(en)_2]^{2+}} = 6.9 \times 10^{13}$）

第七章
沉淀反应

 知识目标：

1. 掌握溶度积的概念，溶度积与溶解度的换算关系；
2. 掌握溶度积规则，掌握沉淀-溶解平衡；
3. 理解分步沉淀、沉淀的溶解及沉淀转化的方法。

 能力目标：

1. 能够运用平衡移动的观点对沉淀的溶解、生成与转化过程进行分析；
2. 能够对相关实验的现象以及生活中的一些相关问题进行解释；
3. 能够应用沉淀的理论进行相关计算。

 素质目标：

1. 变化观念与平衡思想：能用平衡移动原理分析理解沉淀的溶解与生成、沉淀转化的实质；
2. 科学探究与创新意识：学会用沉淀-溶解平衡的移动解决生产、生活中的实际问题，并设计实验探究方案，进行沉淀转化等实验探究。

第一节 溶度积

物质的溶解度有大有小，各不相同，绝对不溶解的物质是不存在的。通常所说的难溶物是指在 100g 水中溶解度小于 0.01g 的物质。任何难溶物质在水中总是或多或少地发生溶解，其中溶解在水中发生完全电离的难溶物称为难溶强电解质，如 $AgCl$、$BaSO_4$ 等都是常见的难溶强电解质。难溶强电解质的沉淀溶解平衡，是指一定温度下难溶强电解质饱和溶液中的离子与难溶物固体之间的多相动态平衡。

> 【例 7-1】已知 298K 时，AgCl 的溶解度是 $1.25×10^{-5}\ mol·L^{-1}$，求 AgCl 的溶度积。

> 【例 7-2】溶度积大的电解质在溶液中的溶解度也大吗？

一、溶度积的概念

在一定温度下，把难溶强电解质 AgCl 放入水中，则 AgCl 固体表面的 Ag^+ 和 Cl^- 因受到极性水分子的吸引，成为水合离子而进入溶液，这个过程称为溶解；同时，进入溶液的 Ag^+ 和 Cl^- 不断运动，其中有些接触到 AgCl 固体表面时，又会受固体表面正负离子的吸引，重新析出回到固体表面，这个过程称为沉淀。当溶解和沉淀速率相等时，体系达到动态平衡，称为沉淀溶解平衡，即：

$$AgCl(s) \underset{沉淀}{\overset{溶解}{\rightleftharpoons}} Ag^+ + Cl^-$$

其平衡常数表达式为 $K_{sp,AgCl}=[Ag^+][Cl^-]$。其中，K_{sp} 是难溶强电解质的沉淀溶解平衡常数。它反映了难溶强电解质的溶解能力，称为溶度积常数，简称溶度积。它表明在一定温度下，难溶强电解质的饱和溶液中，离子浓度次方的乘积是一个常数（其中，浓度的次方数等于相应离子的化学计量系数）。K_{sp} 与其他化学平衡常数一样，只与难溶强电解质的本性和温度有关，与溶液中离子浓度的变化无关。

对于一般难溶强电解质 A_mB_n 来讲，在水中存在如下沉淀溶解平衡（或称为电离平衡）：

$$A_mB_n \rightleftharpoons mA^{n+}+nB^{m-}$$
$$K_{sp}=[A^{n+}]^m[B^{m-}]^n$$

需要指出的是，只有在难溶电解质的饱和溶液中才会建立沉淀溶解平衡，其不饱和溶液和过饱和溶液中不存在沉淀溶解平衡；对于难溶电解质，无论其溶解度多么小，它的饱和溶液中总有达成沉淀溶解平衡的离子。任何沉淀反应，无论进行得多么完全，溶液中总还有沉淀物的组分离子，并且离子浓度次方的乘积等于其溶度积 K_{sp}。

二、溶度积与溶解度的关系

溶度积 K_{sp} 从平衡常数角度描述难溶物溶解程度的大小，而溶解度 s 是指一定温度、压力下，一定量饱和溶液中溶质的量。若溶解度 s 的单位用 $mol \cdot L^{-1}$，则与溶度积 K_{sp} 可直接进行换算。

不同类型的难溶强电解质，其溶度积与溶解度之间的定量关系不同，现分类讨论如下：

① BA 型电解质，有 $BA \rightleftharpoons B^{n+} + A^{n-}$，$K_{sp} = [B^{n+}][A^{n-}] = s^2$。如 $BaSO_4$、$AgCl$、CuS、HgS、$PbCrO_4$ 等。

② B_2A（或 BA_2）型电解质，有 $B_2A \rightleftharpoons 2B^{n+} + A^{2n-}$，$K_{sp} = [B^{n+}]^2[A^{2n-}] = 4s^3$。如 PbI_2、Ag_2S、Ag_2CrO_4 等。

③ B_3A（或 BA_3）型电解质，有 $B_3A \rightleftharpoons 3B^{n+} + A^{3n-}$，$K_{sp} = [B^{n+}]^3[A^{3n-}] = 27s^4$。如 Ag_3PO_4、$Al(OH)_3$ 等。

④ B_3A_2（或 B_2A_3）型电解质，有 $B_3A_2 \rightleftharpoons 3B^{2n+} + 2A^{3n-}$，$K_{sp} = [B^{2n+}]^3[A^{3n-}]^2 = 108s^5$。如 $Ca_3(PO_4)_2$、Sb_2S_3、Bi_2S_3 等。

【例 7-3】 298K 时，$BaSO_4$ 的溶解度 $s = 2.4 \times 10^{-4} g \cdot (100g\ H_2O)^{-1}$，求 $BaSO_4$ 的溶度积。已知 $BaSO_4$ 的摩尔质量为 $233 g \cdot mol^{-1}$。

解： 由于 $BaSO_4$ 的溶解度很小，因此将溶液的密度近似看作 $1 g \cdot mL^{-1}$。
$BaSO_4$ 的摩尔溶解度可用体积摩尔浓度代替，近似为：

$$2.4 \times 10^{-4} \times 10/233 = 1.03 \times 10^{-5}\ mol \cdot L^{-1}$$

则 $K_{sp} = s^2 = (1.03 \times 10^{-5})^2 \approx 1.1 \times 10^{-10}$

【例 7-4】 已知 298.15K 时，$AgCl$、$AgBr$ 和 Ag_2CrO_4 的溶度积依次为 1.8×10^{-10}、5.2×10^{-13} 和 1.1×10^{-12}，分别求它们的溶解度，并比较它们的溶解度大小。

解： $AgCl$ 的饱和溶液存在如下平衡：

$$AgCl \rightleftharpoons Ag^+ + Cl^-$$

平衡浓度 $/mol \cdot L^{-1}$：　　　　　　　　s_1　　　s_1

$$s_1^2 = K_{sp,AgCl} = 1.8 \times 10^{-10}$$

解得：$s_1 = 1.34 \times 10^{-5}\ mol \cdot L^{-1}$

$AgBr$ 的饱和溶液存在如下平衡：

$$AgBr \rightleftharpoons Ag^+ + Br^-$$

平衡浓度 $/mol \cdot L^{-1}$：　　　　　　　　s_2　　　s_2

$$s_2 = \sqrt{K_{sp,AgBr}} = \sqrt{5.2 \times 10^{-13}} = 7.07 \times 10^{-7}\ (mol \cdot L^{-1})$$

Ag_2CrO_4 的饱和溶液存在如下平衡：

$$Ag_2CrO_4 \rightleftharpoons 2Ag^+ + CrO_4^{2-}$$

平衡浓度 $/mol \cdot L^{-1}$：　　　　　　　　$2s_3$　　　s_3

$$s_3 = \sqrt[3]{K_{sp,Ag_2CrO_4}/4} = \sqrt[3]{1.1\times 10^{-12}/4} = 6.5\times 10^{-5} \text{ (mol·L}^{-1}\text{)}$$

溶解度由大到小排列顺序依次为：Ag_2CrO_4、$AgCl$、$AgBr$。

从以上例题可看出：①溶度积与溶解度可以用彼此之间的关系式进行相互换算。②相同类型的难溶强电解质，K_{sp} 值大的，溶解度也大；K_{sp} 数值小的，溶解度也小。而不同类型的难溶强电解质不能用 K_{sp} 直接比较溶解度的大小，必须通过计算来判断。另外，在进行 K_{sp} 与 s 之间的相互换算时，应保证电解质电离出的离子仅仅以水合离子的形式存在，不能发生水解或其他反应。

三、同离子效应和盐效应

难溶电解质的溶解度除与本身的溶度积、温度有关外，还受其他因素的影响。例如，在难溶电解质的饱和溶液中加入易溶强电解质，难溶电解质的溶解度会受到不同程度的影响，通常会产生两种效应，即同离子效应和盐效应。

1. 同离子效应

在难溶电解质的饱和溶液中，加入与其含有相同离子的易溶强电解质，难溶电解质的沉淀溶解平衡将向生成沉淀的方向移动，导致难溶电解质的溶解度降低，这种现象称为同离子效应。同离子效应的定量影响可通过平衡关系计算确定。

【例 7-5】 已知 298K 时 $BaSO_4$ 的 $K_{sp} = 1.08\times 10^{-10}$，计算 $BaSO_4$ 在浓度为 0.010mol·L^{-1} 的 $BaCl_2$ 溶液中的溶解度。

解： 设 $BaSO_4$ 的溶解度为 s，则有

$$BaSO_4 \rightleftharpoons Ba^{2+} + SO_4^{2-}$$

起始浓度/mol·L^{-1}：　　　　　　　　　0.010　　　　0
平衡浓度/mol·L^{-1}：　　　　　　　　0.010+s　　　s

$$K_{sp} = [Ba^{2+}][SO_4^{2-}] = (0.010+s)s$$

由于 K_{sp} 很小，溶液中 Ba^{2+} 主要来自 $BaCl_2$，所以 $[Ba^{2+}] = (0.010+s) \approx 0.010\text{mol·L}^{-1}$

则 $1.08\times 10^{-10} = 0.010s$，$s = 1.08\times 10^{-8}\text{mol·L}^{-1}$

298K 时 $BaSO_4$ 在水溶液中的溶解度为 $1.03\times 10^{-5}\text{mol·L}^{-1}$，大于 $BaCl_2$ 溶液中的溶解度。Ba^{2+} 来源于 $BaCl_2$ 和 $BaSO_4$，$BaCl_2$ 的加入使 $BaSO_4$ 的溶解度减小了。

【例 7-6】 向 Ag_2CrO_4 饱和水溶液中加入固体 $AgNO_3$，使浓度为 0.10mol·L^{-1}。计算 Ag_2CrO_4 在 $AgNO_3$ 存在时的溶解度。已知 298K 时 Ag_2CrO_4 的 $K_{sp} = 1.1\times 10^{-12}$。

解： 当加入 $AgNO_3$ 后，溶液中 Ag^+ 浓度增大，以致又有 Ag_2CrO_4 沉淀析出。达到新平衡后 Ag_2CrO_4 溶解度应以 CrO_4^{2-} 浓度表示。

$$Ag_2CrO_4(s) \rightleftharpoons CrO_4^{2-} + 2Ag^+ \text{ (aq)}$$

平衡浓度/mol·L^{-1} s $2s+0.10 \approx 0.10$

$$K_{sp,Ag_2CrO_4} = [Ag^+]^2[CrO_4^{2-}]$$

$$s = K_{sp,Ag_2CrO_4}/[Ag^+]^2 = 1.1\times10^{-12}/(0.10)^2 = 1.10\times10^{-10} \text{ (mol·L}^{-1}\text{)}$$

Ag_2CrO_4 在 0.10mol·L^{-1} $AgNO_3$ 中的溶解度为 $1.10\times10^{-10}\text{mol·L}^{-1}$，约降至在纯水中（见例 7-4）的十万分之一。

同离子效应使难溶电解质的多相离子平衡向生成沉淀的方向移动，使难溶电解质的溶解度降低，即沉淀-溶解平衡中的同离子效应。利用沉淀反应分离某些离子时，常利用同离子效应加入过量沉淀剂，以使某些离子沉淀趋于完全，以达到分离目的。但沉淀剂过量也需适当，否则可能发生副反应使沉淀溶解度增大。沉淀剂过量太多也会增强盐效应，一般沉淀剂过量 20%～50% 为宜。

2. 盐效应

在难溶电解质的饱和溶液中加入与其不含相同离子的易溶强电解质，将使难溶电解质的溶解度增大，这种现象称为盐效应。

产生盐效应的主要原因是溶液中带电荷的离子增多，阴、阳离子的浓度增大，静电作用增强，难溶强电解质的沉淀离子会被带相反电荷的易溶强电解质离子所包围，沉淀离子受到约束，相互碰撞或与沉淀表面碰撞的概率明显降低，使沉淀过程变慢，难溶电解质的溶解速度暂时超过沉淀速度，平衡向沉淀溶解的方向移动。当达到新的平衡时，难溶电解质的溶解度增大。在进行沉淀反应时，同离子效应和盐效应有时会同时存在，盐效应对难溶物溶解度的影响与同离子效应相比要小得多，因此可忽略盐效应，只考虑同离子效应的影响。

四、溶度积规则

难溶电解质的沉淀溶解平衡是一种动态平衡，当溶液中难溶电解质离子浓度变化时，平衡就向一定方向移动，直至重新达到平衡。

例如，当一定温度时，对于任意难溶电解质 A_mB_n 溶液来说，存在如下关系：$A_mB_n \rightleftharpoons mA^{n+} + nB^{m-}$，其反应商（又称难溶电解质的离子积）$Q$ 可表示为 $Q = [A^{n+}]^m[B^{m-}]^n$。其中，Q 表示任意状态下难溶电解质离子浓度次方的乘积，它随着溶液中有关离子浓度的变化而不同。

Q 与 K_{sp} 表达形式相同，但两者的概念是完全不同的。K_{sp} 是平衡状态下难溶强电解质离子浓度次方的乘积，在一定温度下是一个常数；而 Q 是任意状态下难溶强电解质中各离子浓度次方的乘积，在一定温度下，其数值不定。

在任何给定的溶液中，K_{sp} 与 Q 相比较可能有以下 3 种情况：①$Q = K_{sp}$，溶液为饱和溶液，体系处于沉淀溶解平衡。②$Q < K_{sp}$，溶液为不饱和溶液，无沉淀析出。若溶液中有固体存在，平衡向沉淀溶解的方向移动，直至达到平衡（饱和溶液）状态为止。③$Q > K_{sp}$，溶液为过饱和溶液，平衡向生成沉淀的方向移动，溶液中有新的沉淀析出。这就是溶度积规则，应用此规则，可以判断沉淀的生成和溶解。

第二节 沉淀反应

【例 7-7】 将等体积的 4×10^{-3} mol·L^{-1} AgNO$_3$ 和 4×10^{-3} mol·L^{-1} K$_2$CrO$_4$ 混合，能否析出 Ag$_2$CrO$_4$ 沉淀？$K_{sp,Ag_2CrO_4}=1.1\times10^{-12}$。

【例 7-8】 某种混合溶液中，含有 0.20 mol·L^{-1} Ni^{2+} 和 0.30 mol·L^{-1} Fe^{3+}，若通过加入 NaOH 溶液（忽略体积变化）的方法分离两种离子，应如何控制溶液的 pH 范围？

一、沉淀的生成

根据溶度积规则，在难溶电解质溶液中，若 $Q>K_{sp}$，则有沉淀生成。某些难溶的弱酸盐和难溶的氢氧化物，通过控制溶液的 pH，可以使其沉淀（或溶解）。

【例 7-9】 将 30 mL 0.005 mol·L^{-1} Na$_2$SO$_4$ 溶液和 10 mL 0.01 mol·L^{-1} BaCl$_2$ 溶液相混合，是否有 BaSO$_4$ 沉淀产生？（$K_{sp,BaSO_4}=1.08\times10^{-10}$）

解： 两溶液混合后，总体积约为 40 mL，则各离子浓度为
$$c(Ba^{2+})=2.5\times10^{-3}\text{ mol·L}^{-1}$$
$$c(SO_4^{2-})=3.75\times10^{-3}\text{ mol·L}^{-1}$$
$$Q=c(Ba^{2+})c(SO_4^{2-})=9.38\times10^{-6}$$
因为 $Q>K_{sp,BaSO_4}$，所以有 BaSO$_4$ 沉淀产生。

【例 7-10】 计算使浓度为 0.01 mol·L^{-1} 的 Fe^{3+} 开始沉淀和沉淀完全时的 pH。通常认为残留在溶液中的离子浓度小于 1×10^{-5} mol·L^{-1} 时，沉淀就达到完全，即该离子被认为已除尽。已知 $K_{sp,Fe(OH)_3}=2.64\times10^{-39}$。

解：（1）依题意有
$$Fe(OH)_3 \rightleftharpoons Fe^{3+}+3OH^-$$
由 $K_{sp,Fe(OH)_3}=[Fe^{3+}][OH^-]^3$，即 $2.64\times10^{-39}=0.01\times[OH^-]^3$
得 $[OH^-]=6.42\times10^{-13}$ mol·L^{-1}
则 pOH=13-lg6.42=12.19，pH=14-12.19=1.81
所以对于该溶液 pH=1.81 时，有 Fe(OH)$_3$ 沉淀开始生成。
（2）沉淀完全时所需 pH。
依题意可知，当 $[Fe^{3+}]\leqslant 1.0\times10^{-5}$ mol·L^{-1} 时，Fe^{3+} 可视为沉淀完全。于是有

$$K_{sp,Fe(OH)_3} = [Fe^{3+}][OH^-]^3 \text{ 即：} 2.64 \times 10^{-39} = 1.0 \times 10^{-5} \times [OH^-]^3$$

得 $[OH^-] = 6.415 \times 10^{-12} \text{ mol} \cdot L^{-1}$

$$pOH = 12 - \lg 6.42 = 11.19, pH = 14 - 11.19 = 2.81$$

通过此例的计算可看出：①氢氧化物开始沉淀和沉淀完全不一定在碱性环境中；②不同难溶氢氧化物的 K_{sp} 不同，化学反应方程式不同，它们沉淀所需的 pH 也不同，故可通过控制 pH 达到分离金属离子的目的。当然，上述计算仅仅是理论值，实际情况往往复杂得多。

二、沉淀的溶解

在实际工作中，常会遇到要使难溶电解质溶解的问题。根据溶度积规则，若加入能降低平衡离子浓度的某些物质，使 $Q < K_{sp}$，平衡便向溶解方向移动，使沉淀溶解。常用的方法有下列几种。

1. 生成弱电解质使沉淀溶解

例如，一些难溶的弱酸盐，由于它们能与强酸生成相应的弱酸，降低了平衡系统中弱酸根离子的浓度，致使 $Q < K_{sp}$，弱酸盐沉淀发生溶解。如 FeS 溶于盐酸的反应：

$$FeS(s) \rightleftharpoons Fe^{2+} + S^{2-}$$
$$+$$
$$2HCl \rightleftharpoons 2Cl^- + 2H^+$$
$$\Updownarrow$$
$$H_2S$$

H^+ 与 S^{2-} 结合生成的 H_2S 为弱酸，又易于挥发，有利于 S^{2-} 浓度降低，结果使 FeS 溶解在酸中。

生成弱碱或者水也可以促进沉淀的溶解，如 $Mg(OH)_2$ 沉淀溶解于铵盐和酸中。

【例 7-11】 今有 ZnS 和 HgS 两种沉淀各 0.1 mol，问各需用 1L 多大浓度的强酸才能使它们溶解？已知 $K_{sp,ZnS} = 2.5 \times 10^{-22}$，$K_{sp,HgS} = 4.0 \times 10^{-53}$，$K_{a1,H_2S} = 8.91 \times 10^{-8}$，$K_{a2,H_2S} = 1.0 \times 10^{-19}$，硫化氢饱和溶液中 $c(H_2S) = 0.10 \text{ mol} \cdot L^{-1}$。

解： 设溶解完全后溶液中 H^+ 的浓度为 $x \text{ mol} \cdot L^{-1}$，则

$$ZnS(s) + 2H^+(aq) \rightleftharpoons Zn^{2+}(aq) + H_2S(aq)$$

平衡浓度/$mol \cdot L^{-1}$ x 0.10   0.10

$$K = \frac{(0.1)^2}{x^2} = \frac{K_{sp,ZnS}}{K_{a1,H_2S} K_{a2,H_2S}} = \frac{2.5 \times 10^{-22}}{8.91 \times 10^{-27}} = 2.8 \times 10^4$$

$$x = 5.98 \times 10^{-4}$$

溶解 0.1 mol ZnS 所需强酸的起始浓度为：

$$0.2 + 5.98 \times 10^{-4} \approx 0.2 \text{ (mol} \cdot L^{-1})$$

同理可求得 HgS 溶于强酸达到平衡时 H^+ 的浓度

$$K = \frac{0.1^2}{y^2} = \frac{K_{sp,HgS}}{K_{a1,H_2S}K_{a2,H_2S}} = \frac{4.0 \times 10^{-53}}{8.91 \times 10^{-27}} = 4.49 \times 10^{-27}$$

$$y = 1.49 \times 10^{12}$$

溶解 0.1mol HgS 所需强酸的起始浓度为：

$$0.2 + 1.49 \times 10^{12} \approx 1.49 \times 10^{12} \text{mol} \cdot \text{L}^{-1}$$

由计算可看出，溶解 0.10mol ZnS 需 1.0L 浓度为 $0.20 \text{mol} \cdot \text{L}^{-1}$ 的强酸溶液即可。而溶解 0.10mol HgS 至少需 1.0L 浓度为 $1.49 \times 10^{12} \text{mol} \cdot \text{L}^{-1}$ 的强酸溶液。这样大浓度的强酸溶液无法得到，所以 HgS 不溶于强酸。

【例 7-12】 欲溶解 0.10mol $Mg(OH)_2$ 需要 1.0L 多大浓度的 NH_4Cl？已知 $K_{sp,Mg(OH)_2}^{\ominus} = 5.61 \times 10^{-12}$，$K_{b,NH_3}^{\ominus} = 1.78 \times 10^{-5}$。

解：设溶解完全后溶液中 NH_4^+ 的浓度为 $x \text{ mol} \cdot \text{L}^{-1}$，则

$$Mg(OH)_2(s) + 2NH_4^+(aq) \rightleftharpoons Mg^{2+}(aq) + 2NH_3 \cdot H_2O$$

平衡浓度/$\text{mol} \cdot \text{L}^{-1}$ $\quad\quad\quad\quad\quad\quad\quad x \quad\quad\quad 0.10 \quad\quad 0.20$

$$K = \frac{0.1 \times 0.2^2}{x^2} = \frac{K_{sp,Mg(OH)_2}^{\ominus}}{K_{b,NH_3}^2} = \frac{5.61 \times 10^{-12}}{(1.78 \times 10^{-5})^2} = 1.77 \times 10^{-2}$$

$$x = 0.48$$

由于溶解 $Mg(OH)_2$ 用去 $0.2 \text{mol} \cdot \text{L}^{-1}$ NH_4^+，再加上平衡时 NH_4^+ 的浓度 $0.48 \text{mol} \cdot \text{L}^{-1}$，故所需要的起始浓度为 $0.68 \text{mol} \cdot \text{L}^{-1}$。

2. 通过氧化还原反应使沉淀溶解

有些金属硫化物（如 CuS、Ag_2S 等），其溶度积特别小，在饱和溶液中 S^{2-} 浓度低，只能溶于氧化性酸，如：

$$3CuS + 8HNO_3 \longrightarrow 3Cu(NO_3)_2 + 3S\downarrow + 2NO\uparrow + 4H_2O$$

因为 HNO_3 能将 S^{2-} 氧化成单质。由于硫单质的生成，溶液中 S^{2-} 浓度降得更低，从而达到沉淀溶解的目的。

3. 通过配位反应使沉淀溶解

向沉淀体系中加入适当配位剂，使溶液中的简单离子生成稳定的配离子，减少其离子浓度，从而使沉淀溶解。如：

$$AgCl + 2NH_3 \rightleftharpoons [Ag(NH_3)_2]^+ + Cl^-$$

上面 3 种方法也可以综合利用，以达到沉淀溶解的目的，如 CdS 溶于浓盐酸是配位和强酸综合溶解：

$$CdS + 2H^+ + 4Cl^- \rightleftharpoons CdCl_4^{2-} + H_2S$$

又如 HgS 溶于王水是氧化与配位综合溶解：

$$3HgS + 2HNO_3(浓) + 12HCl(浓) \rightleftharpoons 3S + 3H_2[HgCl_4] + 2NO + 4H_2O$$

沉淀反应

三、分步沉淀与沉淀的转化

1. 分步沉淀

实际上,溶液中往往含有多种可被沉淀的离子,即当加入某种沉淀试剂时,可能分别与溶液中的多种离子发生反应而产生沉淀。在这种情况下,沉淀反应将按照怎样的次序进行?哪种离子先被沉淀,哪种离子后被沉淀?第二种离子开始沉淀时,先沉淀的离子沉淀到什么程度?弄清这些问题在离子的分离过程中十分重要。

比如在含有 Cl^-、CrO_4^{2-} 的溶液中(浓度均为 $0.01\text{mol}\cdot L^{-1}$)滴加 $AgNO_3$ 溶液,开始可以看到有白色的 AgCl 沉淀生成,而后很明显地出现了红色沉淀 Ag_2CrO_4。像这种由于难溶电解质的溶解度或溶度积不同,加入沉淀剂后溶液中发生先后沉淀的现象叫分步沉淀或分级沉淀。

溶解度小的难溶电解质,需要较少的沉淀剂即能达到 $Q=K_{sp}$,从而最先生成沉淀,反之则后沉淀。下面通过计算,对分步沉淀作定量说明。

【例 7-13】 在浓度均为 $0.001\text{mol}\cdot L^{-1}$ 的 KCl 和 KI 混合溶液中,逐滴加入 $AgNO_3$ 溶液(设体积不变),问 Cl^- 和 I^- 沉淀顺序如何?能否用分步沉淀的方法将两者分离?

已知:$K_{sp,AgCl}=1.8\times 10^{-10}$,$K_{sp,AgI}=8.3\times 10^{-17}$。

解: 根据溶度积规则,离子积 Q 达到溶度积时所需 Ag^+ 浓度小的先析出沉淀。生成 AgCl、AgI 沉淀时所需 Ag^+ 的浓度分别为

$$c(Ag^+)=\frac{K_{sp,AgCl}}{c(Cl^-)}=\frac{1.8\times 10^{-10}}{0.001}\text{mol}\cdot L^{-1}=1.8\times 10^{-7}\text{mol}\cdot L^{-1}$$

$$c(Ag^+)=\frac{K_{sp,AgI}}{c(I^-)}=\frac{8.3\times 10^{-17}}{0.001}\text{mol}\cdot L^{-1}=8.3\times 10^{-14}\text{mol}\cdot L^{-1}$$

由于生成 AgI 沉淀所需 Ag^+ 浓度较生成 AgCl 沉淀所需 Ag^+ 浓度小,所以逐滴加入 $AgNO_3$ 后,首先析出黄色的 AgI 沉淀。只有当溶液中 $c(Ag^+)>1.8\times 10^{-7}\text{mol}\cdot L^{-1}$ 时,才有 AgCl 白色沉淀生成,此时溶液中残留的 I^- 浓度为

$$c(I^-)=\frac{K_{sp,AgI}}{c(Ag^+)}=\frac{8.3\times 10^{-17}}{1.8\times 10^{-7}}=4.6\times 10^{-10}\text{mol}\cdot L^{-1}$$

$$c(I^-)=4.6\times 10^{-10}\text{mol}\cdot L^{-1}<1.0\times 10^{-5}\text{mol}\cdot L^{-1}$$

可见,Cl^- 开始沉淀时,I^- 早已沉淀完全,利用分步沉淀可将二者分离。

总之,在溶液中,某种沉淀对应的离子积首先达到或超过其溶度积时,就先析出这种沉淀。必须指出:只有对同一类型的难溶电解质,且被沉淀离子浓度相同或相近的情况下,缓慢加入沉淀试剂时,才使溶度积小的沉淀先析出,溶度积大的沉淀后析出。若难溶电解质类型不同,或虽类型相同但被沉淀离子浓度不同时,生成沉淀的先后顺序就不能只根据溶度积的大小做出判断,必须通过具体计算才能确定。

上述案例中同时析出 AgCl 和 AgI 两种沉淀时,溶液中的 Ag^+ 浓度同时满足两个多相离子平衡。即

$$c(\mathrm{Ag}^+) = \frac{K_{\mathrm{sp,AgCl}}}{c(\mathrm{Cl}^-)} = \frac{K_{\mathrm{sp,AgI}}}{c(\mathrm{I}^-)}$$

$$\frac{c(\mathrm{I}^-)}{c(\mathrm{Cl}^-)} = \frac{K_{\mathrm{sp,AgI}}}{K_{\mathrm{sp,AgCl}}} = \frac{8.3 \times 10^{-17}}{1.8 \times 10^{-10}} = 4.6 \times 10^{-7}$$

由此式可以推知，溶度积差别越大，就越有可能利用分步沉淀的方法将它们分离。

显然，分步沉淀的次序不仅与溶度积的数值有关，还与溶液中对应各种离子的浓度有关。如果溶液中的 $c(\mathrm{Cl}^-) > 2.2 \times 10^6 \mathrm{mol \cdot L^{-1}}$（海水中的情况就与此类似），这时开始析出 AgCl 沉淀所需要的 Ag^+ 浓度比开始析出 AgI 沉淀所需要的 Ag^+ 浓度还小。当逐滴加入 $\mathrm{AgNO_3}$ 试剂时，首先达到 AgCl 的溶度积而析出 AgCl 沉淀。因此，适当地改变被沉淀离子的浓度，可以使分步沉淀的顺序发生变化。当溶液中存在多种可被沉淀的离子，加入沉淀试剂生成不同类型的难溶电解质时，也是离子积首先达到溶度积 K_{sp} 的难溶电解质先析出沉淀。

掌握了分步沉淀的规律，根据具体情况，适当地控制条件就可以达到分离离子的目的。例如，根据金属氢氧化物溶解度间的差别，控制溶液的 pH，使某些金属氢氧化物沉淀出来，另一些金属离子仍保留在溶液中，从而达到分离的目的。

2. 沉淀的转化

在含有沉淀的溶液中，加入适当试剂，使沉淀转化为另一种更难溶电解质的过程叫沉淀的转化。例如，向盛有白色 $\mathrm{PbSO_4}$ 沉淀的试管中加入 $\mathrm{Na_2S}$ 溶液，搅拌后，可以观察到沉淀由白色变为黑色。这是由于生成了更难溶解的 PbS 沉淀，从而降低了溶液中 Pb^{2+} 浓度，破坏了 $\mathrm{PbSO_4}[K_{\mathrm{sp,PbSO_4}} = 1.6 \times 10^{-8}, K_{\mathrm{sp,PbS}} = 8.0 \times 10^{-28}]$ 的沉淀溶解平衡，促使 $\mathrm{PbSO_4}$ 溶解。

沉淀转化反应的实质是两个沉淀溶解平衡的同时平衡，两种沉淀转化达平衡时，共同平衡常数值很大，说明沉淀的转化是很容易的。一般讲，K_{sp} 较大的沉淀易转化为 K_{sp} 较小的沉淀，两种沉淀的 K_{sp} 相差越大，转化越完全。

在生产实践中，有些沉淀很难处理，不能利用酸碱反应、氧化还原反应和配位反应直接溶解，对于这种沉淀就可采用沉淀的转化来处理。例如，锅炉中锅垢的主要成分是 $\mathrm{CaSO_4}$，虽然 $\mathrm{CaSO_4}$ 的溶解度不是很小，但由于它既不溶于水又不溶于酸，很难用直接溶解的方法除去。如果先用 $\mathrm{Na_2CO_3}$ 溶液来处理，使 $\mathrm{CaSO_4}$ 转化成溶解度更小的 $\mathrm{CaCO_3}$，再用酸溶解 $\mathrm{CaCO_3}$，就能将锅垢消除干净。

$\mathrm{CaSO_4}$ 转化为 $\mathrm{CaCO_3}$ 的反应如下：

$$\mathrm{CaSO_4(s)} + \mathrm{CO_3^{2-}} \rightleftharpoons \mathrm{CaCO_3(s)} + \mathrm{SO_4^{2-}}$$

总反应平衡常数为：

$$K = \frac{c(\mathrm{SO_4^{2-}})}{c(\mathrm{CO_3^{2-}})} = \frac{K_{\mathrm{sp,CaSO_4}}}{K_{\mathrm{sp,CaCO_3}}} = \frac{9.1 \times 10^{-6}}{2.8 \times 10^{-9}} = 3.25 \times 10^3$$

沉淀转化反应的 $K^{\ominus}$ 很大，说明反应向右的趋势很大，即 $\mathrm{CaSO_4}$ 转化为 $\mathrm{CaCO_3}$ 程度很大。沉淀的转化是有条件的，由一种难溶电解质转化为另一种更难溶电解质是比较容易的，反之则比较困难，甚至不可能转化。如果转化反应的平衡常数较大，转化就比较容易实现；如果转化反应的平衡常数很小，则不可能转化；某些转化反应的平衡常数既不很大，又不很小，则在一定条件下转化也是可能的。

思考与练习题

一、填空题

1. 沉淀生成的条件是 Q _____ K_{sp}，而沉淀溶解的条件是 Q _____ K_{sp}（填 ">" "<" 或 "="）。

2. 在含有 Cl^-、Br^-、I^- 三种离子的混合溶液中，已知其浓度均为 $0.01 mol \cdot L^{-1}$，而 AgCl、AgBr、AgI 的 K_{sp} 分别为 1.6×10^{-10}、4.1×10^{-13}、1.5×10^{-16}。若向混合溶液中逐滴加入 $AgNO_3$ 溶液时，首先析出的沉淀是_____，最后析出的沉淀是_____；当 AgBr 开始析出时，溶液中 Ag^+ 的浓度是_____。

3. 用 SO_4^{2-} 使 Ba^{2+} 形成 $BaSO_4$ 沉淀时，加入适量过量的 SO_4^{2-}，可以使 Ba^{2+} 沉淀更完全，这利用的是_____效应。

4. Fe_2S_3 溶度积表达式是_____。

5. 25℃时 $CaCO_3$ 的溶解度为 $9.3 \times 10^{-5} mol \cdot L^{-1}$，则 $CaCO_3$ 的溶度积为_____。

二、判断题

1. 当难溶电解质的离子积等于其溶度积时，该溶液为其饱和溶液。（　）
2. 某离子被沉淀完全是指在溶液中其浓度为 $0 mol \cdot L^{-1}$。（　）
3. 同离子效应可以使沉淀的溶解度降低，因此，在溶液中加入与沉淀含有相同离子的强电解质越多，该沉淀的溶解度就越小。（　）
4. 在分步沉淀中 K_{sp} 小的物质总是比 K_{sp} 大的物质先沉淀。（　）
5. 溶解度和溶度积都能表示难溶电解质在水中的溶解趋势。（　）

三、计算题

1. 已知下列物质的溶度积常数，试计算其饱和溶液中各离子的浓度。

   (1) CaF_2：$K_{sp,CaF_2} = 5.3 \times 10^{-9}$；

   (2) $PbSO_4$：$K_{sp,PbSO_4} = 1.6 \times 10^{-8}$。

2. 由下面给定条件计算 K_{sp}：

   (1) $Mg(OH)_2$ 饱和溶液的 $pH = 10.52$；

   (2) $Ni(OH)_2$ 在 $pH = 9.00$ 溶液中的溶解度为 $2.0 \times 10^{-5} mol \cdot L^{-1}$。

3. 现有 100mL 溶液，其中含有 0.001mol 的 NaCl 和 0.001mol 的 K_2CrO_4。当逐滴加入 $AgNO_3$ 溶液时，产生沉淀的次序如何？已知 $K_{sp,AgCl} = 1.8 \times 10^{-10}$，$K_{sp,Ag_2CrO_4} = 1.1 \times 10^{-12}$。

第八章

常见化学元素

知识目标：

1. 掌握主族元素及其化合物的性质；
2. 熟悉常见副族元素及其化合物的性质；
3. 了解稀土元素。

能力目标：

1. 能够全面分析元素的有关性质，并能关联周期表的排布和结构，对元素进行精准定位；
2. 能鉴别 Fe^{3+}、Ni^{2+}、六价铬等离子。

素质目标：

1. 明白科学的不易，培养勇于探索、敢于实践的精神；
2. 学以致用，了解含氯消毒剂在抗击新冠感染中的作用；
3. 学习稀土元素，培养国家利益至上的思想和刻苦学习、为国争光的热情。

第一节 主族元素

一、第一主族

（一）氢

氢，元素符号为 H，是元素周期表中 1 号元素，是最轻的元素，也是宇宙中含量最多的元素，大约占宇宙质量的 75%。

氢在自然界中存在的同位素有：

氕（piē）（氢 1，H）
氘（dāo）（氢 2，重氢，D）
氚（chuān）（氢 3，超重氢，T）

氢气，无色、无味、无臭，是一种极易燃烧的由双原子分子组成的气体，是最轻的气体。

（二）碱金属

碱金属元素位于周期表的 ⅠA 族，包括锂（Li）、钠（Na）、钾（K）、铷（Rb）、铯（Cs）和钫（Fr）6 种元素。由于它们氧化物的水溶液显碱性，所以称为碱金属。钫是放射性元素。本族元素原子的价层电子构型为 ns^1，在周期表中属于 s 区元素。

碱金属是银白色的柔软、易熔轻金属。它们的基本性质见表 8-1。碱金属元素的特点是：在同周期元素中，原子半径最大，核电荷最小。由于它们的次外层为 8 个电子（Li 的只有 2 个电子），对核电荷的屏蔽作用较强，有效核电荷较小，所以最外层的 1 个电子离核较远，电离能最低，很容易失去，表现出强烈的金属性。它们与氧、硫、卤素以及其他非金属元素都能剧烈反应，并能从许多金属化合物中置换出金属。

本族元素自上而下原子半径和离子半径依次增大，其金属活泼性有规律地增强。例如锂的活泼性在碱金属中最弱，与水的反应较缓慢；钠和水剧烈反应；钾和水的反应更为剧烈；而铷、铯遇水则有爆炸危险。

1. 碱金属的物理性质

碱金属都具有银白色金属光泽，它们的共同物理特征是有较小的密度，低的熔点、沸点和硬度。它们是典型的轻金属，具有较好的导电导热性。它们的密度、原子半径、离子半径随着核电荷数的增加而增大，熔点、沸点却随着核电荷数的增加而降低。部分碱金属的基本性质如表 8-1。

表 8-1 部分碱金属的基本性质

元素	元素符号	核电荷数	相对原子质量	价电子结构	化合价	原子半径/pm	离子半径/pm	密度/g·cm^{-3}（20℃）	熔点/℃	沸点/℃	硬度	颜色和状态
锂	Li	3	6.941	$2s^1$	+1	123	60	0.535	180.54	1347	0.6	银白色,质软
钠	Na	11	22.99	$3s^1$	+1	154	95	0.971	97.81	882.9	0.4	银白色,质软
钾	K	19	39.10	$4s^1$	+1	203	133	0.862	63.65	774	0.5	银白色,质软

续表

元素	元素符号	核电荷数	相对原子质量	价电子结构	化合价	原子半径/pm	离子半径/pm	密度/g·cm^{-3} (20℃)	熔点/℃	沸点/℃	硬度	颜色和状态
铷	Rb	37	85.47	5s^1	+1	216	143	0.532	38.89	688	0.3	银白色,质软
铯	Cs	55	132.9	6s^1	+1	235	164	1.90	28.4	678.4	0.2	银白色,质软

【演示 8-1】取一块金属钠,用滤纸吸干表面的煤油后,用刀切去一端的外皮。观察钠的颜色,如图 8-1。

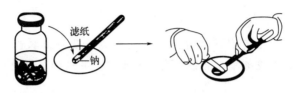

图 8-1　钠的切割

实验表明,金属钠很软,可以用刀切割。切开外皮后,可以看到钠银白色的金属光泽。

新切开的断面具有银白色的金属光泽,但在空气中迅速变暗,这是钠与氧气发生反应,在钠的表面生成了一薄层氧化物的缘故。

2. 碱金属的化学性质

根据上述事实可以作如下推论:

第一、元素的性质与原子最外电子层中的电子数目有密切关系。碱金属元素原子的最外层上都只有 1 个电子,可以推论它们具有相似的化学性质,都可以同氧气等非金属以及水等发生反应。

第二、随着核电荷数的增加,碱金属元素原子的电子层数逐渐增多,原子半径逐渐增大,因此,碱金属元素的原子失去最外电子层中电子的能力逐渐增强,也就是金属性逐渐增加,因此钾、铷、铯与氧气或水的反应比钠更剧烈。

【演示 8-2】取一小块金属钠,用刀切开,观察在光亮的断面上所发生的变化。把一小块钠放在石棉网上加热,观察发生的变化,如图 8-2。

图 8-2　钠在空气中燃烧

实验表明，钠与氧气反应可以生成白色的氧化钠，但氧化钠不稳定，继续氧化生成比较稳定的过氧化钠，并发出黄色的火焰。

【演示 8-3】 取一小块钾，擦干表面的煤油后，放在石棉网上稍加热。观察发生的现象，并跟钠在空气中的燃烧现象进行对比。钾能与氧气反应，而且反应比钠更剧烈。

实验证明，碱金属都能与氧气发生反应。锂与氧气的反应不如钠剧烈。在室温时，铷和铯遇到空气就会立即燃烧，生成的氧化物很复杂。除与氧气反应外，碱金属还能与氯气等大多数非金属发生反应。

【演示 8-4】 在一个盛有水的烧杯里滴入几滴酚酞试液。取黄豆大小的一小块钾，擦干表面的煤油后放入烧杯中，观察所发生的现象，并跟钠与水的反应现象进行比较。

实验证明，钾与水的反应比钠与水的反应更剧烈，反应放出的热可以使生成的氢气燃烧。证明钾比钠的金属性更强。

$$2K+2H_2O \longrightarrow 2KOH+H_2 \uparrow$$

碱金属都能与水发生反应，生成氢氧化物并放出氢气。铷、铯与水的反应比钾与水的反应更剧烈，它们遇水立即燃烧，甚至爆炸。

3. 焰色反应

钠在空气中燃烧时其火焰呈现黄色。很多金属或它们的化合物在灼烧时都会使火焰呈现出特殊的颜色，这在化学上叫作焰色反应。

【演示 8-5】 把装在玻璃棒上的铂丝放在酒精灯火焰里灼烧，直到与原来的火焰颜色相同为止。用铂丝蘸取氯化钠溶液，放在火焰上灼烧就可以看到黄色火焰。同样用氯化钾溶液做实验，可以看到紫色火焰。

不仅碱金属和它们的化合物呈现焰色反应，锶、钙、钡、铜等金属也能呈现焰色反应。根据焰色反应可以判断金属或金属离子的存在。

锂	钠	钾	铷	铯
红色	黄色	紫色	红紫色	蓝色

4. 常见的碱金属化合物

（1）过氧化钠（Na_2O_2）

淡黄色粉末或粒状物，在空气中由于表面生成了一层 NaOH 和 Na_2CO_3 而逐渐变成黄白色。Na_2O_2 有吸潮性，能侵蚀皮肤和黏膜。Na_2O_2 本身相当稳定，热至熔融也不分解，但若遇棉花、碳或有机物，却易引起燃烧或爆炸，在工业上列为强氧化剂，需要妥善贮运和使用。

【演示 8-6】 把水滴入盛有 Na_2O_2 固体的试管中，用带火星的木条放在试管口，检验生成的气体，如图 8-3。

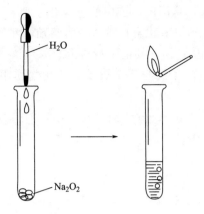

图 8-3 检验过氧化钠与水反应放出的气体

过氧化钠与水反应生成氢氧化钠和氧气：
$$2Na_2O_2 + 2H_2O \longrightarrow 4NaOH + O_2\uparrow$$

Na_2O_2 与水或稀酸作用时生成 H_2O_2，同时放出大量的热，从而使 H_2O_2 也迅速分解：
$$Na_2O_2 + 2H_2O \longrightarrow 2NaOH + H_2O_2$$
$$Na_2O_2 + H_2SO_4(稀) \longrightarrow Na_2SO_4 + H_2O_2$$
$$2H_2O_2 \longrightarrow 2H_2O + O_2\uparrow$$

所以 Na_2O_2 除作氧化剂外，也是氧气发生剂，还用作消毒剂以及纤维、纸浆的漂白剂等。

【演示 8-7】用棉花包住 0.3g Na_2O_2 粉末，放在石棉网上。在棉花上滴加几滴水。观察发生的现象，如图 8-8。

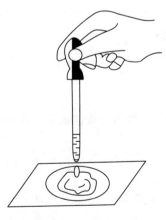

图 8-4 过氧化钠与水的反应

Na_2O_2 与二氧化碳作用生成碳酸钠和氧气，常被用于防毒面具、高空飞行和潜水作业。
$$Na_2O_2 + CO_2 \longrightarrow Na_2CO_3 + \frac{1}{2}O_2$$

（2）氢氧化钠（NaOH）

又称烧碱、火碱、苛性碱，是国民经济中的重要化工原料之一。广泛用于造纸、制革、制皂、纺织、玻璃、搪瓷、无机和有机合成等工业。目前，我国烧碱的消费结构约为：轻工占40%，化工占20%，纺织占15%，其他用碱约占20%。

NaOH的强碱性表现在它除了能与非金属及其氧化物作用外，还能与一些两性金属及其氧化物作用，生成钠盐：

$$4S + 6NaOH \longrightarrow 2Na_2S + Na_2S_2O_3 + 3H_2O$$
$$Cl_2 + 2NaOH(冷) \longrightarrow NaCl + NaClO + H_2O$$
$$Si + 2NaOH + H_2O \longrightarrow Na_2SiO_3 + 2H_2 \uparrow$$
$$SiO_2 + 2NaOH \longrightarrow Na_2SiO_3 + H_2O$$
$$2Al + 2NaOH + 2H_2O \longrightarrow 2NaAlO_2 + 3H_2 \uparrow$$
$$Zn + 2NaOH \longrightarrow Na_2ZnO_2 + H_2 \uparrow$$
$$Al_2O_3 + 2NaOH \longrightarrow 2NaAlO_2 + H_2O$$
$$ZnO + 2NaOH \longrightarrow Na_2ZnO_2 + H_2O$$

玻璃、陶瓷含有SiO_2，易受NaOH侵蚀。在制备浓碱液或熔融烧碱时，常采用铸铁或银制器皿。实验室盛NaOH溶液的玻璃瓶需用橡胶塞，不能用玻璃塞。否则时间一长，NaOH与瓶口玻璃中的SiO_2生成黏性的Na_2SiO_3，同时还吸收CO_2生成易结块的Na_2CO_3，从而瓶塞不易打开。

（3）碳酸钠（Na_2CO_3）

碳酸钠有无水化合物和有水化合物（$Na_2CO_3 \cdot 10H_2O$）两种。前者置于空气中因吸潮而结成硬块，后者在空气中易风化变成白色粉末或细粒，俗称苏打，工业上又称纯碱。

苏打

工业上"三酸两碱"中的两碱是指NaOH和Na_2CO_3。它们都是极为重要的化工原料。

碳酸钠与酸反应，放出二氧化碳气体

$$Na_2CO_3 + 2HCl \longrightarrow 2NaCl + H_2O + CO_2 \uparrow$$

因此在食品工业中，用它中和发酵后生成的多余有机酸，除去酸味，并利用反应中生成的CO_2使食品膨松。

碳酸钠是一种基本的化工原料，用于玻璃、搪瓷、炼钢、炼铝及其他有色金属的冶炼，也可用于造纸、纺织和漂染工业以及制肥皂。

（4）碳酸氢钠（$NaHCO_3$）

俗名小苏打，是一种细小的白色晶体。碳酸氢钠的水溶液呈弱碱性，也是常用的碱。与酸反应也能放出二氧化碳气体。

$$NaHCO_3 + HCl \longrightarrow NaCl + H_2O + CO_2 \uparrow$$

【演示8-8】 在两支试管中分别加入2mL稀盐酸，将两个各装有0.2g Na_2CO_3和$NaHCO_3$粉末的小气球分别套在两支试管口。将气球内的Na_2CO_3和$NaHCO_3$同时倒入试管中，比较它们放出CO_2的快慢。

从上述实验可以看到，Na_2CO_3和$NaHCO_3$都能与HCl溶液发生反应，但$NaHCO_3$与HCl溶液的反应要比Na_2CO_3与HCl溶液的反应剧烈得多。

> **【演示 8-9】** 把 Na_2CO_3 放在试管里,约占试管容积的 1/6,并倒入澄清的石灰水,加热。观察澄清的石灰水是否发生变化。换上一支放入同样容积 $NaHCO_3$ 的试管,倒入澄清的石灰水,加热。观察澄清石灰水的变化。

从实验中可以看到,Na_2CO_3 受热没有变化,而 $NaHCO_3$ 受热后放出了 CO_2。这也说明 Na_2CO_3 很稳定,而 $NaHCO_3$ 不稳定,受热容易分解:

$$2NaHCO_3 \longrightarrow Na_2CO_3 + H_2O + CO_2 \uparrow$$

这个反应可以用来鉴别碳酸钠和碳酸氢钠。

泡沫灭火器就是利用下面的反应生成的 CO_2 来灭火的:

$$3NaHCO_3 + Al_2(SO_4)_3 + 3H_2O \longrightarrow 3NaHSO_4 + 2Al(OH)_3 + 3CO_2 \uparrow$$

碳酸氢钠是焙制糕点所用发酵粉的主要成分之一。在医疗上,它是治疗胃酸过多的一种药剂。

二、第二主族

第二主族元素包括铍(Be)、镁(Mg)、钙(Ca)、锶(Sr)、钡(Ba)、镭(Ra)6 种元素。其中镭是放射性元素。因为 Ca、Sr、Ba 的氧化物介于"碱性"和"土性"(即难溶于水又难熔化的氧化物如 Al_2O_3)之间,所以叫碱土金属。

碱土金属元素原子的价电子结构为 ns^2。由于它们次外层电子都已达到稳定结构,所以在参与化学反应时,容易失去最外层 s 电子,呈现 +2 价。它们与同周期的碱金属原子相比多了一个核电荷,原子核对电子的吸引力要强些,因此其原子半径要小一些,金属性相比则要弱一些,但从整个周期来看,碱土金属还是很活泼的金属元素。部分碱土金属的价电子层结构和基本性质如表 8-2。

表 8-2 部分碱土金属的基本性质

第二主族	原子序数	价电子层结构	化合价	原子半径/10^{-10} m	离子半径/10^{-10} m
Be	4	$3s^2$	+2	0.889	0.31
Mg	12	$4s^2$	+2	1.364	0.65
Ca	20	$5s^2$	+2	1.736	0.99
Sr	38	$6s^2$	+2	1.914	1.13
Ba	56	$7s^2$	+2	1.981	1.35

随着原子序数的递增,碱土金属元素原子的电子层数依次增加,原子半径依次增大,因此,从铍到钡,碱土金属元素的金属性和它们氢氧化物的碱性都依次增强。铍的金属性较差,属两性元素,氢氧化铍是两性氢氧化物。

1. 自然界中的存在

碱土金属在自然界中的存在相当丰富,用途也相当广泛。铍的主要矿物为绿柱石($3BeO \cdot Al_2O_3 \cdot 6SiO_2$),含铍 2% 的 $Be_3Al_2Si_6O_{18}$ 即为祖母绿宝石。钙的主要矿物有石灰石($CaCO_3$)、白云石($CaCO_3 \cdot MgCO_3$)、磷灰石[$Ca_3(PO_4)_2$]、石膏($CaSO_4 \cdot 2H_2O$)、萤石(CaF_2)等。镁在自然界的丰度居第八位,略次于钠、钾。海水中含镁量达

0.13%。镁的主要矿物有菱镁矿（$MgCO_3$）、光卤石（$2KCl \cdot MgCl_2 \cdot 6H_2O$）等。锶和钡在自然界中主要矿物有天青石（$SrSO_4$）、重晶石（$BaSO_4$）等。

2. 碱土金属的物理性质

钙、镁都是银白色的轻金属，它们的晶体中原子之间的距离较小，金属键较强，从而使它们单质的熔点、密度和硬度都比同周期碱金属要高，如表8-3。

表8-3 钙、镁和钾、钠的一些物理性质

物理性质	Na	K	Mg	Ca
密度/g·cm^{-3}	0.97	0.862	1.74	1.55
硬度（金刚石：10）	0.4	0.5	2.0	1.5
熔点/K	370.9	336.8	923	1112

3. 碱土金属的化学性质

【演示8-10】取一段镁条，用砂布擦去其表面的氧化膜，用镊子夹住置于酒精灯上灼烧，观察其现象。

$$2Ca + O_2 \longrightarrow 2CaO$$
$$2Mg + O_2 \longrightarrow 2MgO$$

实验表明，钙和镁都是很活泼的金属，它们都具有很强的还原性，在室温下，钙和镁能被空气中的氧气所氧化，使表面失去金属光泽。

钙比镁更活泼，钙暴露在空气中立刻被氧化，表面生成一层疏松的氧化物，对内部不起保护作用，所以钙必须保存在密闭的容器中。而镁能生成一层致密的氧化镁薄膜，对内部能起保护作用，所以镁在空气中较稳定。如果镁在空气中燃烧，则放出耀眼的含有紫外线的强光。所以镁可以用于制造照明弹和照相镁灯。

【演示8-11】在烧杯和试管中各装入少量蒸馏水，并各加入酚酞数滴，用镊子夹取一小块金属钙，用滤纸擦去表面煤油后投入烧杯中，观察反应情况。取一段镁条，用砂布擦去表面的氧化膜后投入试管中，观察有无反应。再将试管置于酒精灯上加热，观察反应情况。

钙和镁能与水反应。镁在沸水中反应较快，而钙在冷水中就能激烈反应。

$$Mg + 2H_2O(沸) \longrightarrow Mg(OH)_2 + H_2 \uparrow$$
$$Ca + 2H_2O(冷) \longrightarrow Ca(OH)_2 + H_2 \uparrow$$

4. 常见的碱土金属化合物

(1) 氧化钙和氧化镁

氧化钙是一种白色块状或粉状固体，俗名生石灰，简称石灰。主要用于建筑工业。它具有碱性氧化物的通性，很容易与水反应生成氢氧化钙（这一过程叫作生石灰的消化或熟化），并放出大量的热。

$$CaO + H_2O \longrightarrow Ca(OH)_2 + Q$$

氧化镁是一种难溶的白色粉末，熔点高达3073K，俗称苦土。可用于制造耐高温的坩埚、耐火砖、耐火管和高温炉内壁。氧化镁能与水反应生成氢氧化镁，并放出热量，但反应较缓慢。

(2) 氢氧化钙和氢氧化镁

氢氧化钙是白色固体，俗称熟石灰或消石灰，是很重要的建筑材料，也是制漂白粉的原料。稍溶于水，它的饱和水溶液叫"石灰水"，呈碱性。它在空气中能吸收CO_2而生成$CaCO_3$，CO_2能使澄清的石灰水变浑浊，实验室常用这一反应来检验CO_2气体。

$$Ca(OH)_2 + CO_2 = CaCO_3 \downarrow + H_2O$$

氢氧化镁是白色粉末，溶解度很小，它是一种中强碱。在医药上氢氧化镁常配成乳剂，称镁乳，作轻泻剂或抑酸剂。它还用于制造牙膏、牙粉。

(3) 硫酸钙和硫酸镁

硫酸钙俗称石膏或生石膏，是含有两个分子结晶水的固体，化学式为$CaSO_4 \cdot 2H_2O$。常用于铸造模型和雕像，在医药上用作石膏绷带，在食品工业上常作凝固剂。当加热到160～200℃时，则失去部分结晶水而变成熟石膏，化学式为$(CaSO_4)_2 \cdot H_2O$。熟石膏在室温空气中或与水混合成糊状后，又重新变成生石膏。

硫酸镁为无色结晶或粉末，有苦味，易溶于水，在干燥空气中易风化。常温下其饱和溶液会析出晶体$MgSO_4 \cdot 7H_2O$。它可作饲料添加剂，在医药上用作泻药，称为轻泻盐。

 阅读材料

硬水及其软化

一、硬水和软水

水是日常生活和工农业生产中不可缺少的物质。水质的好坏直接影响人类的生产和生活。天然水跟空气、岩石和土壤等长期接触，溶解了很多杂质，如无机盐类、某些可溶性有机物以及气体等。天然水中通常含有Ca^{2+}、Mg^{2+}等阳离子和HCO_3^-、CO_3^{2-}、Cl^-、SO_4^{2-}、NO_3^-等阴离子。各地的天然水含有这些离子的种类和数量有所不同，有的天然水含Ca^{2+}、Mg^{2+}比较多，而有的天然水则含量低。

通常按水中含Ca^{2+}、Mg^{2+}的多少，把天然水分为硬水和软水。含有较多Ca^{2+}和Mg^{2+}的水叫作硬水；只含有少量或不含Ca^{2+}和Mg^{2+}的水叫作软水。

天然水分为雨水、地面水和地下水。各种天然水中所含无机盐的种类和数量不同，一般地下水（包括井水、泉水）含Ca^{2+}、Mg^{2+}较多，而雨水、河水、湖水中含得少一些。

水的硬度是水的一项质量指标。通常把1升水里含有10mg CaO（或相当于10mg CaO）称为1度（或1°）。水的硬度在8°以下的为软水；在8°以上的为硬水。硬度大于30°的是最硬水。

如果水的硬度是由碳酸氢钙或碳酸氢镁所引起的，这种硬度叫作暂时硬度，因为这种水经煮沸后，其所含的碳酸氢盐会分解成不溶性的碳酸盐，可从水中析出除去从而被软化。

$$Ca(HCO_3)_2 \xrightarrow{\triangle} CaCO_3\downarrow + H_2O + CO_2\uparrow$$

$$Mg(HCO_3)_2 \xrightarrow{\triangle} MgCO_3\downarrow + H_2O + CO_2\uparrow$$

锅炉内壁的水垢主要是这些不溶物形成的。

如果水的硬度是由钙和镁的硫酸盐或氯化物等引起的，这种硬度叫作永久硬度，这种水叫作永久硬水。永久硬水是不能通过加热实现软化的。大多数天然水同时具有暂时硬度和永久硬度，一般所说的水的硬度是两者之和，即总硬度。

水的硬度

二、硬水的软化

水的硬度过高对生活和生产都有危害。洗涤用水如果硬度太高，不仅浪费肥皂，而且衣物也不易洗干净。锅炉用水硬度太高（特别是暂时硬度），十分危险，因为经过长期烧煮后，水里的钙盐和镁盐会在锅炉内结成锅垢，使锅炉内金属管道的导热能力大大降低，这不但浪费燃料，而且会使管道局部过热，当超过金属允许的温度时，锅炉管道将变形或损坏，严重时会引起爆炸事故。很多工业部门如纺织、印染、造纸、化工等，都要求使用软水。因此，对天然水进行软化，以降低或消除它的硬度是很重要的。

硬水软化的方法通常有化学软化法和离子交换法等。

1. 化学软化法

化学软化法是指在水中加入化学药剂，以使水中溶解的钙、镁盐变成溶解度极低的化合物（沉淀）从水中析出，从而达到除去钙、镁的目的。常用的措施有两种，一种是石灰纯碱法。此法是在水中加入石灰乳和碳酸钠，使钙、镁生成沉淀而除去，反应如下：

$$Ca(HCO_3)_2 + Ca(OH)_2 \longrightarrow 2CaCO_3\downarrow + 2H_2O$$

$$Mg(HCO_3)_2 + 2Ca(OH)_2 \longrightarrow Mg(OH)_2\downarrow + 2CaCO_3\downarrow + 2H_2O$$

$$CaSO_4 + Na_2CO_3 \longrightarrow CaCO_3\downarrow + Na_2SO_4$$

$$MgSO_4 + Ca(OH)_2 \longrightarrow Mg(OH)_2\downarrow + CaSO_4$$

$$MgCl_2 + Ca(OH)_2 \longrightarrow Mg(OH)_2\downarrow + CaCl_2$$

加纯碱不仅使水中原有的 $CaSO_4$、$CaCl_2$ 形成 $CaCO_3$ 沉淀，而且还使软化过程中产生的钙的可溶性盐转化成 $CaCO_3$ 沉淀，能保证软化的效果。这种方法的优点是所用的药品便宜，处理方法简便。但这种方法的缺点是软化过程中产生的沉淀不能进入锅炉，必须预先进行沉降或过滤除去沉淀。

另一种化学软化法是磷酸盐法，是在水中加入一定量的 Na_3PO_4 或 Na_2HPO_4，使钙、镁离子沉淀出来以达到软化的目的。其主要反应如下：

$$3CaSO_4 + 2Na_3PO_4 \longrightarrow Ca_3(PO_4)_2\downarrow + 3Na_2SO_4$$

$$3MgSO_4 + 2Na_3PO_4 \longrightarrow Mg_3(PO_4)_2\downarrow + 3Na_2SO_4$$

这种方法的优点是不需要将产生的沉淀 $Ca_3(PO_4)_2$ 和 $Mg_3(PO_4)_2$ 预先除去，可以直接进入锅炉使用，因为钙和镁的磷酸盐沉淀颗粒松散，呈棉絮状，不会在锅炉内形成锅垢。此外，Na_3PO_4 还能与已形成的锅垢起作用，使其逐渐松软而脱落，并能与锅炉壁形成磷酸盐保护膜，保护锅炉不受腐蚀，延长锅炉的使用寿命。铁道蒸汽机车用水的软化就是使用这种方法。

2. 离子交换法

离子交换是一种复分解反应。目前工业上采用的离子交换剂有钠沸石、磺化煤和离子交换树脂等。钠沸石不溶于水，它含有钠离子和一种复杂的阴离子，常以简式 Na_2Z 表示其组成。磺化煤是一种黑色颗粒状物质，以简式 NaR 表示其组成，它不溶于酸和碱。离子交换树脂是一些有机高分子化合物，它分为阳离子交换树脂（如 $R\text{-}SO_3Na$）和阴离子交换树脂 [如 $R\text{-}N(CH_3)_3Cl$]，分子上分别有可被交换的阳离子和阴离子，它们不溶于水，有抗酸碱能力。

离子交换法软化水，是利用离子交换剂上可被交换的阳离子与水中的钙、镁离子发生交换，而使硬水软化。软化的过程是在离子交换柱中装入离子交换剂如磺化煤，让水从上口流入，下口流出，当水流经磺化煤时，水中的 Ca^{2+} 和 Mg^{2+} 就被交换到磺化煤上，而磺化煤上的钠离子则进入水中。于是硬水就软化了。如图 8-5。

$$2NaR + Ca^{2+} \longrightarrow CaR_2 + 2Na^+$$
$$2NaR + Mg^{2+} \longrightarrow MgR_2 + 2Na^+$$

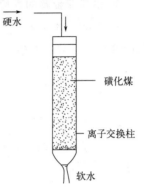

图 8-5　用离子交换剂软化硬水

离子交换法软化水，设备简单，占地面积小，成本低，操作方便，目前使用较普遍。特别是用阴、阳离子交换树脂处理过的水（称为去离子水）可达到很高纯度，是实验室使用的纯水之一。

三、第三主族

元素周期表的第ⅢA族包括硼（B）、铝（Al）、镓（Ga）、铟（In）、铊（Tl）和鉨（Nh）6种元素，通称为硼族元素。硼族元素的价电子结构为 ns^2np^1，在化学反应中容易失去其价电子而呈现 +3 价。硼族元素随着原子序数的增大，原子半径和离子半径也增大。硼族元素除硼外，其他都是金属，金属性随着原子序数的增加而增强。但它们的金属性比同周期的碱金属和碱土金属要弱一些。部分硼族元素的基本性质如表 8-4 所示。

表 8-4　部分硼族元素的基本性质

硼族元素	原子序数	价电子层结构	化合价	原子半径/10^{-10} m	离子半径/10^{-10} m
B	5	$2s^22p^1$	+3	0.82	0.20
Al	13	$3s^23p^1$	+3	1.18	0.50
Ga	31	$4s^24p^1$	+3	1.26	0.62
In	48	$5s^25p^1$	+3	1.44	0.81
Tl	81	$6s^26p^1$	+3	1.48	0.95

（一）铝

铝广泛存在于地壳中，约占 8%，其丰度仅次于氧和硅，名列第三，是地壳中含量最高的金属元素，主要以化合态存在于长石、白云母和黏土中。Al 是蕴藏最丰富的金属元素。铝主要以铝矾土（$Al_2O_3 \cdot xH_2O$）矿物存在，铝矾土是冶炼金属铝的重要原料。此外还有冰晶石（Na_3AlF_6）、高岭土（含 Al 约 20%）等矿物。

铝是银白色的轻金属，密度为 $2.7g \cdot cm^{-3}$，熔点为 873K。铝具有良好的导电性和导热性。

铝是比较活泼的金属，能与非金属、酸、碱等物质反应。但在常温下，铝却很稳定，这是因为铝易被空气中的氧气氧化，在其表面形成了一层致密的保护膜，能阻止铝不再与氧和水反应。因此铝可喷镀在铁器表面来保护铁。

1. 铝与非金属的反应

铝粉或铝箔在氧气中受热，能燃烧，发出耀眼的白光，并放出大量的热。但铝在空气中只能在高温下才能发生剧烈的反应。

$$4Al+3O_2 \xrightarrow{\triangle} 2Al_2O_3+Q$$

铝除了可与氧气发生反应外，还能与其他非金属如硫、卤素等反应。

2. 铝与酸的反应

铝能与盐酸或稀硫酸反应产生氢气。实质上是铝与酸溶液中的氢离子进行反应，将氢离子还原成氢气。

$$2Al+6H^+ \longrightarrow 2Al^{3+}+3H_2 \uparrow$$

在常温下，铝在浓硫酸或浓硝酸中，其表面被钝化，生成了致密的氧化膜，可阻止反应的继续进行。因此，可以用铝制的容器装运浓硫酸或浓硝酸。

3. 铝与碱的反应

很多金属能跟酸起反应，但大多数金属却不能跟碱起反应。由于铝具有两性，所以它既能与酸反应，又能与碱反应。铝与强碱反应生成氢气和偏铝酸盐，如

$$2Al+2NaOH+2H_2O \longrightarrow 2NaAlO_2+3H_2 \uparrow$$

> 【演示 8-12】取一支试管，加入 10mL 浓 NaOH 溶液，再放入一小片铝，观察实验现象。过一段时间后，用点燃的火柴杆放在试管口，有何现象发生？

由于酸、碱、盐等可直接腐蚀铝制品，铝制餐具不宜用来蒸煮或长时间存放具有酸性、碱性或咸味的食物。

4. 铝与某些氧化物的反应

铝在一定条件下，能与氧化铁发生氧化还原反应。

> 【演示 8-13】把干燥的氧化铁粉末 5g 和铝粉 2g 混合均匀，放在耐火坩埚里。在混合物的上面加少量过氧化钡，并在混合物的中央插入一根镁条。把耐火坩埚放在一块砖上，点燃镁条，观察发生的现象，并检查变化结果。

由实验可以看出，镁条先与过氧化钡起反应，产生一定的热量。这样使氧化铁和铝粉在较高的温度下发生剧烈的反应，生成氧化铝和液态铁，放出大量的热，温度可达 2300K 以上。这个反应叫铝热反应，反应可表示如下

$$2Al+Fe_2O_3 \longrightarrow 2Fe+Al_2O_3+Q$$

通常把铝粉和氧化铁的混合物叫作铝热剂。如果往铝热剂中加入一定量的铁合金和铁

钉、铁屑，把这种混合物放在特制的坩埚里，点燃后，会立即发生剧烈的化学反应，产生高温的钢水和溶液。随即把高温钢水浇入扣在两根钢轨缝上的砂型中，可以把两根钢轨焊接起来，这种焊接速度快，设备简易，适合野外作业。

不仅用铝粉和氧化铁可作铝热剂，用某些金属氧化物（如 V_2O_5、Cr_2O_3、MnO_2 等）代替氧化铁也可作铝热剂。

（二）常见的铝化合物

1. 氧化铝

氧化铝是一种白色难溶的物质，是典型的两性氧化物。新制备的氧化铝既能跟酸起反应生成铝盐，又能跟碱反应生成偏铝酸盐。

$$Al_2O_3 + 6H^+ \longrightarrow 2Al^{3+} + 3H_2O$$

$$Al_2O_3 + 2OH^- \longrightarrow 2AlO_2^- + H_2O$$

氧化铝是冶炼金属铝的原料，也是一种比较好的耐火材料。它可以用来制造耐火坩埚、耐火管和耐高温的实验仪器。

天然存在的纯净 Al_2O_3 称为刚玉，其硬度仅次于金刚石。天然刚玉的矿石中常因含少量杂质而呈不同颜色，俗称宝石。如含有铁和钛的氧化物时呈蓝色，是蓝宝石；含有微量铬时，呈红色，叫红宝石。人工烧结的氧化铝称为人造刚玉。

2. 氢氧化铝

氢氧化铝是一种白色固体，不溶于水。当在铝盐溶液中加入氨水或适量碱液，会生成白色絮状沉淀，即氢氧化铝。反应为：

$$Al^{3+} + 3NH_3 \cdot H_2O \longrightarrow Al(OH)_3 \downarrow + 3NH_4^+$$

$$Al^{3+} + 3OH^- \rightleftharpoons Al(OH)_3 = H_3AlO_3 \rightleftharpoons H^+ + AlO_2^- + H_2O$$

氢氧化铝是两性的，它在水溶液中会按上式以两种方式电离，加酸时，则平衡向左移动，生成含 Al^{3+} 的铝盐，是因为所加酸中 H^+ 与 OH^- 作用生成了 H_2O，降低了 OH^- 的浓度。加碱时，则由于碱中的 OH^- 与溶液中的 H^+ 作用，降低了 H^+ 的浓度，使平衡向右移动，生成更多含 AlO_2^- 的偏铝酸盐。这说明氢氧化铝既能跟酸反应，又能跟强碱溶液反应，是典型的两性氢氧化物。如

$$Al(OH)_3 + 3HCl \longrightarrow AlCl_3 + 3H_2O$$

$$Al(OH)_3 + NaOH \longrightarrow NaAlO_2 + 2H_2O$$

【演示 8-14】 在盛有 10mL $Al_2(SO_4)_3$ 溶液（$0.2mol \cdot L^{-1}$）的试管中，滴加氨水，生成白色絮状的 $Al(OH)_3$ 沉淀。将此浑浊液分装在两个试管中，分别慢慢加盐酸（$6mol \cdot L^{-1}$）和氢氧化钠溶液（$6mol \cdot L^{-1}$），并振荡试管，最终 $Al(OH)_3$ 沉淀都会完全溶解。

3. 硫酸铝钾

硫酸铝钾是由两种不同的金属离子和一种酸根离子组成的化合物，它电离时产生两种金属阳离子。

$$KAl(SO_4)_2 \longrightarrow K^+ + Al^{3+} + 2SO_4^{2-}$$

十二水合硫酸铝钾[$KAl(SO_4)_2 \cdot 12H_2O$]的俗名是明矾。明矾是无色晶体,易溶于水。溶于水时,发生水解反应,其水溶液呈酸性。

明矾水解所产生的胶状 $Al(OH)_3$ 吸附能力很强,可以吸附水中的杂质,并形成沉淀,使水澄清。所以明矾常用作净水剂。

四、第四主族

元素周期表中的ⅣA族元素,又称碳族元素,包括碳(C)、硅(Si)、锗(Ge)、锡(Sn)、铅(Pb)和铁(Fe)6种元素。它们的价电子结构是 ns^2np^2,所以,最高化合价为 +4,最低化合价为 -4。氧化物通式为 RO_2,气态氢化物的通式是 RH_4。部分碳族元素的一些重要性质见表8-5。

碳族元素随着核电荷数的增加,其性质呈现规律性的变化,从上往下,元素的原子半径逐渐增大,失电子能力逐渐增强,得电子能力逐渐减弱,非金属性向金属性递变的趋势比氮族元素更加明显。碳是非金属,硅外观像金属,但在化学反应中多显示非金属性,故也为非金属,锗、锡、铅、铁是金属。

表 8-5　部分碳族元素的一些重要性质

元素名称	元素符号	原子序数	相对原子质量	原子半径/pm	价电子结构	熔点/℃	沸点/℃	主要化合价	+4价离子半径/pm	颜色和状态
碳	C	6	12.01	77	$2s^22p^2$	3550	4827	-4 +4 +2	15	深灰色固体(石墨)
硅	Si	14	28.09	117	$3s^23p^2$	1410	2355	+4	41	灰色固体
锗	Ge	32	72.59	112	$4s^24p^2$	937.4	2830	+2 +4	53	淡灰色金属
锡	Sn	50	118.7	147	$5s^25p^2$	231.9(白)	2270	+2 +4	71	银白色金属
铅	Pb	82	207.2	147	$6s^26p^2$	327.5	1740	+2 +4	84	青白色金属

(一)碳及其化合物

碳在自然界中分布很广,许多物质中都含有碳元素。碳是有机化合物的基本元素。碳在自然界中有两种同素异形体,石墨和金刚石。

金刚石是典型的正四面体原子晶体,熔点高、硬度大,化学性质不活泼。透明的金刚石可以作宝石或钻石。黑色或不透明的金刚石常用来制钻头、磨具、刀具等。石墨是深灰色不透明晶体,具有层状结构,质软,有滑腻感,是良好的润滑剂。石墨是热和电的良导体,可制造惰性电极及某些专用化工设备等,也可作原子反应堆中的中子减速剂及机械运动中的润滑剂。石墨的化学性质也不活泼,但可被浓 HNO_3、浓 H_2SO_4 等强氧化剂所氧化。

1. 碳化钙(CaC_2)

俗称电石,它是由焦炭和石灰石在电炉里加热到2273K而制得的。

$$3C + CaO \xrightarrow[\text{电炉}]{2273K} CaC_2 + CO\uparrow$$

纯净的 CaC_2 是无色透明的晶体，工业用电石含有杂质，呈暗灰色，遇水立即激烈反应，生成乙炔（电石气）。

$$CaC_2 + 2H_2O \longrightarrow Ca(OH)_2 + C_2H_2\uparrow$$

乙炔是合成许多有机化合物的重要原料。

2. 碳化硅（SiC）

又名金刚砂。它由焦炭和砂的混合物在电炉中加热至 2273K 而制得。

$$3C + SiO_2 \xrightarrow[\text{电炉}]{2273K} SiC + 2CO\uparrow$$

纯碳化硅是无色晶体，它的结构与金刚石相似，性质也与金刚石相似。如硬度接近于金刚石，化学性质稳定，不与强氧化剂作用，不与强酸、氢氟酸作用。在空气中可被熔融的碱所分解。

$$SiC + 4KOH + 2O_2 \xrightarrow{\text{高温}} K_2SiO_3 + K_2CO_3 + 2H_2O$$

工业上用金刚砂来制造砂轮、砂纸。

3. 碳化硼（B_4C）

可由碳与硼加热至 2773K 制得。B_4C 是黑色有光泽的晶体，非常坚硬，可用来研磨金刚石。

B_4C 是近代原子能工业和喷气技术上耐高温耐高压的超硬材料。

（二）硅及其化合物

硅在地壳中分布很广，约占地壳总质量的 1/4，仅次于氧。自然界里没有游离态的硅，化合态的硅有硅石和硅酸盐。硅是组成岩石矿物的一种主要元素。

1. 硅的物理性质

硅有结晶和无定形两种。晶体硅是灰色、有金属光泽、较坚硬的固体。具有与金刚石相似的正四面体型结构，是原子晶体，所以硬度较大，熔点、沸点也较高。

硅的导电性介于金属和绝缘体之间，纯度很高的晶体硅在较低温度下几乎不导电，但随着条件的改变，电阻迅速减小，导电能力增大。所以高纯硅是良好的半导体。常用作半导体器件，如硅整流器、晶体管、集成电路等。

2. 硅的化学性质

硅在常温下化学性质不活泼，与水、空气、硫酸、硝酸等均不反应。但在加热条件下，硅能与许多非金属作用。

硅在高温下能同卤素、氮、碳等非金属作用。例如

$$Si + C \longrightarrow SiC$$

硅磨细后加热在氧气中燃烧：

$$Si + O_2 \xrightarrow{\triangle} SiO_2$$

硅与氢氟酸反应：

$$Si + 4HF \longrightarrow SiF_4\uparrow + 2H_2\uparrow$$

硅还可以同碱反应：

$$Si + 2NaOH + H_2O \xrightarrow{\triangle} Na_2SiO_3 + 2H_2 \uparrow$$

硅在赤热温度下，能同水蒸气作用：

$$Si + 2H_2O(g) \xrightarrow{\text{高温}} SiO_2 + 2H_2 \uparrow$$

3. 二氧化硅（SiO_2）

SiO_2 也叫硅石，是坚硬难熔的固体，它在地球上分布很广，有晶体和无定形两种。比较纯净的晶体叫作石英。无色透明的纯 SiO_2 叫作水晶。含有微量杂质的水晶常显不同的颜色，如紫水晶、茶晶和墨晶等。

普通的砂粒是由石英颗粒构成的。硅藻土是无定形硅石。它疏松、多孔、质轻，表面积大，吸附力强，常用作吸附剂和催化剂的载体。

纯的 SiO_2 晶体，质地坚硬，熔点高，不溶于水。在电炉中可把它熔成无色液体，冷却后得到玻璃状透明的石英玻璃。石英玻璃具有耐高温、膨胀系数小、急冷不破裂的性质，可用它制造耐高温的化学仪器。又因它能透过紫外线，因此可用来制造医疗用的水银灯灯管。

SiO_2 不与酸作用（氢氟酸除外）。在高温下可与碱或碱性氧化物作用。

$$SiO_2 + 4HF \longrightarrow SiF_4 \uparrow + 2H_2O$$

$$SiO_2 + 2NaOH \xrightarrow{\text{高温}} Na_2SiO_3 + H_2O$$

$$SiO_2 + CaO \longrightarrow CaSiO_3$$

4. 硅酸

硅酸是组成复杂的白色固体，有偏硅酸（H_2SiO_3）、正硅酸（H_4SiO_4）等多种，其中主要是偏硅酸。SiO_2 是硅酸酐，但是硅酸不能用 SiO_2 与水直接作用制得，只能用相应的可溶性硅酸盐与酸作用而制得。

$$\underset{\text{(偏硅酸钠)}}{Na_2SiO_3} + 2HCl \longrightarrow \underset{\text{(偏硅酸)}}{H_2SiO_3 \downarrow} + 2NaCl$$

硅酸在水中的溶解度很小，生成的硅酸并不立即沉淀，只有当硅酸浓度增大时，才呈凝胶状沉淀或冻胶。从硅酸中除去大部分水，可得无色稍透明的固态胶体，工业上称之为硅胶。硅胶具有许多细小的孔隙，因而有很强的吸附能力，可用作干燥剂，吸附各种气体和水蒸气，也可作催化剂的载体。通常使用的是一种变色硅胶，它是将无色硅胶用 $CoCl_2$ 溶液浸泡，干燥后制得，因为无水 $CoCl_2$ 为蓝色，水合的 $CoCl_2 \cdot 6H_2O$ 显红色，所以根据颜色的变化，可以判断硅胶吸水的程度。

5. 硅酸盐

金属氧化物或碱与硅石共熔，可制得各种硅酸盐。除了碱金属的硅酸盐外，其他硅酸盐均难溶于水。最重要的硅酸盐是偏硅酸钠（Na_2SiO_3）。工业上采用石英粉与纯碱共熔，或新沉淀的偏硅酸与苛性钠反应制得。

$$SiO_2 + Na_2CO_3 \xrightarrow{\triangle} Na_2SiO_3 + CO_2 \uparrow$$

$$H_2SiO_3 + 2NaOH \longrightarrow Na_2SiO_3 + 2H_2O$$

偏硅酸钠溶于水呈碱性。它的浓溶液俗名水玻璃，又叫泡花碱，是无色或灰白色的黏稠胶体，有一定黏合力，是一种矿物胶。既不燃烧，又不腐烂，因此常用于耐火材料和木材、织物的防腐处理。在肥皂工业上常用水玻璃作为次等肥皂的填充剂,来增加肥皂的硬度。

 阅读材料

硅酸盐工业

一、天然硅酸盐

天然硅酸盐种类很多,在自然界中分布很广。如长石、云母、黏土、滑石、石棉、泡沸石等都是常见的天然硅酸盐。由于它们的结构复杂,通常用二氧化硅和金属氧化物的形式来表示硅酸盐的组成。如表 8-6。

天然硅酸盐是制造玻璃、水泥、陶瓷和耐火材料、砖瓦等的原料,这些工业统称为硅酸盐工业。

表 8-6　常见的硅酸盐

名称	组成
正长石(长石)	$K_2O \cdot Al_2O_3 \cdot 6SiO_2$
白云母	$K_2O \cdot 3Al_2O_3 \cdot 6SiO_2 \cdot 2H_2O$
高岭土(白黏土)	$Al_2O_3 \cdot 2SiO_2 \cdot 2H_2O$
石棉	$CaO \cdot 3MgO \cdot 4SiO_2$
滑石	$3MgO \cdot 4SiO_2 \cdot H_2O$
泡沸石	$Na_2O \cdot Al_2O_3 \cdot 2SiO_2 \cdot nH_2O$

二、硅酸盐材料简介

1. 水泥

水泥是非常重要的建筑材料,各种建筑工程都离不开它。水泥具有水硬性,跟水掺和搅拌后很容易凝固变硬,由于水泥具有这一优良特性,因此被用作建筑材料,由于它在水中也能硬化,因此,也是水下工程中不可缺少的材料。

水泥品种很多,有普通硅酸盐水泥、高铝水泥、膨胀水泥、耐酸水泥、白色和彩色水泥等,其中以硅酸盐水泥应用最广。

把黏土、石灰石按比例混合,加适量铁粉磨细、煅烧、冷却后加入少量石膏,磨成细粉即制得普通水泥。普通水泥的主要成分是硅酸三钙($3CaO \cdot SiO_2$)、硅酸二钙($2CaO \cdot SiO_2$)和铝酸三钙($3CaO \cdot Al_2O_3$)等。普通硅酸盐水泥的标号,是根据水泥的机械强度而定的。即 1 份水泥和 2.5 份砂子混合制成的砂浆试样,在水中硬固 28 天后,测得其抗压强度为 $41.7 MPa \cdot cm^{-2}$,此水泥的标号就为 425。水泥的标号越大,其性能越好。

水泥、砂子和碎石的混合物叫混凝土。混凝土常用钢筋做结构。钢筋混凝土的强度大,常用来建造高楼大厦、桥梁等高大的建筑。

2. 玻璃

玻璃是一种透明的非晶体物质,它没有固定的熔点。制造普通玻璃的主要原料是纯碱、石灰石和硅石。把原料粉碎，按比例混合后，放入玻璃窑中加强热。原料发生的主要化学反应为：

$$Na_2CO_3 + SiO_2 \xrightarrow{高温} Na_2SiO_3 + CO_2 \uparrow$$

$$CaCO_3 + SiO_2 \xrightarrow{高温} CaSiO_3 + CO_2 \uparrow$$

玻璃的种类很多，除普通玻璃外，还有其他玻璃，如石英玻璃、光学玻璃等。表8-7列出了几种玻璃的特性和用途。

在制玻璃时，加入金属氧化物或其盐类，可制成各种颜色的玻璃。例如，加入Co_2O_3呈蓝色，MnO_2呈紫色，SnO_2和CaF_2呈乳白色。

表8-7 几种玻璃的特性和用途

种类	特性	用途
普通玻璃	熔点较低	窗玻璃、玻璃瓶、玻璃杯等
石英玻璃	膨胀系数小、耐酸碱、强度大、绝缘、滤光	化学仪器；高压水银灯、紫外灯等的灯壳
光学玻璃	透光性能好、有折光和色散性	眼镜片；照相机、显微镜、望远镜用凹凸透镜等光学仪器
玻璃纤维	耐腐蚀、不怕烧、不导电、不吸水、隔热、吸声、防虫蛀	太空飞行员的衣服等
钢化玻璃（玻璃钢）	耐高温、耐腐蚀、强度大、质轻、抗震裂、隔音、隔热	运动器材；微波通信器材；汽车、火车窗玻璃等

3. 陶瓷

陶瓷种类甚多，砖瓦、盆、罐、缸、瓷管、电瓷、耐酸瓷、生活用瓷、艺术陶瓷等广泛用于建筑工程、日常生活、化学工业和电气工程。

陶瓷主要原料是黏土（高岭土）。把黏土、长石和石英研成细粉，按一定比例混合，加水调成泥状或浆状，成型、烘干、煅烧后变成非常坚硬的物质，这就是陶器制品。如用黏土、长石和石英注塑成型，干燥后，在高温（1473K）下煅烧成素瓷，经过上釉、再煅烧即得瓷器。

陶瓷是我国首创，所以瓷器的英文名称叫"China"。江苏宜兴称为陶都，瓷都为江西景德镇。

4. 耐火材料

耐火材料是指在高温下（1853K以上）不会改变它的机械性质（强度、硬度等）的材料，并在高温下能耐各种气体、熔融物料、炉渣、熔融金属等物质的腐蚀，且具有一定强度的材料。

含SiO_2在93%以上的酸性耐火材料叫硅砖，含Al_2O_3在30%以上的中性耐火材料叫黏土砖，含MgO在85%以上的碱性耐火材料叫镁砖。

耐火材料是把原料粉碎、过筛、配料，用少量水调匀，压制成型、烘干后入窑烧而成。煅烧温度随材料种类的不同而不同。

五、第五主族

氮族元素，包括氮（N）、磷（P）、砷（As）、锑（Sb）、铋（Bi）和镆（Mc）6种元素，其中氮、磷、砷是非金属元素，锑、铋、镆为金属。本族是一个典型的由非金属至金属的完整过渡族。氮族元素的一些重要性质列于表 8-8 中。

表 8-8 氮族元素的一些重要性质

元素名称	元素符号	原子序数	原子量	价电子结构	原子半径/pm	熔点/℃	沸点/℃	主要化合价	离子半径/pm	颜色和状态
氮	N	7	14.01	$2s^22p^3$	70	−209.86	−195.8	−3 +1 +2 +3 +4 +5	(−3)171 (+5)11	无色气体
磷	P	15	30.97	$3s^23p^3$	110	(白)44.1 (红)590	(白)280	−3 +3 +5	(−3)212 (+5)47	白磷:白色蜡状固体 红磷:紫红色结晶或粉末
砷	As	33	74.92	$4s^24p^3$	121	817	(灰)613	−3 +3 +5	(−3)222 (+5)46	灰色固体
锑	Sb	51	121.8	$5s^25p^3$	141	630.74	1750	(−3) +3 +5	(−3)245 (+5)62	银白色金属
铋	Bi	83	209	$6s^26p^3$	146	271.3	1560	(−3) +3 (+5)	(−3)96 (+5)74	灰红色金属

氮族元素原子的价电子结构是 ns^2np^3，原子的最外层有 5 个电子，它们的最高化合价为 +5，最低化合价为 −3，最高化合价氧化物的通式是 R_2O_5，气态氢化物通式是 RH_3。

氮族元素原子有获得 3 个电子构成稳定电子层结构的倾向，但比同周期中卤族和氧族元素弱得多；非金属性也较弱，生成相应的最高价含氧酸的酸性也要比同周期的卤族、氧族弱；酸性强弱的顺序是

$$HClO_4 > H_2SO_4 > H_3PO_4$$

随着核电荷数和原子核外电子层数的增加，氮族元素的一些性质呈现规律性变化。例如氮族元素在周期表中，从上到下，元素的原子半径逐渐增大，核对外层电子的引力逐渐减弱，在化学反应中得电子能力逐渐减弱，失电子能力逐渐增强，非金属性逐渐减弱，金属性逐渐增强，即氮、磷表现出比较明显的非金属性，砷虽然是非金属，但已有一些金属性，而锑、铋已具有比较明显的金属性。

氮族元素最高化合价氧化物的水化物，随着原子序数的增加，酸性逐渐减弱，碱性逐渐增强。如硝酸（HNO_3）是强酸，氢氧化铋 $[Bi(OH)_3]$ 则是一种碱。

（一）氮及其化合物

1. 氮气（N_2）

氮气是氮元素的单质，存在于大气中，是空气的主要成分（约占大气总体积的 78% 或总质量的 75%）。氮元素也以化合态存在于很多无机物（如硝酸盐、氮的氧化物等）和有机物（如蛋白质、核酸）中。

（1）物理性质

纯净的氮气是无色、无臭的气体，比空气略轻，在标准状况下 N_2 的密度为 $1.25 g \cdot L^{-1}$。

它在100kPa的压强下,冷却至-195.8℃时,变成无色液体,冷却至-209.86℃时,液态氮变成雪状固体。氮气在水中溶解度很小,常温常压下,1体积水中大约只溶解0.02体积的氮气。

(2) 化学性质

氮分子是由两个氮原子共用三对电子结合而成的,氮分子中有三个共价键。氮分子的电子式为::N⋮⋮N:,结构式为 N≡N。

氮分子的结构很稳定,破坏分子中氮原子之间的共价键需要很大的能量,所以在通常情况下,氮气的化学性质很不活泼,很难与其他物质发生化学反应。但在高温或放电条件下,当氮分子获得了足够的能量时,还是能与氢气、氧气、金属等物质发生化学反应的。

① 氮气与氢气的反应:氮气与氢气在高温、高压和催化剂的作用下,可以直接化合生成氨:

$$N_2 + 3H_2 \xrightarrow[催化剂]{高温、高压} 2NH_3$$

工业上就是利用这个反应原理合成氨的。

② 氮气与氧气的反应:在放电条件下,氮气与氧气能直接化合生成无色的一氧化氮气体

$$N_2 + O_2 \xrightarrow{放电} 2NO$$

在雷雨天,大气中常含NO,NO再进一步被空气中的O_2氧化生成NO_2,NO_2溶于雨水可形成酸雨。

$$2NO + O_2 \longrightarrow 2NO_2$$
$$3NO_2 + H_2O \longrightarrow 2HNO_3 + NO$$

氮气在工业上主要用于合成氨、生产硝酸等,它们是制造氮肥、炸药等的原料。由于氮气的化学性质不活泼,氮气可用来代替稀有气体作焊接金属时的保护气。氮气或氮气与氩气的混合气体可用来填充白炽灯泡,以防止钨丝氧化和减慢钨丝的挥发,使灯泡经久耐用。

在粮食、水果和食品的贮存保鲜方面,充氮包装技术发挥了很大的作用。液氮冷冻技术在高科技领域得到应用。例如,某些超导材料就是在液氮处理下才获得超导性能的。医学上用液氮来保存待移植的活性器官、进行冷冻麻醉手术等。

2. 氨(NH_3)

氨是氮的气态氢化物。氨分子中氮以三个共价键分别与三个氢原子连接。自然界中的氨主要是由动植物体内的蛋白质腐败产生的。

氨分子的电子式为:

(1) 物理性质

氨是无色、有刺激性气味的气体。相同条件下,比同体积的空气轻。氨很容易液化,在常压下冷却到-33.35℃或在常温下加压到700~800kPa,气态氨就凝聚为无色液体,同时放出大量的热。液态氨汽化时要吸收大量的热,因此,氨可用作制冷剂。

氨极易溶于水,在常温常压下,1体积水约可溶解700体积的氨。氨的水溶液叫氨水。

氨水能使酚酞溶液变红色,说明氨水具有碱性。

【演示 8-15】在干燥的圆底烧瓶中充满氨气,用带有玻璃管和滴管(滴管中预先吸满水)的塞子塞紧瓶口,立即倒置烧瓶使玻璃管插入盛有水和数滴酚酞指示剂的烧杯中。挤压滴管的胶头,使少量水进入烧瓶,烧杯中的水即由玻璃管喷入烧瓶,形成红色喷泉(图 8-6)。

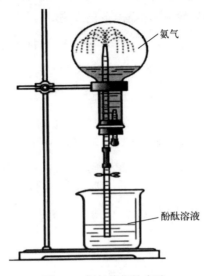

图 8-6 氨气溶解性实验

(2) 化学性质

① 氨与水的反应:氨溶于水,部分与水结合成一水合氨:

$$NH_3 + H_2O \rightleftharpoons NH_3 \cdot H_2O$$

$NH_3 \cdot H_2O$ 是弱电解质,可以部分电离出铵离子和氢氧根离子,使氨水显弱碱性:

$$NH_3 \cdot H_2O \rightleftharpoons NH_4^+ + OH^-$$

因此氨水中存在着下列两个平衡:

$$NH_3 + H_2O \rightleftharpoons NH_3 \cdot H_2O \rightleftharpoons NH_4^+ + OH^-$$

氨水很不稳定,受热分解为氨和水

$$NH_3 \cdot H_2O \xrightarrow{\triangle} NH_3 \uparrow + H_2O$$

氨水对许多金属有腐蚀作用,所以不能用金属容器盛装。一般情况下,氨水盛装在橡皮袋、陶瓷坛或内涂沥青的铁桶里。

② 氨与酸的反应:

【演示 8-16】取两根玻璃棒分别蘸取浓氨水和浓盐酸,使两根玻璃棒接近,观察发生的现象。

从实验中可以看到,当两根玻璃棒接近时,在玻璃棒周围有大量白烟产生,白烟是氨和氯化氢反应生成的氯化铵微粒。

$$NH_3 + HCl \longrightarrow NH_4Cl$$

氨同样能与其他酸溶液反应，生成铵盐，这是化肥厂的重要反应。

$$NH_3 + HNO_3 \longrightarrow NH_4NO_3$$
$$2NH_3 + H_2SO_4 \longrightarrow (NH_4)_2SO_4$$

铵盐由铵离子（NH_4^+）和酸根所组成。铵盐都是晶体，易溶于水。铵盐与碱反应生成氨、水和另一种盐：

$$NH_4Cl + NaOH \xrightarrow{\triangle} NH_3\uparrow + H_2O + NaCl$$

③ 氨与氧的反应：氨在纯氧中燃烧发出黄色火焰。

$$4NH_3 + 3O_2 \xrightarrow{\triangle} 2N_2\uparrow + 6H_2O$$

在催化剂的作用下，氨与空气中的氧作用生成 NO。

$$4NH_3 + 5O_2 \xrightarrow[催化剂]{\triangle} 4NO + 6H_2O$$

上述反应叫作氨的催化氧化或接触氧化，是工业上制取硝酸的基础。

④ 氨气的实验室制法：实验室通常用铵盐和消石灰的混合物加热来制取氨。

$$2NH_4Cl + Ca(OH)_2 \longrightarrow CaCl_2 + 2H_2O + 2NH_3\uparrow$$

氨的合成

实验室要制取干燥的氨，通常是将制得的氨通过碱石灰（NaOH 和 CaO），以吸收其中的水蒸气。

⑤ 铵离子的检验：

铵盐都溶于水，能电离出铵离子。

【演示 8-17】 在三支试管中分别加入少量 NH_4Cl、NH_4NO_3 和 $(NH_4)_2SO_4$ 晶体，再加入适量 $1mol \cdot L^{-1}$ NaOH 溶液。加热试管并用湿润的红色石蕊试纸接近管口上方，观察现象。

在上述实验中，湿润的红色石蕊试纸均变蓝，由此可知铵盐与碱溶液发生了反应。其本质是

$$NH_4^+ + OH^- \xrightarrow{\triangle} NH_3\uparrow + H_2O$$

3. 氮的氧化物

在不同条件下，氮与氧能生成五种氧化物，见表 8-9。

表 8-9　氮氧化物的一些重要性质

氧化物名称	一氧化二氮	一氧化氮	三氧化二氮	二氧化氮	五氧化二氮
分子式	N_2O	NO	N_2O_3	NO_2	N_2O_5
氮的化合价	+1	+2	+3	+4	+5
状态	无色气体	无色气体	蓝色气体	红棕色气体	无色晶体
沸点/K	184.6	121.3	276.6	294.3	320（分解）

其中 N_2O_3 和 N_2O_5 都是很不稳定的，它们对应的水化物是亚硝酸（HNO_2）和硝酸（HNO_3）。N_2O 微有麻醉性，俗称笑气，高温时可以分解成氮和氧。在工业上以 NO 和 NO_2 最为重要。

NO 是无色气体，比空气略重，不溶于水。在常温下，容易与空气中的氧化合生

成 NO_2。
$$2NO+O_2 \longrightarrow 2NO_2$$

NO_2 是红棕色有毒气体，比空气重，易溶于水，是酸性氧化物。它溶于水生成硝酸和一氧化氮。
$$3NO_2+H_2O \longrightarrow 2HNO_3+NO\uparrow$$

工业上制硝酸会用到这两种氮的氧化物。

NO_2 还可相互化合成无色的 N_2O_4。
$$2NO_2(红棕色) \rightleftharpoons N_2O_4(无色)$$

4. 硝酸（HNO_3）

（1）物理性质

纯硝酸是无色易挥发、有刺激性气味的液体，常温下密度为 $1.50g·mL^{-1}$，沸点为 83℃。它能以任意比例与水混合。常用的浓硝酸质量分数大约是 65%～68%，98% 以上的浓硝酸在空气中发烟，称为发烟硝酸，在空气中发烟是挥发出来的 NO_2 遇空气中的水蒸气，形成极微小的硝酸雾滴的缘故。

（2）化学性质

硝酸是一种强酸，除了具有酸的通性以外，还有它本身的特性。

① 不稳定性：硝酸在常温下见光就会分解，受热时分解得更快。
$$4HNO_3 \xrightarrow[或光照]{\triangle} 4NO_2\uparrow +O_2\uparrow +2H_2O$$

浓硝酸通常呈黄色，正是分解生成的 NO_2 溶于硝酸的缘故。为了防止硝酸分解，必须把它放在棕色瓶里，贮放在阴凉避光处。

② 氧化性：硝酸是一种很强的氧化剂，不论是稀硝酸还是浓硝酸都有氧化性，几乎能跟所有的金属（除金、铀等少数金属外）发生氧化还原反应。

【演示 8-18】在放有铜片的两个试管中，分别加入少量稀硝酸和浓硝酸，观察现象。

实验表明，浓硝酸和稀硝酸都能与铜反应：
$$Cu+4HNO_3(浓) \longrightarrow Cu(NO_3)_2+2NO_2(红棕色)\uparrow +2H_2O$$
$$3Cu+8HNO_3(稀) \longrightarrow 3Cu(NO_3)_2+2NO\uparrow +4H_2O$$

稀硝酸反应较慢，所产生的 NO 在试管口变成红棕色的 NO_2。

硝酸与金属发生反应时，主要是 +5 价氮得到电子，被还原成较低价氮的化合物，并不像盐酸那样与活泼金属反应放出氢气。

有些金属如铝、铁等虽然能与稀硝酸作用，但与冷浓硝酸不作用，这是由于发生了钝化现象。钝化是由于浓硝酸将金属的表面氧化，形成一层致密的氧化物薄膜，阻止了反应进一步进行，所以，可以用铝槽车或铁容器盛装浓硝酸。

浓硝酸和浓盐酸的混合物（体积比为 1:3）叫作王水，其氧化能力更强，能使不溶于硝酸的金属如金、铂等溶解。

硝酸极强的氧化性能使多种非金属被氧化成相应的酸，例如：
$$4HNO_3(浓)+C \xrightarrow{\triangle} CO_2\uparrow +4NO_2\uparrow +2H_2O$$

$$6HNO_3(浓) + S \xrightarrow{\triangle} H_2SO_4 + 6NO_2\uparrow + 2H_2O$$

$$5HNO_3(浓) + P \xrightarrow{\triangle} H_3PO_4 + 5NO_2\uparrow + H_2O$$

硝酸是重要的化工原料,是工业上重要的"三酸"之一。硝酸在国防和工农业生产上也有着广泛的用途,如用于制炸药、医药、氮肥、塑料、染料等。

(二) 磷及其化合物

1. 磷

磷占地壳总质量的 0.11%,是自然界中比较丰富而集中的元素。磷的化学性质比氮活泼,因此在自然界中磷主要以化合状态存在,磷的无机化合物主要是磷酸盐。此外,和氮一样,磷是生物体中不可缺少的元素之一,它存在于细胞、蛋白质、骨骼和牙齿中。磷肥也是重要的肥料之一。

(1) 物理性质

纯白磷是无色透明的固体,遇光逐渐变为黄色,所以又叫黄磷,有剧毒,误食 0.1g 就能致死。它不溶于水但极易溶于 CS_2 中。

磷有两种重要的同素异形体:白磷(黄磷)和红磷(赤磷)。它们由于晶体结构不同,而具有不同性质。白磷是由 4 个磷原子组成的,红磷由更多的磷原子结合而成。红磷和白磷的性质比较,详见表 8-10。

表 8-10 白磷和红磷物理性质的比较

同素异形体	颜色及状态	着火点	溶解性	毒性	发光性	贮存法
白磷	无色透明固体	313K	易溶于 CS_2	剧毒	暗处	保存于水中
红磷	暗红色粉末	513K	不溶于水和 CS_2	无毒	不发光	可置于空气中

两种同素异形体在一定的条件下可互相转化:

$$白磷 \underset{689K}{\overset{533K(隔绝空气)}{\rightleftharpoons}} 红磷 + 4.19kJ$$

(2) 化学性质

磷的化学性质活泼,容易与氧、卤素以及许多活泼金属直接化合。

① 磷与氧的反应:

$$4P + 5O_2 \xrightarrow{点燃} 2P_2O_5$$

燃烧时产生大量白烟,生成 P_2O_5,它是一种白色雪片状固体,极易吸水,是常用的干燥剂。

② 磷与卤素的反应:

$$2P + 3Cl_2 \xrightarrow{点燃} 2PCl_3$$

在充足的氯气中燃烧生成五氯化磷。

$$2P + 5Cl_2 \xrightarrow{点燃} 2PCl_5$$

③ 磷与金属的反应:

$$2P + 3Zn \longrightarrow Zn_3P_2$$

磷化锌是一种杀鼠药,可用于灭鼠。

2. 磷酸

磷酸是无色透明的晶体，熔点 315.5K，具有吸湿性，易溶于水。和水能以任意比例混合。市售磷酸是一种无色黏稠的浓溶液，内含 83%～98% H_3PO_4。磷酸无毒，偏磷酸剧毒。

磷酸不显氧化性，比硝酸稳定，不易分解。它是一种中等强度的三元酸。

五氧化二磷与水化合，发生剧烈反应，同时放出大量的热。随反应条件的不同，可生成偏磷酸或磷酸。

$$P_2O_5 + H_2O(冷水) \longrightarrow 2HPO_3(偏磷酸)$$
$$P_2O_5 + 3H_2O(沸水) \longrightarrow 2H_3PO_4(正磷酸)$$

3. 磷酸盐

磷酸可以形成三种类型的盐。例如：

磷酸二氢盐 NaH_2PO_4、$Ca(H_2PO_4)_2$、$NH_4H_2PO_4$；

磷酸氢盐 Na_2HPO_4、$CaHPO_4$、$(NH_4)_2HPO_4$；

磷酸盐 Na_3PO_4、$Ca_3(PO_4)_2$、$(NH_4)_3PO_4$。

所有的磷酸二氢盐都易溶于水，而磷酸氢盐和正磷酸盐除钾、钠、铁盐外，几乎都不溶于水。

可溶性磷酸盐与 $AgNO_3$ 反应可生成不溶于水而溶于酸的黄色沉淀 Ag_3PO_4，常用此反应检验 PO_4^{3-}。离子方程式：

$$3Ag^+ + PO_4^{3-} \longrightarrow Ag_3PO_4 \downarrow (黄)$$

天然磷灰石 $[Ca_3(PO_4)_2]$ 不溶于水，难被植物吸收，必须把它制成可溶性酸式盐，才能作肥料。磷灰石与硫酸反应则可制得过磷酸钙 $[Ca(H_2PO_4)_2]$：

$$Ca_3(PO_4)_2 + 2H_2SO_4(浓) \longrightarrow 2CaSO_4 + Ca(H_2PO_4)_2$$

过磷酸钙是农业上广泛应用的磷肥。

六、第六主族

元素周期表第ⅥA族包括氧（O）、硫（S）、硒（Se）、碲（Te）、钋（Po）、鉝（Lv）6 种元素，统称为氧族元素，其中钋、鉝是放射性元素，硒、碲是稀有的分散元素。

部分氧族元素的一些性质如表 8-11 所示。

表 8-11 部分氧族元素的性质

元素名称	元素符号	原子序数	价电子结构	原子半径/pm	熔点/℃	沸点/℃	主要化合价	−2价离子半径/pm	原子量	颜色和状态
氧	O	8	$2s^2 2p^4$	66	−218.4	−183	−2 (+2)	140	16.00	无色气体
硫	S	16	$3s^2 3p^4$	104	112.8	444.6	−2 +4 +6	184	32.06	黄色固体
硒	Se	34	$4s^2 4p^4$	117	217（灰）	684.9	−2 +2 +4	198	78.96	灰色固体

续表

元素名称	元素符号	原子序数	价电子结构	原子半径/pm	熔点/℃	沸点/℃	主要化合价	-2价离子半径/pm	原子量	颜色和状态
碲	Te	52	$5s^25p^4$	137	449.5	989.8	-2 +4 +6	221	127.6	银白色固体
钋	Po	84	$6s^26p^4$	146	254	962			(209)	

由表 8-11 可以看出，氧族元素原子的电子层结构很相似，它们原子的最外电子层都有 6 个电子，它们的最高化合价为 +6 价，最高化合价氧化物的通式是 RO_3，与氢化合最低化合价为 -2 价，氢化物的通式是 H_2R。从表 8-11 还可以看出，氧族元素随着核电荷数的递增，它们的电子层数增加，原子半径也随之增大。核对外层电子的吸引力逐渐减弱，使原子获得电子的能力依次减弱，元素的非金属性逐渐减弱，金属性逐渐增强。如氧、硫表现出比较明显的非金属性，硒是半导体，而碲则能够导电。

在元素周期表中，氧族元素位于卤素的左边，所以，非金属性要比同周期卤素弱。

臭氧

从表 8-11 中可以看出，氧、硫、硒、碲单质的物理性质随核电荷数的增加而发生变化。它们的熔点、沸点随核电荷数的增加而逐渐升高，它们的密度也随着核电荷数的增加而逐渐增大。

硫是一种比较活泼的非金属，其氧化物有 SO_2 和 SO_3。SO_3 对应的水化物是 H_2SO_4，H_2SO_4 是一种强酸。

硒、碲也有二氧化物和三氧化物，这些氧化物对应的水化物都是酸。

氧、硫、硒的单质可以直接与氢气化合，生成氢化物 H_2O、H_2S、H_2Se。

氧气与氢气的反应最容易，也最剧烈，生成的化合物也最稳定；硫或硒与氢气则只有在较高的温度下才能够化合，生成的氢化物也不稳定；而碲通常不能与氢气直接化合，只能通过其他反应间接制取碲化氢，生成的氢化物也最不稳定。

氧族元素能与大多数金属直接化合。在生成的化合物中，它们的化合价一般都是 -2 价。例如，氧与铜反应时，生成氧化铜。

$$O_2 + 2Cu \xrightarrow{\triangle} 2CuO$$

（一）单质硫

单质硫俗称硫黄。早在公元前 6 世纪，我国古代炼丹术和医学上就经常用到硫，硫还是我国古代四大发明之一黑火药的重要组成部分。硫在自然界中分布很广，以游离状态和化合状态存在，游离状态的硫又叫天然硫，常存在于火山附近，硫的化合物以金属硫化物和硫酸盐最常见，如黄铁矿（FeS_2）、方铅矿（PbS）、黄铜矿（$CuFeS_2$）、闪锌矿（ZnS）等。硫酸盐有石膏（$CaSO_4·2H_2O$）、芒硝（$Na_2SO_4·10H_2O$）等。

我国黄铁矿产地很多，可作为提炼硫黄和制造硫酸的原料。

1. 硫的物理性质

单质硫是一种淡黄色晶体，性脆，是热和电的不良导体，不溶于水，微溶于酒精，而易溶于 CS_2。硫在 112.8℃熔化，在 444.6℃转化为气态。硫蒸气急剧冷却会凝聚成粉末，这种现象叫硫华。

2. 硫的化学性质

（1）硫与金属反应

硫能与大多数金属发生反应生成金属硫化物：

$$2Cu + S \xrightarrow{\triangle} Cu_2S$$

$$Fe + S \xrightarrow{\triangle} FeS$$

$$Hg + S \longrightarrow HgS$$

硫和汞在常温下能直接反应，因此实验室或使用汞的生产中，常用硫粉来处理散落的汞滴。

（2）硫与非金属反应

硫蒸气能与氢气直接化合，生成硫化氢气体：

$$H_2 + S \xrightarrow{\triangle} H_2S$$

硫在空气或纯氧中燃烧时，呈现蓝色火焰，生成二氧化硫

$$S + O_2 \xrightarrow{点燃} SO_2$$

硫在工业上用来生产硫酸、硫化橡胶、硫化物等，农业上将其用于杀虫剂，医药上用硫黄软膏治疗皮肤病。

（二）硫的化合物

1. 硫的氢化物

（1）硫化氢

硫化氢是一种有臭鸡蛋气味的无色气体，密度比空气略大，有毒，是常见的空气污染物。当空气中含有 0.1% 的硫化氢时，就会使人感到头痛、眩晕，吸入大量硫化氢会造成昏迷甚至死亡。因此制取或使用 H_2S 时，必须在通风橱中进行。在工业生产中，空气中 H_2S 含量不得超过 $0.01mg \cdot L^{-1}$。硫化氢微溶于水，在常温常压下，1 体积水能溶解 2.6 体积的 H_2S。

在实验室里，硫化氢通常是用硫化亚铁与盐酸或稀硫酸反应制得的。

$$FeS + 2HCl \longrightarrow FeCl_2 + H_2S \uparrow$$

$$FeS + H_2SO_4 \longrightarrow FeSO_4 + H_2S \uparrow$$

在较高温度下，硫化氢分解成氢气和硫。

$$H_2S \xrightarrow{\triangle} H_2 + S$$

硫化氢是一种可燃气体。在空气充足条件下，硫化氢能完全燃烧产生淡蓝色的火焰，并生成水和二氧化硫。

$$2H_2S + 3O_2 \xrightarrow{点燃} 2H_2O + 2SO_2$$

硫化氢在不完全燃烧时生成单质硫。

$$2H_2S + O_2 \xrightarrow{点燃} 2H_2O + 2S \downarrow$$

硫化氢具有较强的还原性，如与 SO_2 反应可生成单质硫。

$$2H_2S + SO_2 \longrightarrow 2H_2O + 3S \downarrow$$

工业上用这个反应，可从含有少量 H_2S 的废气中回收硫，防止硫化氢污染空气。

(2) 氢硫酸

硫化氢的水溶液叫作氢硫酸。在室温下饱和硫化氢溶液中氢硫酸的浓度约为 $0.1\text{mol}\cdot\text{L}^{-1}$。氢硫酸是二元弱酸，在水溶液中分两步电离：

$$H_2S \rightleftharpoons H^+ + HS^-$$
$$HS^- \rightleftharpoons H^+ + S^{2-}$$

将上述两步电离方程式相加，为 H_2S 的总电离方程式

$$H_2S \rightleftharpoons 2H^+ + S^{2-}$$

根据电离平衡原理，氢硫酸溶液的酸度决定着溶液中 S^{2-} 的浓度，溶液的酸度越大，S^{2-} 的浓度越小。

氢硫酸中，硫的化合价为 -2 价，在化学反应中只能失去电子，氧化成为 0、$+4$、$+6$ 价，所以氢硫酸只能作还原剂，不论是在酸性还是碱性溶液中，它都能被氧化，析出硫而使溶液混浊。

化学分析中，常用可溶性铅盐如醋酸铅、硝酸铅溶液来检测氢硫酸（或硫化氢），反应生成黑色的硫化铅沉淀

$$Pb(Ac)_2 + H_2S \longrightarrow PbS\downarrow + 2HAc$$
$$Pb(NO_3)_2 + H_2S \longrightarrow PbS\downarrow(黑色) + 2HNO_3$$

2. 硫的氧化物

(1) 二氧化硫

二氧化硫是一种无色、有刺激性气味的有毒气体。比空气重，能污染大气，还能直接伤害农作物。工业上规定空气中含量不得超过 $0.02\text{mg}\cdot\text{L}^{-1}$。

SO_2 在常压下于 $-10℃$ 液化。SO_2 易溶于水，常温常压下 1 体积水可溶解 40 体积的二氧化硫。

二氧化硫是酸性氧化物，溶于水生成亚硫酸，因此 SO_2 是亚硫酸的酸酐（亚硫酐）。亚硫酸是一种弱酸，且不稳定，易分解，SO_2 和 H_2O 的反应是一个可逆反应：

$$SO_2 + H_2O \rightleftharpoons H_2SO_3$$

二氧化硫既有氧化性又有还原性，但还原性较为突出。SO_2 显示氧化性的一个重要反应是：

$$SO_2 + 2CO \xrightarrow[\text{铝矾土}]{500℃} 2CO_2 + S\downarrow$$

在硫化矿物的冶炼工业中，利用这个反应来分离烟道气中的硫。

SO_2 还原性的一个具体表现是它在催化剂的作用下，容易被空气中的氧所氧化，生成三氧化硫，这是工业生产硫酸的基础：

$$2SO_2 + O_2 \xrightarrow[400\sim500℃]{V_2O_5} 2SO_3$$

> **【演示 8-19】** 将 SO_2 气体通入装有品红溶液的试管里。观察品红溶液颜色的变化。给试管加热。观察溶液发生的变化。

从实验中可以看到二氧化硫能使品红溶液褪色，褪了色的品红溶液加热后又呈红色。

二氧化硫具有漂白作用。SO_2 的漂白作用是由于它能与某些有色物质化合而生成不稳

定的无色物质，这种无色物质受热分解又恢复到原来的颜色，所以经过 SO_2 漂白过的草帽、报纸日久逐渐泛黄。此外，SO_2 还能够杀灭霉菌和细菌，可以用作食物和干果的防腐剂以及空气消毒剂。大量的 SO_2 用来制造硫酸。

（2）三氧化硫

三氧化硫是一种易挥发的白色丝状晶体，熔点 290K，沸点 318K，SO_3 遇水立即发生剧烈反应而生成硫酸，同时放出大量的热，因此 SO_3 又叫硫酐。

$$SO_3 + H_2O \longrightarrow H_2SO_4 + 79.5kJ$$

三氧化硫是一种酸性氧化物，它与碱性氧化物或碱发生反应生成硫酸盐。如

$$CaO + SO_3 \longrightarrow CaSO_4$$

$$2NaOH + SO_3 \longrightarrow Na_2SO_4 + H_2O$$

三氧化硫是强氧化剂，它可使磷燃烧，可将 KI 氧化成碘。

$$5SO_3 + 2P \longrightarrow 5SO_2 + P_2O_5$$

$$SO_3 + 2KI \longrightarrow K_2SO_3 + I_2$$

（三）硫酸

硫酸是化工"三酸"中最重要的一种酸。它是最基本的化工原料之一，许多工业都离不开硫酸。

1. 物理性质

纯硫酸是无色、无臭、黏稠、透明的油状液体，密度为 $1.838g \cdot cm^{-3}$，凝固点为 10.4℃。受热分解放出部分 SO_3，其浓度降低至 98.3%，此种硫酸的沸点为 338℃，故通常将硫酸视为高沸点、难挥发性酸。

硫酸和水能以任意比例混合，同时产生大量的热，故在稀释浓硫酸时，只能将浓硫酸徐徐倒入水中并不断搅拌，切不可将水倒入浓硫酸中，否则会发生局部过热暴沸，使酸飞溅伤人。市售硫酸有 92.5% 和 98% 两种。当浓硫酸吸收了大量的 SO_3 后，就成了发烟硫酸。

2. 化学性质

硫酸是一种强酸，在水里很容易电离

$$H_2SO_4 \longrightarrow 2H^+ + SO_4^{2-}$$

硫酸的水溶液具有酸的通性，能使指示剂变色，能与金属、金属氧化物、碱类反应。

由于硫酸是一种难挥发的高沸点强酸，所以广泛用来制备其他酸。例如

$$2NaCl + H_2SO_4 \longrightarrow Na_2SO_4 + 2HCl \uparrow$$

$$Na_2SO_3 + H_2SO_4 \longrightarrow Na_2SO_4 + SO_2 \uparrow + H_2O$$

3. 特性

（1）吸水性

浓硫酸具有强烈的吸水作用，常被用来干燥氯气、氢气和二氧化碳等气体。浓硫酸也会吸收空气中的水分，此时它浓度会下降，所以贮存浓硫酸容器的盖子一定要盖紧。

（2）脱水性

浓硫酸具有强烈的脱水性，能从许多有机化合物中将氢、氧按水的组成夺取出来。因此，浓硫酸可使蔗糖、淀粉、木材、棉布、纸张等由碳、氢、氧三种元素组成的有机物脱水碳化。

> **【演示 8-20】** 在木条、布片上分别滴几滴浓硫酸，可观察到它们碳化变黑（亦可用蔗糖与浓硫酸反应）。

浓硫酸对有机物有强烈的腐蚀性，如果人的皮肤沾上了浓硫酸，就会引起严重灼伤。皮肤上不慎沾上浓硫酸，不能先用水冲洗，而要用干布迅速拭去，再用水冲洗。

（3）氧化性

浓硫酸具有强氧化性。在加热条件下，浓硫酸能与大多数金属反应，生成相应的硫酸盐、二氧化硫和水。如

$$Cu + 2H_2SO_4(浓) \longrightarrow CuSO_4 + SO_2\uparrow + 2H_2O$$

浓硫酸与铁、铝等接触很快会使金属表面生成一层金属氧化物的致密薄膜，它可阻止金属继续与硫酸反应，这种现象叫作金属的钝化，因此可用铁或铝制容器贮存和运输冷的浓硫酸。

在加热时，浓硫酸还能与某些非金属发生氧化还原反应。例如，把烧红的木炭投入热的浓硫酸中会发生剧烈反应：

$$C + 2H_2SO_4(浓) \xrightarrow{\triangle} CO_2\uparrow + 2SO_2\uparrow + 2H_2O$$

在生产半导体器件的光刻工艺中，常用浓硫酸去胶，其原理是通过浓硫酸将光刻胶（对光敏感的高分子化合物）碳化，而后再除去碳。

硫酸具有广泛的用途，国际上往往用硫酸的年产量来衡量一个国家的化工生产能力。在化肥生产上，硫酸主要用来制造磷肥；利用硫酸的高沸点，可制取挥发性的酸，如氢氟酸等。硫酸还可用来制造各种药物、农药、染料和精炼石油等。

（4）硫酸根离子的检验

硫酸和可溶性硫酸盐溶液里都存在着 SO_4^{2-}。

> **【演示 8-21】** 在分别盛有 2mL 0.1mol·L^{-1} 的 H_2SO_4、Na_2SO_4 和 Na_2CO_3 溶液的试管中，各滴入 2 滴 $BaCl_2$ 溶液，观察现象。再在三个试管中分别加入少量盐酸，振荡后，观察现象。

从实验中可以看到，在 H_2SO_4、Na_2SO_4 和 Na_2CO_3 溶液中加入 $BaCl_2$ 溶液后，都产生了白色沉淀，其反应离子方程式是

$$Ba^{2+} + SO_4^{2-} \longrightarrow BaSO_4\downarrow（白色）$$
$$Ba^{2+} + CO_3^{2-} \longrightarrow BaCO_3\downarrow（白色）$$

加入盐酸后，白色 $BaSO_4$ 沉淀不消失，而白色 $BaCO_3$ 沉淀消失，并且有气体产生。$BaCO_3$ 和盐酸反应的离子方程式是

$$BaCO_3 + 2H^+ \longrightarrow Ba^{2+} + CO_2\uparrow + H_2O$$

因此，可以根据 $BaSO_4$ 既不溶于水又不溶于酸的性质，用含盐酸或稀硝酸的可溶性钡盐溶液来检验硫酸根离子的存在。

七、第七主族

元素周期表中第ⅦA族元素包括氟（F）、氯（Cl）、溴（Br）、碘（I）、砹（At）、鿬（Ts）

6种元素，总称为卤素（通常以 X 表示）。卤素希腊文为成盐元素的意思，因为这些元素是典型的非金属，它们能与典型的金属、碱金属化合生成典型的盐。卤素的主要性质列于表 8-12。

表 8-12 卤素的主要性质

元素	氟（F）	氯（Cl）	溴（Br）	碘（I）
原子序数	9	17	35	53
价层电子构型	$2s^2 2p^5$	$3s^2 3p^5$	$4s^2 4p^5$	$5s^2 5p^5$
氧化值	-1	$-1,+1,+3,+5,+7$	$-1,+1,+3,+5,+7$	$-1,+1,+3,+5,+7$
共价半径 r/pm	64	99	114	127
第一电离能 I_i/kJ·mol^{-1}	1681	1251	1140	1008
电子亲和能 Y/kJ·mol^{-1}	327.9	348.8	324.6	295.3
电负性	4.0	3.0	2.8	2.5
$\varphi^{\ominus}(X_2/X^-)$/V	2.87	1.36	1.07	0.54
熔点 t_m/℃	-220	-101	-7.3	113
沸点 t_b/℃	-188	-34.5	59	183
物态	气体	气体	液体	固体
颜色	淡黄绿色	黄绿色	红棕色	紫黑色

卤素原子的价层电子构型为 ns^2np^5，仅缺少 1 个电子就达到 8 电子的稳定结构。卤素的有效核电荷是同周期元素中最大的，原子半径则是最小的，因此，卤素单质的非金属性很强，表现出明显的氧化性。原子半径按 F—Cl—Br—I 顺序递增，得电子能力递减，氧化性依次减弱。从标准电极电势看，氟、氯是强氧化剂，溴、碘氧化性相对较弱。

卤素在化合物中最常见的氧化值是 -1。在形成卤素的含氧酸及其盐时，可以表现出正氧化值 $+1$、$+3$、$+5$ 和 $+7$。氟的电负性最大，不能出现正氧化值。

（一）卤素单质

1. 氟（F_2）

氟是淡黄绿色、有剧毒的气体，腐蚀性很强，在使用时应特别注意。

氟是最活泼的非金属，是很强的氧化剂，比氯更容易和氢、金属及多种非金属直接化合，而且反应十分剧烈，常会燃烧和爆炸。例如：氟与氢混合，即使在暗处也会发生爆炸反应，同时放出大量的热，生成氟化氢。氟化氢易溶于水，溶于水后得到氢氟酸。氢氟酸为无色、有刺激性无味的发烟液体，有剧毒，触及皮肤则溃烂，对细胞组织和骨骼有一定的侵蚀作用，使用时要戴橡皮手套、眼镜等。

2. 氯（Cl_2）

氯是黄绿色、有强烈刺激性气味的气体。氯气有毒，吸入少量的氯气会使鼻和喉头的黏膜受到强烈的刺激，引起胸部疼痛和咳嗽；吸入大量氯气会窒息。所以，在实验室闻氯气气味的时候，必须十分小心，应该用手轻轻地在瓶口扇动，使极少量的氯气飘进鼻孔。

氯气比空气重，易液化，常压下冷至 239K，可变为黄绿色油状液体，工业上称为液氯，贮于钢瓶中。

氯气能溶于水，常温下，1 体积水能溶解 2.5 体积的氯气。氯气的水溶液叫作氯水，饱和氯水呈淡黄绿色，具有氯气的刺激性气味。

3. 溴（Br_2）和碘（I_2）

自然界中90%以上的溴以NaBr、KBr和$MgBr_2$的形式存在于海水中。工业上通常先用H_2SO_4调节晒盐后的苦卤至pH为3.5左右，通入氯气置换出Br_2。此时的溴浓度很低，需利用歧化-逆歧化原理提高浓度：用空气将Br_2吹出，用Na_2CO_3溶液吸收富集，然后用H_2SO_4将其酸化，加热将Br_2蒸出。

碘部分来自自然界的碘酸钠（$NaIO_3$），碘也富集在某些海藻植物中，从海藻灰中提取碘，其制备原理和方法与提取溴相似。

溴和碘的用途不像氯那样广泛，但在精细化学品的生产中也多有应用。Br_2主要用于药物、染料、感光材料、汽车抗震添加剂、催泪剂的生产。I_2是制备碘化物的原料，医药上常用于制备镇痛剂和消毒剂。"碘酒"一般是含碘2%的酒精溶液。

（二）卤化氢和氢卤酸

1. 卤化氢

卤素与氢的化合物HF、HCl、HBr、HI合称卤化氢，以通式HX表示。卤化氢都是无色气体，具有刺激性气味。

卤化氢都是共价型分子，在固态时为分子晶体，熔点、沸点都很低，但随相对分子质量的增大，按HCl—HBr—HI顺序递增。若按分子偶极的大小，其取向力应依次递减。但同时，分子的变形性递增，其色散力依次增大。后者起了主要作用，故HX分子间的范德华力依次增大，致使其熔点、沸点递增（表8-13）。

表8-13 卤化氢的主要性质

卤化氢	HF	HCl	HBr	HI
相对分子质量	20.0	36.46	80.91	127.91
键长 Z/pm	91.8	127.4	140.8	160.8
生成热 $\Delta_f H_m^\ominus$/kJ·mol^{-1}	−271	−92.3	−36.4	26.5
键能 E/kJ·mol^{-1}	568.6	431.8	365.7	298.7
分子偶极矩 μ/10^{-30}C·m	6.4	3.61	2.65	1.27
熔点 m.p./℃	−83.1	−114.8	−88.5	−50.8
沸点 b.p./℃	−19.5	−84.9	−67	−35.4
饱和溶液质量分数 w/%	35.3	42	49	57

2. 氢卤酸

（1）酸性

氢卤酸（18℃，0.1mol·L^{-1}）的表观解离度见表8-14。

表8-14 卤化氢的解离度

HX	HF	HCl	HBr	HI
解离度/%	10	93	93	95

表8-14表明，除氢氟酸外，其余都是强酸。

(2) 还原性

氢卤酸还原性的强弱可由它们的电极电势值来衡量。所以在水溶液中,卤素阴离子还原能力的顺序依次是

$$F^-<Cl^-<Br^-<I^-$$

其中 F^- 的还原能力最弱,I^- 的还原能力最强。事实上,HF 不能被任何氧化剂所氧化;HCl 只为一些强氧化剂如 $KMnO_4$、PbO_2、$K_2Cr_2O_7$、MnO_2 等所氧化。

(3) 氢氟酸的特殊性

氢氟酸的酸性和还原性都很弱,但对人的皮肤、骨骼有强烈的腐蚀性。它与 SiO_2 或玻璃发生反应生成气态 SiF_4,因此不可用玻璃瓶盛装氢氟酸,甚至 NH_4F 溶液。氢氟酸是一元酸,但能形成形式上的酸式盐 $NaHF_2$ 或 KHF_2 等,这是因为 HF 解离出的 F^- 能与未解离的 HF 分子通过配位键结合为二氟氢离子 HF_2^-。氢氟酸是弱酸,但与 BF_3、AlF_3、SiF_4 等配合可生成相应的 HBF_4、$HAlF_4$、H_2SiF_6 后,酸性皆大大增强。

(三) 卤化物

卤化物指卤素与电负性较小的元素形成的化合物。几乎所有的金属和非金属都能形成卤化物,其范围广泛,性质各异,此处只概述其性质的规律性。

(1) 键型与熔、沸点

卤素与ⅠA、ⅡA 和ⅢB 族的绝大多数金属元素可形成离子型卤化物;卤素与非金属则形成共价型卤化物。其他金属的卤化物则属于过渡键型。

离子型卤化物一般都具有较高的熔点和沸点,熔融体或水溶液能导电。共价型卤化物的熔点、沸点较低,熔融后不导电,能溶于非极性溶剂。但是,这两种类型的卤化物并没有严格的界限。

同一金属不同氧化态的卤化物,以高氧化态的共价性较为显著,熔点、沸点比较低,挥发性也比较强(表 8-15)。

表 8-15 几种金属卤化物的熔点、沸点

卤化物	$SnCl_2$	$SnCl_4$	$PbCl_2$	$PbCl_4$	$SbCl_3$	$SbCl_5$
熔点 t_m/℃	246.8	−33	501	−15	73	3.5
沸点 t_b/℃	623	114.1	950	105	223.5	79

同一金属不同卤素的卤化物,由于卤素的电负性按 F—Cl—Br—I 的顺序依次减小,且变形性依次增大,所以键型由离子型过渡到共价型,晶体类型由离子晶体过渡到分子晶体,熔点、沸点也依次降低(见表 8-16)。

表 8-16 卤化铝的性质及结构

卤化铝	AlF_3	$AlCl_3$	$AlBr_3$	AlI_3
熔点 t_m/℃	1040	193(加压)	97.5	191
沸点 t_b/℃	1200	183(升华)	268	382
键型	离子型	过渡型	共价型	共价型
晶体类型	离子晶体	过渡型晶体	分子晶体	分子晶体

表 8-16 中,AlI_3 的熔点、沸点高于 $AlBr_3$,这是因为它们虽同属分子晶体,但 AlI_3 具

有较大的相对分子质量和体积，分子间的色散力较强。

（2）热稳定性

卤化物的热稳定性差别很大，一般来说，金属卤化物的热稳定性比非金属卤化物明显地高；比较同一元素的卤化物，它们的热稳定性按 F—Cl—Br—I 的顺序依次降低。例如，PF_5 稳定而难分解，PCl_5 热至 300℃可分解为 PCl_3 和 Cl_2，PBr_5 熔融时已开始分解，PI_5 尚未制得。

（3）溶解性和水解性

大多数金属氯化物易溶于水，常见的氯化物中仅氯化铅（$PbCl_2$）在水中溶解度很小，氯化亚汞（Hg_2Cl_2）、氯化亚铜（CuCl）、氯化银（AgCl）、氯化金（AuCl）和氯化铊（TlCl）等则微溶于水。除碱金属卤化物外，大多数金属卤化物在溶解于水的同时，都会发生不同程度的水解，金属离子的碱性越弱，其水解程度就越大。

非金属卤化物，除 CCl_4 和 SF_6 等少数难溶于水外，大多遇水即强烈水解，生成相应的含氧酸和氢卤酸。例如：

$$PCl_3 + 3H_2O \longrightarrow H_3PO_3 + 3HCl$$

$$SiCl_4 + 3H_2O \longrightarrow H_2SiO_3 + 4HCl$$

（4）配位性

卤素离子能与多数金属离子形成配合物，例如 $[AlF_6]^{3-}$、$[FeF_6]^{3-}$。它们多易溶于水，在化学中常用于难溶盐溶解和金属离子的掩蔽或检出。

（四）氯的含氧酸及其盐

氟以外的卤素能形成多种含氧酸及其盐，其中的卤素都呈正氧化态。表 8-17 是卤素的几种含氧酸，下面着重讨论氯的含氧酸及其盐。

表 8-17　卤素的含氧酸

名称	卤素氧化值	氯	溴	碘
次卤酸	+1	HClO	HBrO	HIO
亚卤酸	+3	$HClO_2$	$HBrO_2$	—
卤酸	+5	$HClO_3$	$HBrO_3$	HIO_3
高卤酸	+7	$HClO_4$	$HBrO_4$	H_5IO_6、HIO_4

在这些酸中，除了碘酸和高碘酸能得到比较稳定的固体结晶外，其余都不稳定，且大多只能存在于水溶液中。它们的盐则较稳定，并得到了普遍应用。

卤素含氧酸及其盐最突出的性质是氧化性。此外，歧化反应也是常见的。在讨论这些性质和变化规律时，元素电势图颇有实用意义，较大的电极电势表明卤素的含氧酸都是强氧化剂。

1. 次氯酸及其盐

将氯气通入水中即发生歧化反应：

$$Cl_2 + H_2O \rightleftharpoons HClO + HCl$$

在这一反应中，Cl_2 分子受 H_2O 分子极性的影响而引起极化，共用电子对发生偏移，并发生不对称分裂。结果一个 Cl 原子略带正电，它和水的 OH^- 结合成 HClO；另一个 Cl

原子略带负电,它与水的 H^+ 结合,但生成的 HCl 是强电解质,以离子形式存在。所生成的次氯酸(HClO)是一种弱酸($K_a^\ominus = 2.95 \times 10^{-3}$),且很不稳定,只能以稀溶液存在。

2. 亚氯酸及其盐

亚氯酸($HClO_2$)很不稳定,也只能在溶液中存在,尽管其酸性比 HClO 稍强,但并无多大实际用途。

亚氯酸盐比 $HClO_2$ 稳定得多。工业级 $NaClO_2$ 为白色结晶,热至 350℃ 仍不分解,但含有水分的 $NaClO_2$ 在 130～140℃ 就开始分解。亚氯酸盐也是一种高效漂白剂及氧化剂,与有机物混合能发生爆炸,应密闭保存在阴凉处。

3. 氯酸及其盐

氯酸($HClO_3$)是强酸,其强度与 HCl 和 HNO_3 接近。$HClO_3$ 虽比 HClO 或 $HClO_2$ 稳定,也只能在溶液中存在。当进行蒸发浓缩时,控制浓度不要超过 40%。若进一步浓缩,则会有爆炸危险。$HClO_3$ 也是一种强氧化剂,但氧化能力不如 $HClO_2$ 和 HClO。

$KClO_3$ 是最重要的氯酸盐,为无色透明结晶,它比 $HClO_3$ 稳定。$KClO_3$ 在碱性或中性溶液中氧化作用很弱,在酸性溶液中则为强氧化剂。

$KClO_3$ 在高温时是很强的氧化剂,还须指出,$KClO_3$ 的热稳定性虽然比较高,但与有机物或可燃物混合,受热特别是受到撞击极易发生燃烧或爆炸。在工业上 $KClO_3$ 用于制造火柴、烟火及炸药等。$KClO_3$ 有毒,内服 2～3g 就会致命。

4. 高氯酸及其盐

无水高氯酸($HClO_4$)为无色透明的发烟液体,是一种极强的氧化剂,木片、纸张与之接触即着火,遇有机物极易引起爆炸,并有极强的腐蚀性。储存和使用要格外小心!但 $HClO_4$ 的氧化性在冷的稀溶液中则很弱。

$HClO_4$ 与水能以任意比例混合,是无机酸中最强的酸。工业级含量在 60% 以上,试剂级含量为 70%～72%。$HClO_4$ 广泛用作分析试剂,还用于电镀、医药、人造金刚石的提纯等。

高氯酸盐多是无色晶体,它们的溶解度颇为特殊。例如 K^+、Rb^+、Cs^+ 的硫酸盐、硝酸盐等都是可溶的,而这些离子的高氯酸盐却难溶。基于此分析化学中用高氯酸定量测定 K^+、Rb^+、Cs^+。有些高氯酸盐有较强的水合作用,例如,无水 $Mg(ClO_4)_2$ 和 $Ba(ClO_4)_2$ 是优良的吸水剂和干燥剂。

高氯酸盐的水溶液几乎没有氧化性,但固体盐在高温下能分解出氧,有强氧化性。由于它产生的氧气多,固体残渣(KCl)又少,与燃烧剂混合,可制成威力较大的炸药。如果高氯酸盐中的阳离子具有较强的还原性(如 NH_4ClO_4),则极易发生爆炸,制备、贮存、运输和使用时均应非常小心。

含氯消毒剂

第二节 副族元素

一、过渡元素的通性

副族元素包括ⅠB～ⅦB族元素,即 d 区和 ds 区元素(见表 8-18)。它们位于周期表中部，处在主族金属元素（s区）和主族非金属元素（p区）之间，故称过渡元素。它们都是金属元素，也称过渡金属，大多在国民经济中具有重要意义。

表 8-18 过渡元素原子的性质

	元素	价层电子构型	原子半径 r [1]	第一电离能 /kJ·mol^{-1}	氧化值（正值）[2]
第一过渡系	钪(Sc)	$3d^1 4s^2$	161	631	③
	钛(Ti)	$3d^2 4s^2$	145	661	2,3,④
	钒(V)	$3d^3 4s^2$	132	648	2,3,4,⑤
	铬(Cr)	$3d^5 4s^1$	125	653	2,③,⑥
	锰(Mn)	$3d^5 4s^2$	124	716	②,3,④,6,⑦
	铁(Fe)	$3d^6 4s^2$	124	762	②,③,6
	钴(Co)	$3d^7 4s^2$	125	757	②,3
	镍(Ni)	$3d^8 4s^2$	125	736	②,3,4
	铜(Cu)	$3d^{10} 4s^1$	129	745	1,②
	锌(Zn)	$3d^{10} 4s^2$	133	908	②
第二过渡系	钇(Y)	$4d^1 5s^2$	181	636	③
	锆(Zr)	$4d^2 5s^2$	160	669	2,3,④
	铌(Nb)	$4d^4 5s^1$	143	653	2,3,4,⑤
	钼(Mo)	$4d^5 5s^1$	136	694	2,3,4,5,⑥
	锝(Tc)	$4d^5 5s^2$	136	694	2,3,4,5,6,⑦
	钌(Ru)	$4d^7 5s^1$	133	724	2,3,④,⑤,6,7,8
	铑(Rh)	$4d^8 5s^1$	135	745	1,2,③,4,6
	钯(Pd)	$4d^{10} 5s^0$	138	803	1,②,3,4
	银(Ag)	$4d^{10} 5s^1$	144	732	①,2,3
	镉(Cd)	$4d^{10} 5s^2$	149	866	②
第三过渡系	镥(Lu)	$5d^1 6s^2$	173	481	③
	铪(Hf)	$5d^2 6s^2$	156	531	2,3,④
	钽(Ta)	$5d^3 6s^2$	143	577	2,3,4,⑤
	钨(W)	$5d^4 6s^2$	137	770	2,3,4,5,⑥
	铼(Re)	$5d^5 6s^2$	137	762	2,3,4,5,6,⑦
	锇(Os)	$5d^6 6s^2$	134	841	1,2,3,④,5,6,7,⑧
	铱(Ir)	$5d^7 6s^2$	136	887	2,③,④,5,6
	铂(Pt)	$5d^9 6s^2$	138	866	②,④,5,6
	金(Au)	$5d^{10} 6s^1$	144	891	1,③
	汞(Hg)	$5d^{10} 6s^2$	160	1010	1,②

[1] 本表原子半径为金属半径。
[2] 圈码为较稳定的氧化值。

（一）原子的电子层结构和原子半径

过渡元素原子的价层电子构型为 $(n-1)d^{1\sim10}ns^{0\sim2}$。它们的共同特点是随着核电荷的增加，电子依次填充在次外层的 d 轨道上，它对核的屏蔽作用比外层电子大，致使有效核电荷增加不多。故同周期元素的原子半径从左到右只略有减小［ⅠB、ⅡB因 $(n-1)d$ 亚层填满而略有增大，表8-18］，不如电子填充在最外层的主族元素减小得那样明显。

就同族的过渡元素而言，其原子半径自上而下也增加不大。特别是由于"镧系收缩"的影响，第二和第三过渡系元素的原子半径十分接近。

（二）氧化值

过渡元素有多种氧化值。由于过渡元素外层的 s 电子与次外层 d 电子的能级相近，因此除 s 电子外，d 电子也能部分或全部作为价电子参与成键，形成多种氧化值。

从表8-18还能看出，不少过渡元素的氧化值呈连续变化。例如，Mn＋2、＋3、＋4、＋6、＋7 等。

而主族元素的氧化值通常是跳跃式的变化。例如，Sn、Pb 为＋2、＋4；Cl 为＋1、＋3、＋5、＋7 等。

大多数过渡元素的最高氧化值等于它们所在族数，这一点和主族元素相似。

（三）单质的物理性质

过渡金属的密度、硬度、熔点和沸点一般都比较高（ⅡB族元素除外）。例如，单质中密度最大的是第三过渡系中的锇、铱、铂，都在 $20g \cdot cm^{-3}$ 以上，其中锇是所有元素中密度最大的（$22.48g \cdot cm^{-3}$）。熔点最高的是钨（3370℃），硬度最大的是铬（9）。这种现象与过渡元素的原子半径较小，晶体中除 s 电子外还有 d 电子参与成键等因素有关。因此过渡金属具有许多优良而独特的物理性质。

钨

（四）单质的化学性质

过渡元素具有金属的一般化学性质，但彼此的活泼性差别较大。第一过渡系都是比较活泼的金属，它们的标准电极电势都是负值（Cu 除外），第二、三过渡系较不活泼。现将它们的化学活性分为五类列于表8-19。

表8-19 过渡元素单质的化学活性分类

化学活性分类	金属			可以作用的介质
	第一过渡系	第二过渡系	第三过渡系	
(1)很活泼金属	Sc	Y	Lu	H_2O
(2)活泼金属	V、Cu 除外	Cd	—	非氧化性酸
(3)不活泼金属	V、Cu	Mo、Tc、Pd、Ag	Re、Hg	HNO_3，浓硫酸
(4)极不活泼金属	—	Zr	Hf、Pt、Au	王水
(5)惰性金属		Nb	Ta、W	HNO_3＋HF
	—	Ru、Rh	Os、Ir	NaOH＋氧化剂

（五）水合离子的颜色

过渡元素的水合离子往往具有颜色（见表 8-20），其原因比较复杂。据研究，这种现象与许多过渡金属离子具有未成对的 d 电子有关。

其中 Cu^+、Ag^+、Zn^{2+}、Cd^{2+}、Hg^{2+} 等离子没有未成对的 d 电子，所以都是无色的。

表 8-20 过渡元素水合离子的颜色

未成对的 d 电子数	水合离子的颜色
0	Ag^+，Zn^{2+}，Cd^{2+}，Sc^{3+}，Ti^{4+} 等均无色
1	Cu^{2+}（天蓝色），Ti^{3+}（紫色）
2	Ni^{2+}（绿色），V^{3+}（绿色）
3	Cr^{3+}（蓝紫色），Co^{2+}（粉红色）
4	Fe^{2+}（浅绿色）
5	Mn^{2+}（极浅粉红色）

钛的用途和应用

（六）配位性

过渡元素易形成配合物。由于过渡元素的离子或原子具有 $(n-1)d\,ns\,np$ 或 $ns\,np\,nd$ 构型，就它们的离子而言，其中的 ns、np、nd 轨道是空的，$(n-1)d$ 轨道也是部分空或全空，这种构型具备了接受配体孤对电子并形成外轨或内轨配合物的条件。另外过渡元素的离子半径较小，并有较大的有效核电荷，故对配体有较强的吸引力。

除离子外，过渡元素的原子也有空的 np 轨道和部分 $(n-1)d$ 空轨道，同样能接受配体的孤对电子，而形成一些特殊的配合物。

二、铜副族元素

（一）铜副族元素的通性

铜副族即ⅠB族，包括铜、银、金，它们原子的价层电子构型为 $(n-1)d^{10}ns^1$，最外层与碱金属相似，只有1个电子，而次外层却有18个电子（碱金属为8个）。与同周期的ⅠA族元素相比，ⅠB族元素的有效核电荷大，原子半径小；对最外层 s 电子的吸引力强，电离能大，金属活泼性差。铜族元素都是不活泼的重金属，而碱金属都是活泼的轻金属。

铜族元素有 +1、+2、+3 三种氧化值，而碱金属只有一种氧化值。它们的 +1 氧化值的离子均无色。铜族高氧化值的离子，由于其外层有成单 d 电子，都有颜色，如 Cu^{2+} 为蓝色，Au^{3+} 为红黄色等。

铜族元素的化合物多为共价型，碱金属的二元化合物都是离子型。铜族元素易形成配合物，碱金属的配合物比较少见。

（二）铜副族元素的单质

自然界的铜、银主要以硫化矿存在，如辉铜矿、黄铜矿、孔雀石等；银有闪银矿。金主要以单质形式分散于岩石或砂砾中。

铜、银、金都有很好的延展性、导电性和传热性。金是金属中延展性最强的，例如 1g

纯金（绿豆粒大小）能抽成2km长的金丝，碾压成0.1μm的金箔。铜是宝贵的工业材料，它的导电能力虽然次于银，但比银便宜得多。目前世界上一半以上的铜用在电器、电机和电信工业上。铜的合金如黄铜（Cu-Zn）、青铜（Cu-Sn）等在精密仪器、航天工业方面都有广泛应用。

银的导电、传热性居于各种金属之首，用于高级计算器及精密电子仪表中。

铜是许多动物、植物体内必需的微量元素。铜和银的单质及可溶性化合物都有杀菌能力，银作为杀菌药剂更具有奇特功效。

（三）铜的化合物

铜通常有+1和+2两种氧化值的化合物。

氧化亚铜（Cu_2O）：Cu_2O为暗红色固体，有毒，不溶于水，对热稳定，但在潮湿空气中缓慢氧化成CuO。Cu_2O是制造玻璃和搪瓷的红色颜料。它具有半导体性质，曾用作整流器的材料。此外，还用作船舶底漆（可杀死低级海生动物）及农业上的杀虫剂。

氯化亚铜（CuCl）：CuCl是最重要的亚铜盐，它是有机合成的催化剂和还原剂；石油工业的脱硫剂和脱色剂；肥皂、脂肪等的凝聚剂。还用作杀虫剂和防腐剂。CuCl能吸收CO而生成CuCl·CO，故在分析化学上作为CO的吸收剂等。

氧化铜（CuO）：CuO为黑色粉末，难溶于水。它是偏碱性氧化物，溶于稀酸，由于配位作用，也溶于NH_4Cl或KCN等溶液。

氢氧化铜[$Cu(OH)_2$]：$Cu(OH)_2$为浅蓝色粉末，难溶于水。60～80℃时逐渐脱水而成CuO，颜色随之变暗。$Cu(OH)_2$稍有两性，易溶于酸，只溶于较浓的强碱，生成四羟基合铜（Ⅱ）配离子。$Cu(OH)_2$易溶于氨水，能生成深蓝色的四氨合铜（Ⅱ）配离子$[Cu(NH_3)_4]^{2+}$。

硫酸铜（$CuSO_4·5H_2O$）：$CuSO_4·5H_2O$为蓝色结晶，又名胆矾或蓝矾。在空气中慢慢风化，表面形成白色粉状物。加热至250℃左右失去全部结晶水而成为无水物。无水$CuSO_4$为白色粉末，极易吸水，吸水后又变成蓝色的水合物。故无水$CuSO_4$可用来检验有机物中的微量水分，也可用作干燥剂。

硫酸铜有多种用途，如作媒染剂、蓝色颜料、船舶油漆、电镀剂、杀菌及防腐剂。$CuSO_4$溶液有较强的杀菌能力，可防止水中藻类生长。它和石灰乳混合制得的"波尔多"液能消灭树木的害虫。$CuSO_4$和其他铜盐一样，有毒。

氯化铜（$CuCl_2·2H_2O$）：$CuCl_2·2H_2O$为绿色晶体，在湿空气中潮解，在干燥空气中也易风化。无水$CuCl_2$为棕黄色固体，$CuCl_2$不但易溶于水，还易溶于乙醇、丙酮等有机溶剂。$CuCl_2$的浓溶液通常为黄绿色或绿色，这是由于溶液中含有$[CuCl_4]^{2-}$和$[Cu(H_2O)_4]^{2+}$两种配离子。它的稀溶液则呈浅蓝色，此时水分子取代了$[CuCl_4]^{2-}$中的Cl^-，形成了$[Cu(H_2O)_4]^{2+}$。

碱式碳酸铜[$Cu(OH)_2·CuCO_3·xH_2O$]：碱式碳酸铜为孔雀绿色的无定形粉末。按$CuO:CO_2:H_2O$的比值不同而由种组成。铜生锈后的"铜绿"就是这类化合物。碱式碳酸铜是有机合成的催化剂、种子杀虫剂、饲料中铜的添加剂，也可用于颜料、烟火等。

（四）银的化合物

银通常形成氧化值为+1的化合物，在常见银的化合物中，只有$AgNO_3$易溶于水。银的化合物都有不同程度的感光性。例如 AgCl、AgNO₃、Ag₂SO₄、AgCN 等都是白色结晶，见光变成灰黑或黑色。AgBr、AgI、Ag₂CO₃ 等为黄色结晶，见光也变灰或变黑。故银盐一般都用棕色瓶盛装，瓶外裹上黑纸则更好。

银和许多配体易形成配合物。常见的配体有 NH_3、CN^-、SCN^-、$S_2O_3^{2-}$ 等，这些配合物可溶于水，因此难溶的银盐（包括 Ag_2O）可与上述配体作用而溶解。

硝酸银（$AgNO_3$）：是最重要的可溶性银盐，这不仅因为它在感光材料、制镜、保温瓶、电镀、医药、电子等工业中用途广泛，还因为它容易制得，且是制备其他银化合物的原料。

金子是怎么炼成的？

氧化银（Ag_2O）：在 $AgNO_3$ 溶液中加入 NaOH，首先析出极不稳定的白色 AgOH 沉淀，AgOH 立即脱水转为棕黑色的 Ag_2O。Ag_2O 具有较强的氧化性，与有机物摩擦可引起燃烧，能氧化 CO、H_2O_2，本身被还原为单质银。

氯化银（AgCl）：由 $AgNO_3$ 和盐酸（或其他可溶性氯化物）反应制得。银是贵金属，合成时通常让 Cl^- 过量，使 AgCl 尽量沉淀完全。但需注意，AgCl 会溶解在过量的 Cl^- 中，这是由于发生了下面的配位作用：

$$AgCl(s) + Cl^- \longrightarrow [AgCl_2]^-$$

三、锌副族元素

（一）锌副族元素的通性

ⅡB 族包括锌（Zn）、镉（Cd）、汞（Hg）三种元素，称为锌副族。它们的价层电子构型为 $(n-1)d^{10}ns^2$，其外层也只有 2 个电子，与ⅡA 族碱土金属相似，但因其次外层的电子排布不同，表现出的金属活泼性相差甚远。不过 Zn、Cd、Hg 的活泼性要比ⅠB 族 Cu、Ag、Au 强得多。

锌族元素在自然界主要以硫化物形式存在（即亲硫元素），如闪锌矿（ZnS）、辰砂（HgS）等，镉通常与锌共生。

Zn、Cd、Hg 都是银白色金属，Zn 略带蓝色。它们的熔、沸点都比较低，Hg 是常温下唯一的液态金属，它们与周期表 p 区元素中的 Sn、Pb、Sb、Bi 等合称低熔点金属。

（二）锌副族元素的单质

锌是活泼金属，能与许多非金属直接化合。它易溶于酸，也能溶于碱，是一种典型的两性金属。新制得的锌粉能与水作用，反应相当激烈，甚至能自燃。锌在潮湿空气中会被氧化并在表面形成一层致密的碱式碳酸锌薄膜，像铝一样，也能保护内层不再被氧化。常说的"铅丝""铅管"，实际上都是镀锌的铁丝和铁管。

镉的活泼性比锌差，镀镉材料比镀锌材料更耐腐蚀和耐高温，故镉也是常用的电镀材料。镉的金属粉末常被用来制作镉银蓄电池，它具有体积小、质量轻、寿命长等优点。

汞有史以来就为人们所熟悉和利用。它的流动性好，不润湿玻璃，并且在 0~200℃体积膨胀系数十分均匀，适于制造温度计及其他控制仪表。汞的密度（13.6g·cm⁻³）是常温下液体中最大的，常用于血压计、气压表及真空封口。此外，利用液态汞的导电性，汞可用于电化学分析仪器、自动控制电路等。

汞能溶解许多金属，形成液态或固态合金，叫作汞齐。汞齐在化工和冶金中都有重要用途。例如，钠汞齐与水反应，缓慢放出氢气，是有机合成的还原剂。

（三）锌的化合物

锌的化合物很多，主要形成氧化值为+2的化合物。多数锌盐带有结晶水，形成配合物的倾向也很大。

氧化锌（ZnO）：ZnO 为白色粉末，不溶于水，是两性氧化物，既溶于酸，又溶于碱。商品氧化锌又称锌氧粉或锌白，是优良的白色颜料，也是橡胶制品的增强剂。ZnO 无毒，具有收敛性和一定的杀菌能力，故大量用于医用橡皮软膏。ZnO 又是制备各种锌化合物的基本原料。

氢氧化锌 $[Zn(OH)_2]$：$Zn(OH)_2$ 为白色粉末，不溶于水。具有明显的两性，与 $Al(OH)_3$ 相似，在酸性溶液中，平衡向左移动，当溶液酸度足够大时，得到锌盐；在碱性溶液中，平衡向右移动，当碱度足够大时，得到锌酸盐。

氯化锌（$ZnCl_2$）：白色粒状晶体，极易吸潮。可由金属锌和氯气直接合成（或与盐酸作用）。

$$Zn + Cl_2 \longrightarrow ZnCl_2$$

无水 $ZnCl_2$ 的吸水性很强，在有机合成中常用作脱水剂，也可作催化剂。

由于 $ZnCl_2$ 浓溶液能形成配位酸，因而有显著的酸性。

$$ZnCl_2 + H_2O \Longleftrightarrow H[ZnCl_2(OH)]$$

该配位酸能溶解金属氧化物，例如

$$2H[ZnCl_2(OH)] + FeO \longrightarrow Fe[ZnCl_2(OH)]_2 + H_2O$$

所以 $ZnCl_2$ 可用作焊药，清除金属表面的氧化物，便于焊接。

硫酸锌（$ZnSO_4 \cdot 7H_2O$）：俗称皓矾，大量用于制备锌钢白（商品名"立德粉"），它由 $ZnSO_4$ 和 BaS 经复分解而得。实际上锌钢白是 ZnS 和 $BaSO_4$ 的混合物：

$$Zn^{2+} + SO_4^{2-} + Ba^{2+} + S^{2-} \longrightarrow ZnS \cdot BaSO_4 \downarrow$$

这种白色颜料遮盖力强，而且无毒，所以大量用于油漆工业。$ZnSO_4$ 还广泛用作木材防腐剂和媒染剂。

（四）镉的化合物

镉能与氧、硫、卤素等非金属直接化合形成氧化值为+2的化合物。镉与酸作用，只能顺利地溶于 HNO_3，而在 HCl 和 H_2SO_4 中则反应缓慢，工业生产中需辅以其他氧化剂，如 H_2O_2：

$$Cd + 2HCl + H_2O_2 \longrightarrow CdCl_2 + 2H_2O$$
$$Cd + H_2SO_4 + H_2O_2 \longrightarrow CdSO_4 + 2H_2O$$

在 Cd^{2+} 盐中加入 Na_2CO_3 得 $CdCO_3$：

$$Cd^{2+} + CO_3^{2-} \longrightarrow CdCO_3 \downarrow$$

$CdCO_3$ 受热分解可制得 CdO，CdO 为棕色粉末，用作催化剂、陶瓷釉彩。

在 Cd^{2+} 盐溶液中通入 H_2S 得 CdS：

$$Cd^{2+} + H_2S \longrightarrow CdS \downarrow + 2H^+$$

CdS 为黄色，俗称镉黄，用作颜料。纯品是制备荧光物质的重要基质。

Cd^{2+} 转化为沉淀的反应：
$$Cd^{2+} + 2OH^- \longrightarrow Cd(OH)_2 \downarrow$$

（五）汞的化合物

汞和锌、镉不同，有氧化值为 +1 和 +2 两类化合物，Hg（Ⅰ）的化合物通常称为亚汞化合物，如氯化亚汞（Hg_2Cl_2）、硝酸亚汞 $Hg_2(NO_3)_2$ 等。经 X 射线衍射实验证实，Hg_2Cl_2 的分子结构是 Cl—Hg—Hg-Cl，故分子式不是 HgCl 而是 Hg_2Cl_2，亚汞离子不是 Hg^+ 而是 Hg_2^{2+}。

根据制备方法和条件不同，氧化汞有两种不同颜色的变体。一种是黄色氧化汞，密度为 11.03 g·cm^{-3}；另一种是红色氧化汞，密度为 11.00～11.29 g·cm^{-3}。前者受热即变成红色，二者的晶体结构相同，只是晶粒大小不同，黄色细小。它们都不溶于水。有毒！500 ℃ 时分解为金属汞和氧气。

黄色氧化汞（HgO）可由湿法制得，即反应在溶液中进行。在 $HgCl_2$ 或 $Hg(NO_3)_2$ 溶液中加入 NaOH 即得黄色 HgO。

红色氧化汞（HgO）可由干法制得。通常由 $Hg(NO_3)_2$ 加热分解。操作时必须严格控制温度，否则氧化汞会进一步分解成金属汞。

无论黄色还是红色的 HgO，都不溶于碱（即使是浓碱）。

HgO 可用作医药制剂、分析试剂、陶瓷颜料等。黄色 HgO 的反应性能较好，需要量较大，由它能制得多种其他汞盐。

氯化汞（$HgCl_2$）：又称升汞，白色（略带灰色）针状结晶或颗粒粉末。熔点低（280 ℃），易汽化。内服 0.2～0.4 g 就能致命。但少量使用，有消毒作用。例如 1∶1000 的稀溶液可用于消毒外科手术器械。

$HgCl_2$ 为共价化合物，氯原子和汞原子以共价键结合成直线形分子 Cl—Hg—Cl。它稍溶于水，但在水中的解离度很小，因此 $HgCl_2$ 有假盐之称。它在水中稍有水解，与氨水作用，产生氨基氯化汞白色沉淀。

$$HgCl_2 + 2NH_3 \longrightarrow Hg(NH_2)Cl \downarrow + NH_4^+ + Cl^-$$
（白色）

但在含有过量 NH_4Cl 的氨水中，$HgCl_2$ 也可与 NH_3 形成配合物。

$HgCl_2$ 在酸性溶液中是较强的氧化剂。当与适量 $SnCl_2$ 作用时，生成白色丝状的 Hg_2Cl_2；$SnCl_2$ 过量时，Hg_2Cl_2 会进一步被还原为金属汞，沉淀变黑：

$$2HgCl_2 + Sn^{2+} + 4Cl^- \longrightarrow Hg_2Cl_2 \downarrow + [SnCl_6]^{2-}$$
（白色）

$$Hg_2Cl_2 + Sn^{2+} + 4Cl^- \longrightarrow 2Hg \downarrow + [SnCl_6]^{2-}$$
（黑色）

分析化学常用上述反应鉴定 Hg^{2+} 或 Sn^{2+}。

$HgCl_2$ 的需要量较大，主要用作有机合成的催化剂（如氯乙烯的合成），其他如干电池、染料、农药等中也有应用。医药上用它作防腐、杀菌剂。

氯化亚汞（Hg_2Cl_2）：又称甘汞，是微溶于水的白色粉末，无毒，味略甜。

Hg_2Cl_2 可由固体 $HgCl_2$ 和金属汞研磨而得（逆歧化反应）：

$$HgCl_2 + Hg \longrightarrow Hg_2Cl_2$$

Hg_2Cl_2 不如 $HgCl_2$ 稳定，见光易分解（上式的逆过程），故应保存在棕色瓶中。

Hg_2Cl_2 与氨水反应可生成氨基氯化汞和汞：

$$Hg_2Cl_2 + 2NH_3 \longrightarrow Hg(NH_2)Cl\downarrow + Hg\downarrow + NH_4Cl$$

白色的氨基氯化汞和黑色的金属汞微粒混在一起，使沉淀呈黑灰色。这个反应可用来鉴定 Hg_2^{2+} 的存在。但在 NH_4^+ 存在下，Hg_2Cl_2 与氨水作用可得 $[Hg(NH_3)_4]^{2+}$ 和 Hg。

Hg_2Cl_2 在医药上曾用作轻泻剂。常用于制作甘汞电极。

四、铬及其化合物

铬是周期表ⅥB族第一种元素，主要矿物是铬铁矿（$FeO \cdot Cr_2O_3$）。炼合金钢用的铬常由铬铁提供。

铬具有银白色光泽，是最硬的金属，主要用于电镀和冶炼合金钢。在汽车、自行车和精密仪器等器件表面镀铬，可使器件表面光亮、耐磨、耐腐蚀。把铬加入钢中，能增强耐磨性、耐热性和耐腐蚀性，还能增强钢的硬度和弹性，故铬可用于冶炼多种合金钢。含 Cr 在 12% 以上的钢称为不锈钢，是广泛使用的金属材料。

铬是人体必需的微量元素，但铬（Ⅵ）化合物有毒。

铬与铝相似，也因易在表面形成一层氧化膜而钝化。未钝化的铬可与 HCl、H_2SO_4 等作用，甚至可以从锡、银、铜的盐溶液中将它们置换出来；有钝化膜的铬在冷的 HNO_3、浓 H_2SO_4，甚至王水中皆不溶解。

铬原子的价层电子构型是 $3d^54s^1$，能形成多种氧化值的化合物，其中以氧化值 +3、+6 两类化合物最为常见和重要。

（一）铬的氧化物和氢氧化物

铬的氧化物有 CrO、Cr_2O_3 和 CrO_3，对应水合物为 $Cr(OH)_2$、$Cr(OH)_3$ 和含氧酸 H_2CrO_4、$H_2Cr_2O_7$ 等。它们的氧化态从低到高，其碱性依次减弱，酸性依次增强。

三氧化二铬（Cr_2O_3）：Cr_2O_3 为绿色晶体，不溶于水，具有两性，溶于酸形成 Cr(Ⅲ) 盐，溶于强碱形成亚铬酸盐（CrO_2^-）。

$$Cr_2O_3 + 3H_2SO_4 \longrightarrow Cr_2(SO_4)_3 + 3H_2O$$
$$Cr_2O_3 + 2NaOH \longrightarrow 2NaCrO_2 + H_2O$$

Cr_2O_3 常用作媒染剂、有机合成的催化剂以及油漆的颜料（铬绿），也是冶炼金属铬和制取铬盐的原料。

氢氧化铬 $Cr(OH)_3$：在铬（Ⅲ）盐中加入氨水或 NaOH 溶液，即有灰蓝色的 $Cr(OH)_3$ 胶状沉淀析出。

$$Cr_2(SO_4)_3 + 6NaOH \longrightarrow 2Cr(OH)_3\downarrow + 3Na_2SO_4$$

$Cr(OH)_3$ 具有明显的两性，在溶液中存在两种平衡：

$$Cr^{3+} + 3OH^- \rightleftharpoons Cr(OH)_3 \rightleftharpoons H^+ + Cr(OH)_4^- \text{（或写成 } CrO_2^-\text{）}$$
　　（紫色）　　　　　（灰蓝色）　　　　　（绿色）

向 $Cr(OH)_3$ 沉淀中加酸或加碱都会溶解：

$$Cr(OH)_3 + 3HCl \longrightarrow CrCl_3 + 3H_2O$$
$$Cr(OH)_3 + NaOH \longrightarrow NaCr(OH)_4 \text{（或 } NaCrO_2\text{）}$$

三氧化铬（CrO_3）：为暗红色的针状晶体，易潮解，有毒，超过熔点（195℃）即分解释出 O_2。CrO_3 为强氧化剂，遇有机物易引起燃烧或爆炸。

CrO_3 溶于碱生成铬酸盐：

$$CrO_3 + 2NaOH \longrightarrow Na_2CrO_4 + H_2O$$

因此，CrO_3 被称为铬（Ⅲ）酸的酐，简称铬酐。它遇水能形成铬（Ⅵ）的两种酸：H_2CrO_4 和其二聚体 $H_2Cr_2O_7$。

（二）铬（Ⅲ）盐

常见的铬（Ⅲ）盐有三氯化铬（$CrCl_3 \cdot 6H_2O$，绿色或紫色）、硫酸铬 [$Cr_2(SO_4)_3 \cdot 18H_2O$，紫色] 以及铬钾矾 [$KCr(SO_4)_2 \cdot 12H_2O$，蓝紫色]。它们都易溶于水，水合离子 $[Cr(H_2O)_6]^{3+}$ 不仅存在于溶液中，也存在于上述化合物的晶体中。

Cr^{3+} 除了与 H_2O 形成配合物外，与 Cl^-、CN^-、SCN^-、$C_2O_4^{2-}$ 等都能形成配合物，例如，$[CrCl_6]^{3-}$、$[Cr(NH_3)_6]^{3+}$、$[Cr(CN)_6]^{3-}$ 等，配位数一般为6。

三氯化铬（$CrCl_3 \cdot 6H_2O$）：三氯化铬是常见的 Cr(Ⅲ) 盐，为暗绿色晶体，易潮解，在工业上用作催化剂、媒染剂和防腐剂等。制备时，在铬酐（CrO_3）的水溶液中慢慢加入浓 HCl 进行还原，当有氯气味时说明反应已经开始：

$$2CrO_3 + H_2O \longrightarrow H_2Cr_2O_7$$

$$H_2Cr_2O_7 + 12HCl \longrightarrow 2CrCl_3 + 3Cl_2 \uparrow + 7H_2O$$

由于 $\varphi^{\ominus}$ 值相近，上述氧化还原反应不容易进行彻底，需加入乙醇或蔗糖等有机物促进反应进行。铬酸为强氧化剂，能引起有机物剧烈分解甚至着火，故需注意安全。

顺便指出，这里的 Cl^- 和 H_2O 都是 Cr^{3+} 的配体，根据结晶的条件（溶剂和结晶温度等）不同，Cl^- 和 H_2O 两种配体分布在配离子内界和外界的数目也不同，从而得到颜色各异的不同变体：

$[Cr(H_2O)_4Cl_2]Cl$　　　　$[Cr(H_2O)_5Cl]Cl_2 \cdot H_2O$　　　　$[Cr(H_2O)_6]Cl_3$
　暗绿色　　　　　　　　　　　　淡绿色　　　　　　　　　　　　　紫色

（三）铬酸盐和重铬酸盐

与铬酸、重铬酸对应的是铬酸盐和重铬酸盐，它们的钠、钾、铁盐都是可溶的，其颜色与其酸根一致。

氧化性：Cr(Ⅵ) 盐只有在酸性时，或者说以 $Cr_2O_7^{2-}$ 的形式存在时，才表现出强氧化性。所以，当以 Cr(Ⅵ) 为氧化剂时，需选用重铬酸盐，即要使反应在酸性溶液中进行。

溶解度：重铬酸盐大多易溶于水，而铬酸盐中除 K^+、Na^+、NH_4^+ 盐外，一般都难溶于水。当向重铬酸盐溶液中加入可溶性 Ba^{2+}、Pb^{2+} 或 Ag^+ 盐时，将促使 $Cr_2O_7^{2-}$ 朝 CrO_4^{2-} 方向转化，而生成相应的铬酸盐沉淀。

铬酸钠（Na_2CrO_4）和铬酸钾（K_2CrO_4）都是黄色结晶，前者和许多钠盐相似，容易潮解。这两种铬酸盐的水溶液都显碱性。

重铬酸钠（$Na_2Cr_2O_7$）和重铬酸钾（$K_2Cr_2O_7$）都是橙红色晶体，前者易潮解，它们的水溶液都显酸性。$Na_2Cr_2O_7$ 和 $K_2Cr_2O_7$ 的商品名分别为红矾钠和红矾钾，都是强氧化剂，在鞣革、电镀等工业中广泛应用。由于 $K_2Cr_2O_7$ 无吸潮性，又易用重结晶法提纯，故可用它作分析化学中的基准试剂（标定其他试剂的含量）。但是 $Na_2Cr_2O_7$ 比较便宜，溶解度也比较大（常温下，饱和溶液含 $Na_2Cr_2O_7$ 在 65% 以上，$K_2Cr_2O_7$ 仅 10%）。若工业上用重铬酸盐量较大，要求纯度不高时，宜选用 $Na_2Cr_2O_7$。

$Cr_2O_7^{2-}$ 与 H_2O_2 的特征反应可用于 Cr(Ⅵ) 或 H_2O_2 的鉴别：

$$Cr_2O_7^{2-} + 4H_2O_2 + 2H^+ \xrightarrow{乙醚} 2CrO_5 + 5H_2O$$

CrO_5 被称为过氧化铬，在室温下不稳定，需加入乙醚稳定之，它在乙醚中呈蓝色，该蓝色化合物的化学式实际为 $CrO(O_2)_2 \cdot (C_2H_5)_2O$，微热或放置稍久即分解为 Cr^{3+} 和 O_2。

五、锰及其化合物

（一）金属锰

锰是周期表ⅦB族第一种元素，在地壳中的丰度居第 14 位，它主要以氧化物形式存在，如软锰矿（$MnO_2 \cdot xH_2O$）。

锰是灰色似铁的金属，表面容易生锈而变暗黑。纯锰用途不大，却是制造合金的重要材料。高锰钢既坚硬、又强韧，是轧制铁轨和架设桥梁的优良材料。锰钢制造的自行车，质量轻、强度大，深受欢迎。

Mn 与 Al、Fe 制成的合金钢是一种很有前途的超低温合金钢，其强度、韧性都十分优异，可用于沸点分别为 -163℃ 和 -195℃ 的液化天然气、液氮的储存和运送。

锰也是人体必需的微量元素，在心脏及神经系统中，起着举足轻重的作用。

锰属于活泼金属，在空气中锰表面生成的氧化物膜，可以保护金属内部不受侵蚀。粉末状的锰能彻底被氧化，有时甚至能起火，并生成 Mn_3O_4（$MnO \cdot Mn_2O_3$ 的混合氧化物，类似于 Fe_3O_4）。

锰原子的价层电子构型是 $3d^54s^2$，最高氧化值为 +7，还有 +6、+4、+3、+2 等，其中以 +2、+4、+7 三种氧化值的化合物最为重要。

锰的氧化物和氢氧化物的酸碱性：锰的氧化物以及对应的水合物，随着锰的氧化值的升高和离子半径的减小，碱性逐渐减弱，酸性逐渐增强。

← 碱性逐渐增强

MnO	Mn_2O_3	MnO_2	MnO_3	Mn_2O_7
（绿色）	（棕色）	（黑色）		（暗红色油状）
$Mn(OH)_2$	$Mn(OH)_3$	$Mn(OH)_4$	H_2MnO_4	$HMnO_4$
（白色）	（棕色）	（棕黑色）	（绿色）	（紫红色）

酸性逐渐增强 →

锰化合物的氧化还原性：具有多种氧化态的锰，在一定条件下可以相互转变。因此，氧化还原性也是锰化合物的特征性质。

（二）锰的化合物

锰（Mn）化合物有氧化锰（MnO）或称氧化亚锰、氢氧化锰及 Mn(Ⅱ) 盐，其中以 Mn(Ⅱ) 盐最为常见，如 $MnCl_2$、$MnSO_4$、$Mn(NO_3)_2$、$MnCO_3$、MnS 等。Mn^{2+} 的价层

电子构型为 $3d^5$，属于 d 能级半充满的稳定状态，故这类化合物是相当稳定的。但是 Mn(Ⅱ) 的稳定性还与介质的酸碱性有关系。

与锰的其他氧化态相比，Mn^{2+} 在酸性溶液中最稳定，它既不易被氧化，也不易被还原。欲使 Mn^{2+} 氧化，必须选用强氧化剂，如 $NaBiO_3$、PbO_2、$(NH_4)_2S_2O_8$ 等。例如：

$$2Mn^{2+} + 5NaBiO_3 + 14H^+ \longrightarrow 2MnO_4^- + 5Bi^{3+} + 5Na^+ + 7H_2O$$

反应产物 MnO_4^- 即使在很稀的溶液中，也能显出它特征的红色。因此，上述反应可用来鉴定溶液中 Mn^{2+} 的存在。

在 Mn(Ⅱ) 盐溶液中加入 NaOH 或氨水，都能生成白色 $Mn(OH)_2$ 沉淀：

$$Mn^{2+} + 2OH^- \longrightarrow Mn(OH)_2$$

$$Mn^{2+} + 2NH_3 \cdot H_2O \longrightarrow Mn(OH)_2 \downarrow + 2NH_4^+$$

从锰的元素电势图可知，在碱性介质中，Mn(Ⅱ) 极易被氧化，故 $Mn(OH)_2$ 不能稳定存在，甚至溶解在水中的少量氧也能使它氧化 $[\varphi^\ominus(O_2/OH^-) = 0.401V]$，沉淀很快由白色变成褐色的水合二氧化锰：

$$2Mn(OH)_2 + O_2 \longrightarrow 2MnO(OH)_2$$

这个反应在水质分析中用于测定水中的溶解氧。反应原理是在经吸氧后的 $MnO(OH)_2$ 中加入适量 H_2SO_4 使其酸化后，和过量的 KI 溶液作用，I^- 被氧化而析出 I_2，再用标准 $Na_2S_2O_3$ 溶液滴定 I_2，经换算就可得知水中的氧含量。

高锰酸钾

高锰酸钾 $KMnO_4$：$KMnO_4$ 用途广泛，是常用的化学试剂。在医药上用作消毒剂。0.1% 的稀溶液常用于水果和茶杯的消毒，5% 溶液可治烫伤，还用作油脂及蜡的漂白剂。

$KMnO_4$ 是常用的强氧化剂。它的热稳定性较差，热至 200℃ 以上就能分解并放出 O_2：

$$2KMnO_4 \longrightarrow K_2MnO_4 + MnO_2 + O_2 \uparrow$$

$KMnO_4$ 与有机物或易燃物混合，易发生燃烧或爆炸。它无论在酸性、中性还是碱性溶液中都能发挥氧化作用，即使稀溶液也有强氧化性，这是其他氧化剂少有的特点。随着介质酸碱性不同，其还原产物有以下三种。

① 在酸性溶液中，MnO_4^- 被还原成 Mn^{2+}。

例如：

$$2MnO_4^- + 5SO_3^{2-} + 6H^+ \longrightarrow 2Mn^{2+} + 5SO_4^{2-} + 3H_2O$$

$$MnO_4^- + 5Fe^{2+} + 8H^+ \longrightarrow Mn^{2+} + 5Fe^{3+} + 4H_2O$$

如果 MnO_4^- 过量，将进一步和它自身的还原产物 Mn^{2+} 发生逆歧化反应而出现 MnO_2 沉淀，紫红色随即消失：

$$2MnO_4^- + 3Mn^{2+} + 2H_2O \longrightarrow 5MnO_2 \downarrow + 4H^+$$

② 在中性或弱碱性溶液中，被还原成 MnO_2。

例如：

$$2MnO_4^- + 3SO_3^{2-} + H_2O \longrightarrow 2MnO_2 + 3SO_4^{2-} + 2OH^-$$

③ 在强碱性溶液中，被还原成锰酸根。

例如：

$$2MnO_4^- + SO_3^{2-} + 2OH^- \longrightarrow 2MnO_4^{2-} + SO_4^{2-} + H_2O$$

如果 MnO_4^- 的量不足，还原剂过剩，则生成物中的 MnO_4^{2-} 会继续氧化 SO_3^{2-}，其还原产物为 MnO_2：

$$MnO_4^{2-} + SO_3^{2-} + 2OH^- \longrightarrow MnO_2\downarrow + SO_4^{2-} + 2OH^-$$

六、铁系元素

（一）铁、钴、镍的单质

铁（Fe）、钴（Co）、镍（Ni）位于周期表ⅧB族，性质相似，合称为铁系元素。它们都是具有光泽白色金属，铁、钴略带灰色，镍为银白色。铁、镍有很好的延展性，而钴则较硬而脆。这三种金属按 Fe—Co—Ni 顺序，原子半径逐渐减小，密度依次增大，熔点和沸点都比较接近。它们都有强磁性，形成的许多合金都是优良的磁性材料。

铁矿主要有磁铁矿（Fe_3O_4）、赤铁矿（Fe_2O_3）、褐铁矿（$Fe_2O_3 \cdot H_2O$）等。铁有生铁、熟铁之分，生铁含碳量在 1.7%～4.5%，熟铁含碳量在 0.1% 以下，而钢的含碳量介于二者之间。

钢铁的耐腐蚀性差，在钢中加入 Cr、Ni、Mn、Ti 等制成的合金钢、不锈钢，大大改善了普通钢的性质。Ni 含量不同的各种钢有耐高温、耐低温、耐腐蚀等多种优良性能，因而有着广泛应用，特别是枪炮用钢。Ni-Ti 系合金是很好的形状记忆合金，用在卫星天线、热致机械和医疗等方面。刀具黏结通常使用金属钴，Co-Cr 合金还因有较宽频率的吸收特性而成为隐形材料。

Fe、Co、Ni 属于中等活泼金属，在高温下能和 O、S、Cl 等非金属作用。Fe 溶于 HCl、稀 H_2SO_4 和 HNO_3，但冷而浓的 H_2SO_4、HNO_3 会使其钝化。Co、Ni 在 HCl 和稀 H_2SO_4 中的溶解比 Fe 缓慢。和铁一样，钴和镍遇冷 HNO_3 也会钝化。浓碱能缓慢侵蚀铁，而钴、镍在浓碱中比较稳定，银质容器可盛熔融碱。

铁系元素原子的价层电子构型为 $3d^{6\sim 8}4s^2$，可以失去电子呈现 +2、+3 氧化值。其中，Fe^{3+} 比 Fe^{2+} 稳定，Co^{2+} 比 Co^{3+} 稳定，而 Ni 通常显示 +2 氧化值，这与它们原子的半径大小和电子构型有关。

（二）铁系元素的氧化物和氢氧化物

1. 氧化物

铁系元素可形成如下的氧化物，它们的颜色各异：

FeO	CoO	NiO
（黑色）	（灰绿色）	（暗绿色）
Fe_2O_3	Co_2O_3	Ni_2O_3
（砖红色）	（黑褐色）	（黑色）

低氧化态氧化物具有碱性，溶于强酸而不溶于碱。Fe_2O_3 是难溶于水的两性氧化物，但以碱性为主。当它与酸作用时，生成 Fe(Ⅲ) 盐。例如：

$$Fe_2O_3 + 6HCl \longrightarrow 2FeCl_3 + 3H_2O$$

Fe_2O_3 与 NaOH、Na_2CO_3 等碱性物质共熔，即生成铁（Ⅲ）酸盐。例如：

$$Fe_2O_3 + Na_2CO_3 \longrightarrow 2NaFeO_2 + CO_2\uparrow$$

Co_2O_3 及 Ni_2O_3 也是难溶于水的两性偏碱氧化物，它们与 MnO_2 相似，有强氧化性，与酸作用时，得不到 Co(Ⅲ) 和 Ni(Ⅲ) 盐，而是得到 Co(Ⅱ) 和 Ni(Ⅱ) 盐。例如：

$$Co_2O_3 + 6HCl \longrightarrow 2CoCl_2 + Cl_2 \uparrow + 3H_2O$$

$$2Ni_2O_3 + 4H_2SO_4 \longrightarrow 4NiSO_4 + O_2 \uparrow + 4H_2O$$

Fe_2O_3 俗称铁红,可作红色颜料、抛光粉和磁性材料。Fe_3O_4($FeO \cdot Fe_2O_3$) 的纳米材料,因其优异的磁性能和较宽频率范围的强吸收性,而成为磁记录材料和战略轰炸机、导弹的隐形材料。FeO、NiO、CoO 的纳米材料具有良好的热、电性能,可制成多种温度传感器。

2. 氢氧化物

铁系元素氢氧化物的氧化还原性呈规律性变化:

← 还原性递增

$Fe(OH)_2$	$Co(OH)_2$	$Ni(OH)_2$
(白色)	(粉红)	(苹果绿)
$Fe(OH)_3$	$Co(OH)_3$	$Ni(OH)_3$
(棕红色)	(棕黑色)	(黑色)

氧化性递增 →

向 Fe^{2+}、Co^{2+}、Ni^{2+} 的溶液中加入碱都能生成相应的 $M(OH)_2$ 沉淀。但是,由于 $Fe(OH)_2$ 的还原性很强,反应之初甚至看不到 $Fe(OH)_2$ 的白色,而先是灰绿色并逐渐被空气中的 O_2 氧化为棕红色的 $Fe(OH)_3$,只有在反应前先赶尽 Fe^{2+} 溶液和 NaOH 溶液中的 O_2,才可能得到白色的 $Fe(OH)_2$。粉红色的 $Co(OH)_2$ 也可以被空气氧化为棕黑色的 $Co(OH)_3$,但因 $Co(OH)_2$ 还原性较弱,反应较慢。$Ni(OH)_2$ 不能被空气中的 O_2 所氧化,只是在强碱性条件下,并加入较强的氧化剂才能使其氧化成黑色的 $Ni(OH)_3$ 或 NiO(OH):

$$2Ni(OH)_2 + ClO^- \longrightarrow 2NiO(OH) + Cl^- + H_2O$$

新沉淀的 $Fe(OH)_3$ 有比较明显的两性,能溶于强碱溶液:

$$Fe(OH)_3 + 3OH^- \longrightarrow [Fe(OH)_6]^{3-}$$

沉淀放置稍久后则难以显示酸性,只能与酸反应生成 Fe(Ⅲ) 盐,例如:

$$Fe(OH)_3 + 3H^+ \longrightarrow Fe^{3+} + 3H_2O$$

$Co(OH)_3$ 和 $Ni(OH)_3$ 也是两性偏碱性,但由于它们在酸性介质中有很强的氧化性,它们与非还原性酸(如 H_2SO_4、HNO_3)作用时氧化 H_2O 放出 O_2,而与浓 HCl 作用时,则将其氧化并放出 Cl_2:

$$2Co(OH)_3 + 2H_2SO_4 \longrightarrow 2CoSO_4 + \frac{1}{2}O_2 \uparrow + 5H_2O$$

$$2Co(OH)_3 + 6HCl \longrightarrow 2CoCl_2 + Cl_2 \uparrow + 6H_2O$$

$Ni(OH)_3$ 的氧化能力比 $Co(OH)_3$ 更强。

(三)铁系元素的盐类化合物

无水三氯化铁($FeCl_3$):是重要的 Fe(Ⅲ) 盐,无水 $FeCl_3$ 可由铁屑和氯气直接合成

$$2Fe + 3Cl_2 \longrightarrow 2FeCl_3$$

此反应为放热反应,所生成的 $FeCl_3$ 由于升华而分离出。

六水合三氯化铁($FeCl_3 \cdot 6H_2O$):制备时,首先用铁屑和盐酸作用得到 $FeCl_2$,然后再将 $FeCl_2$ 氧化成 $FeCl_3$。可供选用的氧化剂有 Cl_2、H_2O_2 和 HNO_3,反应式如下:

$$2FeCl_2 + Cl_2 \longrightarrow 2FeCl_3$$
$$2FeCl_2 + 2HCl + H_2O_2 \longrightarrow 2FeCl_3 + 2H_2O$$
$$FeCl_2 + HCl + HNO_3 \longrightarrow FeCl_3 + NO_2\uparrow + H_2O$$

表面上看，氯气是理想的氧化剂，既价廉又不带入其他杂质，但其反应速率太低，氯气难被吸收而造成公害；H_2O_2 虽是较好的氧化剂，但成本高，故多选用 HNO_3（此时要对 NO_2 进行吸收）作氧化剂。

九水硝酸（高）铁 $[Fe(NO_3)_3 \cdot 9H_2O]$：重要的铁（Ⅲ）盐，由于其中的 Fe^{3+} 具有强烈的水解倾向，所以制备过程是把铁屑逐渐往硝酸中加，以保证足够的酸度。否则，如果把酸加到铁屑中，随着 $Fe(NO_3)_3$ 的生成，HNO_3 消耗，酸度下降，溶液会变浑，甚至出现黄棕色的粥状物，这是经多级水解、缩合后的产物，此时再加硝酸也难溶解。

氯化钴（$CoCl_2 \cdot 6H_2O$）：重要的钴（Ⅱ）盐，因所含结晶水的数目不同而呈现多种颜色。随着温度上升，所含结晶水逐渐减少，颜色随之变化。这种性质可用来指示硅胶干燥剂的吸水情况。$[Co(H_2O)_6]^{2+}$ 在溶液中显粉红色，用这种稀溶液在白纸上写的字几乎看不出字迹。将此白纸烘热脱水即显出蓝色字迹，吸收空气中潮气后字迹再次隐去，所以 $CoCl_2$ 溶液被称为隐显墨水。

常见的镍盐有 $NiCl_2 \cdot 6H_2O$（绿色）、$Ni(NO_3)_2 \cdot 6H_2O$（碧绿色）和 $NiSO_4 \cdot 7H_2O$（绿色）等。

七、稀土元素

稀土元素是指周期表中ⅢB族，原子序数57号镧至71号镥 Lu 以及钪和钇等17种元素。

稀土元素　　稀土的应用领域

"稀土"是由于过去认为在自然界中比较稀少，同时其氧化物的颜色和性质又类似于"土"，所以叫作稀土。其实地壳中稀土元素的总储量并不少，特别是稀土矿藏在我国极其丰富，居世界首位，储藏量大于国外储藏量的总和。只是提炼较困难。因此"稀土"是历史上遗留下来的名称，现在仍习惯沿用着。

稀土元素一般为银白色，比较软，有延展性，是化学活泼性很强的金属，是强还原剂，它能将铁、钴、镍、铜、铬等金属氧化物还原为金属。稀土元素能与周期表中绝大多数元素作用，形成非金属化合物和金属间化合物。

稀土元素在空气中的稳定性随原子序数的增加而增加。金属铈具有自燃性质，铈氧化为 Ce_2O_3 后很易再氧化成 CeO_2。稀土元素与卤素在200℃以上能强烈地反应，生成相应的卤化物。它们与 F_2 的作用最强，Cl_2 次之，I_2 最弱。

稀土元素与硫、氮、磷、碳、硅、硼等在一定温度下都能形成化合物。在常温时能分解水，并迅速放出氢气。也易和稀酸作用生成相应的盐。在氢氟酸和磷酸中不易溶解，这是由于生成难溶的氟化物和磷酸盐膜。

稀土元素能与绝大部分主族金属和过渡金属形成化合物。有的金属间化合物具有特殊性能，如铁系金属的化合物具有永磁性能，是优良的磁性材料。

"混合稀土"（意指未分离的）很早就用作打火石，目前稀土已用于冶金工业、石油化工、电磁材料、发光材料、玻璃、陶瓷材料和原子能材料等方面。

稀土元素能在不同领域中得到应用，这与它们的化学、光学、磁学及核性能有关。

在冶金上，由于稀土元素能与氧、硫和其他非金属元素反应，用于炼钢中可以起脱氧、脱硫的作用，从而改善钢的性质。用于球墨铸铁中可以控制有害元素的影响，使铸铁的机械性能、耐磨和耐腐蚀性能得到提高。在有色金属中可以改善合金的高温抗氧化性，提高材料的强度，改善材料的工艺性能。

在石油裂化反应中，加入少量（1%～5%）混合稀土，可使分子筛催化剂的效率增加3倍，催化剂的寿命也可延长。试验表明，稀土催化剂可提高石油裂化的汽油收率，降低炼油的成本。

在玻璃、陶瓷工业中，稀土元素得到了多方面的应用。镨等化合物使玻璃和陶瓷品光彩明亮，鲜艳柔和。如含纯氧化镨的玻璃是绿色的，并能随光源的不同而有不同的颜色。含氧化镧的光学玻璃具有高的折射率。把成千上万根像发丝般的这种玻璃纤维制成任意弯曲的透光玻璃棒，可用在医疗上作直接探视人的肠胃和腹腔的内观镜。氧化铈是精密光学玻璃的抛光剂，用于镜面、电视显像管等的抛光。

钇和铕的氧化物用作发光材料，特别是氧化铕（渗入氧化钇或氧化钆中）在彩色电视机中作为红色荧光体，光亮度强，色彩鲜艳，性能稳定。含稀土的日光灯，光线柔和，节约电能，正在全国推广使用。

稀土元素具有较高价值的磁学性质，它们和过渡元素的合金可作为磁性材料，在磁性材料中占有独特的地位。它们已用于雷达上的行波管、微波器件和一些精密的仪器中。

在原子能工业中钐、铕、镧等都有高的中子俘获面积，可作反应堆控制材料；而铈的中子俘获面积很小，可作核燃料的稀释剂。

最近，硝酸镧在环境保护方面得到应用，它可以很有效地除去污水中的磷酸盐。含磷酸盐的污水如果排放到自然水中去会促进海藻增殖，致使水变质。

稀土元素独特的物理性质和化学性质，为稀土元素的广泛应用提供了基础。现代科学技术的发展，对材料提出了各种新要求，稀土元素的应用已深入到现代科学技术的各个领域，并促进了这些领域的发展，反过来也使稀土生产水平得到不断提高。目前，稀土元素及其化合物已成为发展现代尖端科学技术不可缺少的特殊材料。

思考与练习题

一、填空题

1. 常温下，氯气是一种＿＿＿＿＿色、有＿＿＿＿＿气味的气体；1体积水能溶解＿＿＿＿＿体积的氯气，所得溶液称＿＿＿＿＿；氯水能使有色布条褪色，其中起主要作用的是＿＿＿＿＿。

2. 将灼热的铁丝伸入装满 Cl_2 的集气瓶中，观察到的现象是＿＿＿＿＿，写出有关化学反应方程式＿＿＿＿＿；若将铁丝放入盐酸中，观察到的现象是＿＿＿＿＿，写出有关化学反应方程式＿＿＿＿＿。

3. 把 Cl_2 通入含有 I^-、Br^-、S^{2-} 的溶液中，首先析出的是＿＿＿＿＿，其次是＿＿＿＿＿，最后是＿＿＿＿＿。

4. 卤族元素包括＿＿＿＿＿等元素，其中＿＿＿＿＿元素具有放射性，在自然界中的含量很少。卤族元素原子结构上的共同特点是_____。自然界中稳定的卤族元素（不包括放射性砹）氧化性最强的单质是_____，还原性最强的阴离子是_____。

5. 要从碘化钠溶液中制取固体碘单质，可先向盛有 NaI 溶液的烧瓶中通入适量 Cl_2，此时发生的反应类型是_____，其化学反应方程式为_____。

6. 硫元素的原子序数为_____，位于周期表的第_____周期，第_____族。

7. H_2S 分子中 S 的氧化值为_____；在化学反应中此种价态只能_____，不能_____；对应氧化还原的概念，此种价态物质只能作_____剂，不能作_____剂；因此 H_2S 分子通常只有_____性。

8. 将适量的 $SnCl_2$ 溶液加入 $HgCl_2$ 溶液中，有_____产生，其化学反应方程式为_____。

9. 由于 $SnCl_2$ 极易_____和_____，所以在配制 $SnCl_2$ 溶液时，必须先将 $SnCl_2$ 溶于_____中，而后还要加入少量_____。

10. H_3PO_4 为_____元酸。

11. $ZnCl_2$ 的溶液因形成_____而有显著的酸性。

12. 向 $FeCl_3$ 和 $BaCl_2$ 的酸性混合溶液中通入 SO_2 气体，有白色沉淀生成，此沉淀是_____。

13. 铁易腐蚀，常把锌镀在铁皮上，是因为在潮湿空气中，锌表面形成一层致密的_____薄膜，对内层金属有保护作用。

14. 使用汞时，如有溅落，为防止其挥发，对遗留在缝隙处的汞要覆盖上_____。

15. 过量的汞与硝酸反应，_____是溶液中汞的主要存在形式。

16. 用 $NaBiO_3$ 检验溶液中的 Mn^{2+} 时，_____不宜多。

17. 分析化学上用来检验 Hg^{2+} 或 Sn^{2+} 的是_____。

18. Cu^+ 在水溶液中不稳定，容易发生_____反应，化学反应方程式为_____。

二、判断题

1. "真金不怕火炼"，说明金的熔点在金属中是最高的。（   ）
2. 将铜嵌在铁器中，可以保护铁，延缓腐蚀产生的破坏。（   ）
3. 铜副族元素和碱金属元素的原子最外层都只有 1 个电子，所以都只能形成 +1 氧化值的化合物。（   ）
4. $Zn(OH)_2$ 的溶解度随着溶液 pH 的升高逐渐降低。（   ）
5. 氧化性 $Fe(OH)_3 > Co(OH)_3$。（   ）
6. 还原性 $FeCl_2 > NiCl_2$。（   ）
7. 配合物稳定性 $[Co(NH_3)_6]^{2+} > [Ni(NH_3)_6]^{2+}$。（   ）
8. 在所有的金属单质中，熔点最高的是过渡元素，熔点最低的也是过渡元素。（   ）
9. $Fe(OH)_3$ 沉淀，既能溶于稀 HCl，也能溶于浓 NaOH 溶液。（   ）

三、简答题

1. 试解释以下现象：

(1) 浓 HCl 在空气中发烟；

(2) 工业盐酸呈黄色（怎样除去？）；

(3) 车间正在使用氯气罐，常见到外壁结一层白霜；

(4) I_2 难溶于水而易溶于 KI 溶液。

2. 现有一瓶失去标签的试剂,可能是 NaCl、NaBr 或 NaI,请用两种方法加以鉴别。

3. 下列各对物质在酸性溶液中能否共存?为什么?

(1) $FeCl_3$ 与 KI (2) KI 与 KIO_3

(3) $FeCl_3$ 与溴水 (4) NaBr 与 $NaBrO_3$

4. 比较铜副族金属和碱金属性质的差异及锌副族金属和碱土金属性质的差异。

5. 氯化铜结晶为绿色,其在浓 HCl 溶液中为黄色,在稀的水溶液中又为蓝色,这是为什么?

6. (1) 如何鉴别 K_2CrO_4 和 $K_2Cr_2O_7$?

(2) 根据使用情况如何选用 $Na_2Cr_2O_7$ 和 $K_2Cr_2O_7$?

四、推断题

1. 有棕黑色粉末 A,不能溶于水。加入 B 溶液后加热生成气体 C 和溶液 D;将气体 C 通入 KI 溶液得棕色溶液 E。取少量溶液 D 以 HNO_3 酸化后与 $NaBiO_3$ 粉末作用,得紫色溶液 F;往 F 中滴加 Na_2SO_3 则紫色褪去;接着往该溶液中加入 $BaCl_2$ 溶液,则生成难溶于酸的白色沉淀 G。试推断 A、B、C、D、E、F、G 各为何物,写出有关反应式。

2. 有两种白色晶体 A 和 B,它们均为钠盐且溶于水。A 的水溶液呈中性,B 的水溶液呈碱性。A 溶液与 $FeCl_3$ 溶液作用呈棕褐色浑浊,与 $AgNO_3$ 溶液作用出现黄色沉淀。晶体 B 与浓 HCl 反应产生黄绿色气体,该气体同冷 NaOH 溶液作用得到 B 的溶液。向 A 溶液中滴加 B 溶液时,溶液开始呈棕褐色,若继续加过量 B 溶液,则溶液的棕褐色消失。问 A 和 B 各为何物?写出有关反应式。

3. 一种无色的钠盐晶体 A,易溶于水,向所得的水溶液中加入稀 HCl,有淡黄色沉淀 B 析出,同时放出刺激性气体 C;C 通入 $KMnO_4$ 酸性溶液,可使其褪色;C 通入 H_2S 溶液又生成 B;若通氯气于 A 溶液中,再加入 Ba^{2+},则产生不溶于酸的白色沉淀 D。试根据以上反应的现象推断 A、B、C、D 各是何物?写出有关反应式。

4. 一种白色固体 A,加入无色油状液体酸 B,可得紫黑色固体 C;C 微溶于水,但加入 A 时 C 的溶解度增大,并生成黄棕色溶液 D。将 D 分成两份:其一加入无色溶液 E,其二通入足量气体 G,都能褪色成无色透明溶液,溶液 E 与酸产生淡黄色沉淀 F,同时产生气体 G。试推断 A、B、C、D、E、F、G 各为何物?写出有关反应式。

5. 某一化合物 A 溶于水得一浅蓝色溶液,在 A 溶液中加入 NaOH 溶液可得浅蓝色沉淀 B。B 能溶于 HCl 溶液,也能溶于氨水;A 溶液中通入 H_2S,有黑色沉淀 C 生成;C 难溶于 HCl 溶液而易溶于热浓 HNO_3。在 A 溶液中加入 $BaNO_3)_2$ 溶液,无沉淀生成,而加入 $AgNO_3$ 溶液时有白色沉淀 D 生成;D 也能溶于氨水。试判断 A、B、C、D 各为何物,写出有关反应式。

6. 有一无色溶液:

(1) 加入氨水时有白色沉淀生成;

(2) 加入稀碱时有黄色沉淀生成;

(3) 若滴加 KI 溶液,则先析出橘红色沉淀,当 KI 过量时,橘红色沉淀消失;

(4) 若往此无色溶液中加入两滴汞并振荡,汞逐渐消失,仍变为无色溶液,此时加入氨水得灰黑色沉淀。

此无色溶液中含有哪种化合物?写出有关反应式。

7. 分析一种含铬配合物 A，已知其质量分数为 Cr：19.5%，Cl：40%，H：4.5%，O：36%；它的相对分子质量为 266.5。现进行下列实验：

(1) 取 0.533g A 溶于 100mL 0.2mol·L^{-1} HNO_3，加入过量 $AgNO_3$，得到 AgCl 0.287g；

(2) 取 1.06g A 在干燥空气中加热到 100℃，失去 0.144g 水。

试推断 A 的化学式及配合物的结构式。

第九章

饱和烃

 知识目标：

1. 熟悉烷烃和环烷烃的命名规则；
2. 知道烷烃和环烷烃的结构；
3. 掌握烷烃和环烷烃的理化性质；
4. 了解烷烃在相关领域的应用。

 能力目标：

1. 会烷烃和环烷烃的命名；
2. 能区分烷烃的同分异构体；
3. 能利用烷烃和环烷烃的理化性质进行鉴别。

 素质目标：

1. 结构决定性质，性质是结构的反映，性质决定用途，培养内因与外因辩证关系的哲学思想；
2. 从有机物的认识、利用，到有机化学概念的提出，培养不畏艰难困苦、求真务实、勇于探索、孜孜以求的科学精神；
3. 通过有机卤化物与环境污染的关系，培养社会责任感，增强环保意识。

只含有碳、氢两种元素的有机化合物统称为烃类化合物，简称烃。烃是组成最简单的一类有机化合物，烃分子中的氢原子被其他原子或基团取代后，可以生成一系列衍生物。因此，可以把烃看作有机化合物的母体。若烃类化合物分子中碳原子的四个价键除了以碳—碳单键连接外，其余价键完全为氢原子所饱和，这种烃又称为饱和烃。"饱和"意味着分子中的碳原子只能以单键相互连接，而且与碳原子结合的氢原子达到最大限度。饱和烃中碳原子相互连接成开链状的叫作烷烃；碳原子相互连接成闭合环状的叫作环烷烃。

第一节 烷烃

烷烃的分子组成可用通式 C_nH_{2n+2} 表示，n 表示碳原子数目。

具有同一个分子通式，结构上只相差一个 CH_2 或其整数倍的一系列化合物称为同系列。同系列中的各化合物互称为同系物。其中 CH_2 称为同系列差。同系列是有机化学中存在的普遍现象，同系物一般结构相似，并且具有相似的化学性质，但反应速率往往有较大的差异，物理性质也随着碳链的增长而表现出有规律的变化，同系列中的第一个化合物常具有特殊的性质。因此，我们既要认识同系物的共性，又要了解它们的个性，掌握了同系列这一辩证规律性，会给学习和研究有机化学带来不少方便。

一、烷烃的结构

烷烃分子中，碳原子均通过 sp^3 杂化形成四个等同的原子轨道与其他碳或氢原子成单键（σ 键），C—H σ 键和 C—C σ 键的平均键长分别为 1.10Å 和 1.54Å，键角接近 109.5°。

甲烷是最简单的烷烃，由实验测得，CH_4 分子是正四面体结构（见图 9-1），键角都是 109.5°，4 个 C—H 键的键长都是 0.110nm。杂化轨道理论认为：在甲烷分子中，碳原子的 4 个 sp^3 杂化轨道分别与 4 个氢原子的 s 轨道以"头碰头"的方式重叠，形成 4 个完全等同的 C—Hσ 键。

 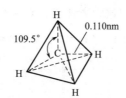

(a) 甲烷分子的形成　　　(b) 甲烷的正四面体结构　　　(c) 球棍模型

图 9-1　甲烷分子的形状及结构

其他烷烃分子中，碳原子均以 sp^3 杂化轨道与碳原子或氢原子形成 σ 键，因而都具有四面体的结构。如在乙烷分子中，2 个碳原子相互以 1 个 sp^3 杂化轨道重叠形成 C—C σ 键，其余 6 个 sp^3 杂化轨道分别与 6 个氢原子的 s 轨道重叠形成 6 个 C—Hσ 键，如图 9-2 所示。

经测定，乙烷分子中的 C—C 键的键长为 0.154nm，C—H 键的键长为 0.110nm，键角为 109.5°。乙烷分子的碳链排布在一条直线上，但含 3 个及 3 个以上碳原子的烷烃，其分子中的碳链并不是排布在一条直线上，而是呈折线形排列，这正是由烷烃碳原子的四面体结构

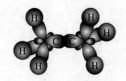
(a) 杂化轨道成键

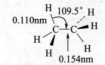
(b) 键长和键角

(c) 球棍模型

图 9-2 乙烷分子的成键情况

所决定的。为了书写方便，仍可写成直线的形式。现在也常用折线式来书写分子结构，折线式只需写出锯齿形骨架，用锯齿形线的角（120°）及其端点代表碳原子，而不需要写出碳原子上所连的氢原子，但除了氢原子外的其他原子必须全部写出。例如：

3-甲基戊烷　　　　3-甲基-2-戊醇

二、烷烃的同分异构

分子中原子间相互连接的次序和方式称为构造。从上述烷烃的结构分析，甲烷、乙烷和丙烷分子中的各原子都只有一种连接顺序，从含四个碳原子的丁烷开始，不仅有以直链形式的连接，还有以支链形式的连接。

正丁烷　　　　　　　　异丁烷

这种具有相同分子式，但分子中原子间连接的次序和方式不同而形成不同化合物的现象称为构造异构，这些化合物互为同分异构体，简称异构体。烷烃中同分异构是由碳链结构不同而引起的，故又称为碳链异构。碳链异构属于构造异构范畴。随着烷烃分子中碳原子数目的增多，同分异构体的数目迅速增加，用数学方法可推算出烷烃可能有的异构体数目（表 9-1）。

表 9-1 烷烃同分异构体的数目

碳原子数	分子式	异构体数目	碳原子数	分子式	异构体数目
1	CH_4		8	C_8H_{18}	18
2	C_2H_6		9	C_9H_{20}	35
3	C_3H_8		10	$C_{10}H_{22}$	75
4	C_4H_{10}	2	12	$C_{12}H_{26}$	355
5	C_5H_{12}	3	15	$C_{15}H_{32}$	4347
6	C_6H_{14}	5	20	$C_{20}H_{42}$	366319
7	C_7H_{16}	9	40	$C_{40}H_{82}$	62491178805831

注：烷烃同分异构体的数目不包括立体异构体。

含 10 个碳原子以内的烷烃，实际上得到的异构体数目与理论推测完全符合。更高级的烷烃，有些从理论上推测出的异构体可能无法得到。例如，在同一个碳原子上连有 4 个体积很大基团的化合物，由于空间位阻，就可能难以制备出来。

三、烷烃的命名

有机化合物种类繁多、数量庞大、结构复杂，如何正确而简便地对有机化合物进行命名，是学习有机化学的重要内容之一。烷烃的命名是其他各类有机化合物命名的基础，尤其重要。烷烃的命名法有两种，即普通命名法和系统命名法。

（一）烷烃的普通命名法

烷烃的普通命名法基本原则如下。

① 根据分子中碳原子的总数目称为"某烷"：碳原子数目在十以内的分别用天干——甲、乙、丙、丁、戊、己、庚、辛、壬、癸表示；在十以上的则用中文数字十一、十二……表示。例如，C_8H_{18} 称为辛烷；$C_{12}H_{26}$ 称为十二烷。

② 用正、异、新等字来区别异构体：直链的烷烃称为"正（n-）"某烷，但"正"字常可省略，在链端第二个碳原子上连有一个甲基支链的称为"异（iso-）"某烷，在链端第二个碳原子上连有两个甲基支链的称为"新（neo-）"某烷。例如：

CH₃—CH₂—CH₂—CH₂—CH₃   CH₃—CH—CH₂—CH₃   CH₃—C(CH₃)₂—CH₃
                                                    | |
                                                   CH₃   CH₃

正戊烷   异戊烷   新戊烷

普通命名法虽然简单，但只适用于含碳原子较少的烷烃。随着碳原子数目的增加，异构体的数目迅速增多，需要用系统命名法来命名。

在英文的命名中，使用希腊词源为主的字根表示碳原子的数目，详见表 9-2。

表 9-2 一些直链烷烃的中英文名称

碳原子数	数字字根	英文名称	中文名称
1	mono, hen	methance	甲烷
2	do, di	ethane	乙烷
3	tri	propane	丙烷
4	tetra	butane	丁烷
5	penta	pentane	戊烷
6	hexa	hexane	己烷
7	hepta	heptane	庚烷
8	octa	octane	辛烷
9	nona	nonane	壬烷
10	deca	decane	癸烷
11	undeca	undecane	十一烷
12	dodeca	dodecane	十二烷
20	icosa	icosane	二十烷
21	henicosa	henicosane	二十一烷
22	docasa	docosane	二十二烷
30	teiaconta	triacontane	三十烷

（二）烷基和碳、氢原子的类型

烷烃分子从形式上去掉一个氢原子后剩下的基团称为烷基，其通式为 C_nH_{2n+1}，用 R— 表示，烷基的名称由相应的烷烃而来。采用烷烃命名加后缀"基"的方式加以命名，在英文名称中，使用后缀-yl 表示"基"。烷烃衍生物的各种取代基名中，中文天干命名中烷烃的"烷"字通常被省略。例如，甲烷基一般被称为甲基。

对于一些简单的烷基，可以按俗名后加"基"的方式进行，英文名称则使用-yl 替代烷烃母体中的-ane，如异丙基（isopropyl）、仲丁基（sec-butyl）、异丁基（isobutyl）、叔丁基（tert-butyl）和新戊基（neopentyl）等。这些取代基的俗名中，除叔丁基外，已逐渐不再推荐使用。复杂的烷基取代基，按系统命名法中的取代命名法进行。以游离价键的碳原子为起点，选取取代基中最长碳链为取代基母体，并给予该原子编号 1，且编号 1 常被省略；取代基母体上的支链被认为是取代基，并赋予相应的编号。确定取代基母体的英文名称时，使用后缀-yl 代替相应烷烃的-ane 后缀。例如，异丁基按此方法可命名为 2-甲基丙基（2-methyl-propyl）。又如，叔丁基可命名为 1,1-二甲基乙基（1,1-dimethylethyl）。

例如：

$\mid$		$\mid$
CH_3CHCH_3	$CH_3CH_2CH_2CH_2-$	$CH_3CHCH_2CH_3$
1-甲基乙基	正丁基	1-甲基丙基
(1-methylethyl，俗名：异丙基，isopropyl，简写为 i-Pr)	(butyl，简写为 n-Bu)	(1-methylpropyl，俗名：仲丁基，sec-butyl，简写为 s-Bu)
$(CH_3)_2CHCH_2-$	$(CH_3)_3CH_2-$	$(CH_3)_3CCH_2-$
2-甲基丙基	1,1-二甲基乙基	2,2-二甲基丙基
(2-methylpropyl，俗名：异丁基，iso-butyl，简写为 i-Bu)	(1,1-dimethylethyl，俗名：叔丁基 $tert$-Butly，简写为 t-Bu)	(2,2-dimethylpropyl，俗名：新戊基，neopentyl)

环丙基	环丁基	环戊基	环己基
(cyclopropyl)	(cyclobutyl)	(cyclopentyl)	(cyclohexyl，简写为 Cy)

烷烃分子中，各个碳原子按照它们所连的碳原子数目可分为四类：只与一个碳原子相连的碳称为伯碳原子（或称为一级碳原子），与两个、三个、四个碳原子相连的碳分别称为仲、叔、季碳原子（或称为二级、三级、四级碳原子），分别用符号 $1°$、$2°$、$3°$、$4°$ 表示。

$$CH_3^{1°}-CH_2^{2°}-CH_2^{2°}-CH_2^{2°}-CH_3^{1°} \qquad CH_3^{1°}-\underset{\underset{CH_3}{|}}{CH^{3°}}-CH_2^{2°}-CH_3^{1°} \qquad CH_3^{1°}-\underset{\underset{CH_3}{|}}{\overset{\overset{CH_3^{1°}}{|}}{C^{4°}}}-CH_3^{1°}$$

烷烃分子中的氢原子按照其所连接的碳原子类型分为三类：与伯、仲、叔碳原子相连的氢原子，分别称为伯氢或一级（1°）氢、仲氢或二级（2°）氢、叔氢或三级（3°）氢原子。这些氢原子所处的位置不同，在反应性能上存在较大差异。

（三）烷烃的系统命名法

系统命名法是采用国际通用的 IUPAC (International Union of Pure and Applied Chemistry) 命名原则，对有机化合物进行命名，是被广泛使用的命名方法。在此基础之上，中国化学会结合汉语言文字特点，1983 年出版了《有机化学命名原则（1980）》，2017 年再次修订了命名原则。本书的命名方法遵从 2017 年版命名原则。

1. 直链烷烃的命名

直链烷烃的系统命名法与普通命名法相似，只是在名称的前面不加"正"字。例如：

$$CH_3-CH_2-CH_2-CH_2-CH_3 \qquad CH_3-CH_2-CH_2-CH_2-CH_2-CH_2-CH_3$$
$$\text{戊烷} \qquad\qquad\qquad\qquad \text{庚烷}$$

2. 支链烷烃的命名

根据系统命名法，对带有支链的烷烃采用取代命名法，即看成直链烷烃中氢原子被取代后的烷基衍生，基本原则如下：

① 从直链烷烃的构造式中选取最长的连续碳链作为主链，支链作为取代基。当最长碳链不止一种选择时，一般选取包含支链最多的最长碳链作为主链。例如，下列化合物的主链虽有三种选择，但只有按Ⅰ标出的碳链作为主链时，取代基的数目最多。根据已确定的主链所含碳原子数称为"某烷"，下列化合物的主链含七个碳原子，称为庚烷。

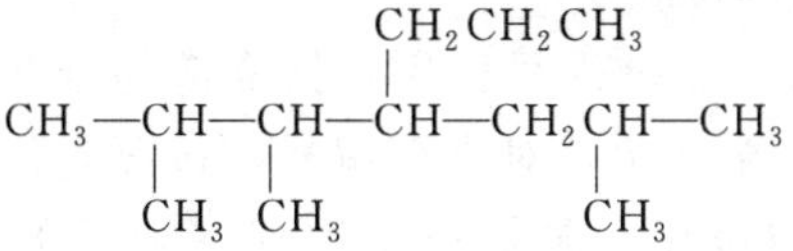

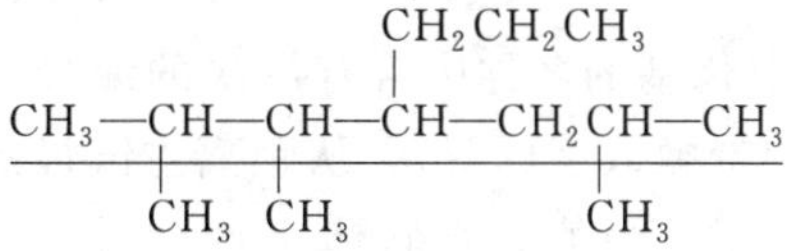

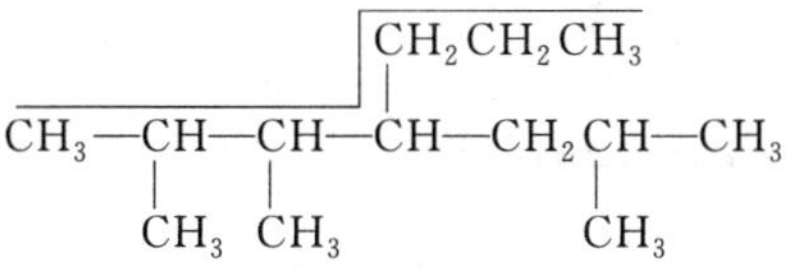

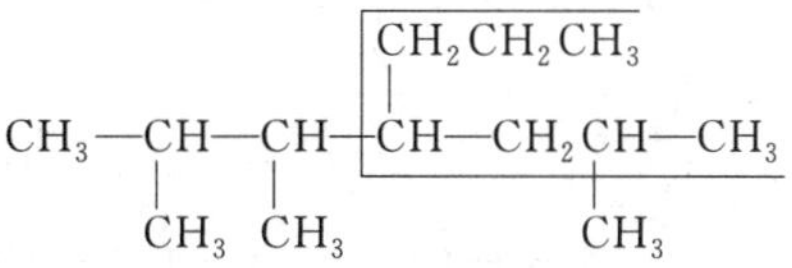

② 将主链上的碳原子从靠近支链的一端开始依次用阿拉伯数字编号，当主链编号有几种可能时，应选择支链具有"最低位次"的编号（通称"最低位次"原则），参见（Ⅰ）的编号。当不同的取代基具有相同的编号时，应按取代基的英文命名字母顺序，给排列在前的取代基较小的编号。例如：

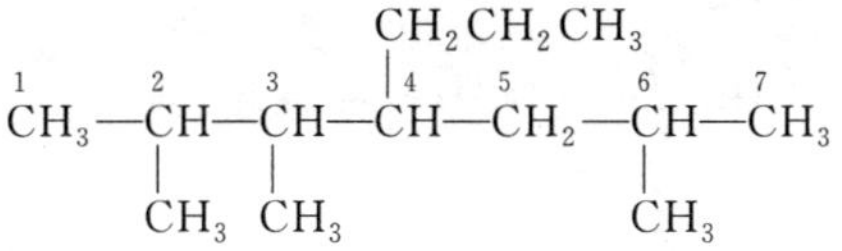

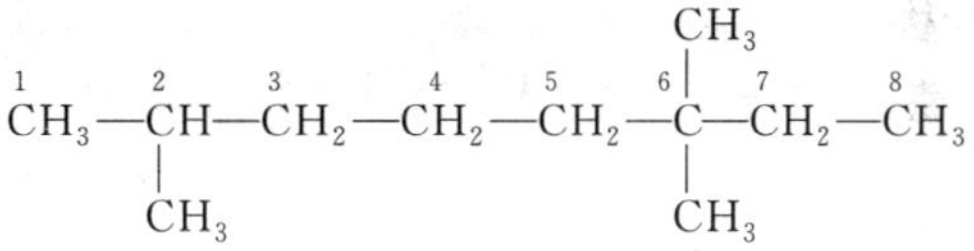

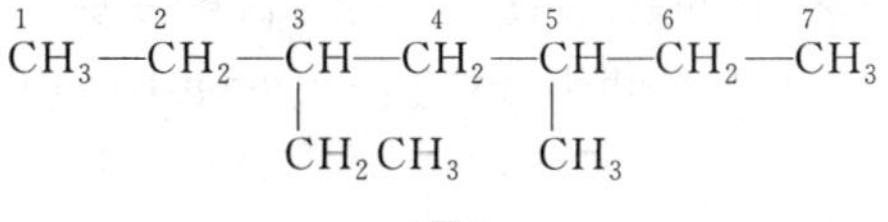

③ 命名时，将取代基的名称写在主链名称之前，用主链上碳原子的编号表示取代基所在的位次，写在取代基名称之前，两者之间用短横线"-"相连。当含有几个不同的取代基时，按取代基的英文命名首字母顺序排列，并尽可能给予靠前的取代基以小的编号。当含有多个相同的取代基时，相同的取代基合并，用二、三、四等表示其数目，并逐个标明其所在位次，位次号之间用逗号","分开；英文名称中 di-、tri-、tetra-这些字根不参与取代基的排序；需要注意的是，作为单一取代基名称之中的 di、tri 等要考虑进去，如 1,1-dimethylpropyl 就要放在 ethyl 之前；如果取代基英文名称完全相同，数字小的放在前面，如 1-chloroethyl 放在 2-chloroethyl 之前。英文名称中，斜体字部分不参与排序，如叔丁基（*tert*-butyl）从字母 b 开始排序。例如：

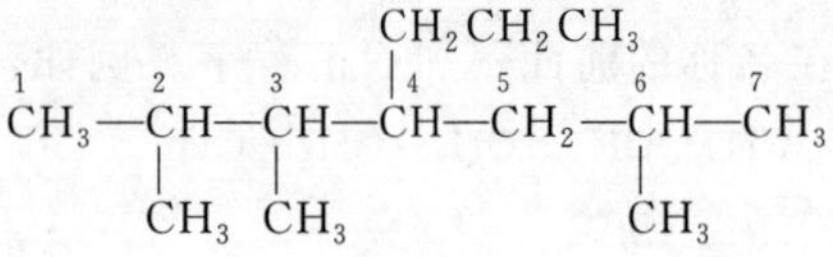

（Ⅰ）
2,3,6-三甲基-4-丙基庚烷
2,3,4-trimethyl-4-propylheptane

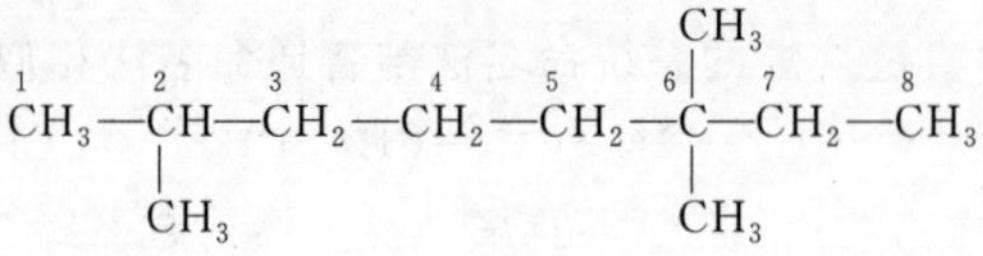

（Ⅱ）
2,6,6-三甲基辛烷
2,6,6-trimethyloctane

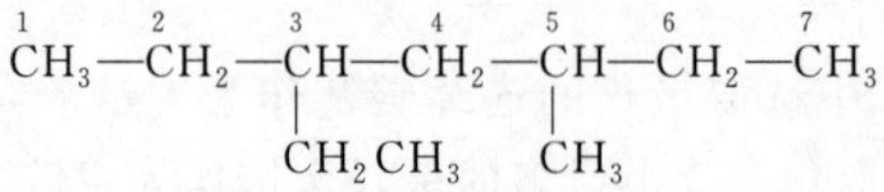

（Ⅲ）
3-乙基-5-甲基庚烷
3-ethyl-5-methylheptane

④ 当取代基的名称中含有位次的编号时，为与主链编号区别，把支链的全名放在括号中（可以用带撇数字标明），从距离主链最近的一端开始，对支链编号，按照类似的方式进一步命名。括号内英文非斜体字部分首字母参与排序，包括表示取代基数目的 di-、tri-、tetra- 等的首字母。括号可依次使用圆括号、方括号和大括号表示不同层次。例如：

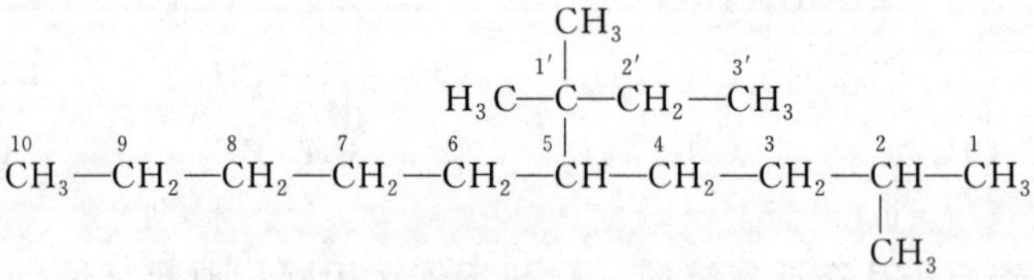

5-(1′,1′-二甲基丙基)-2-甲基癸烷
5-(1′,1′-dimethylpropyl)-2-methyldecane

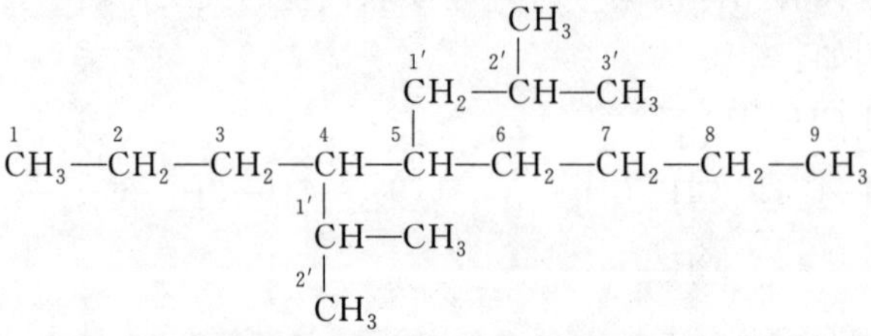

4-(1′-甲基乙基)-5-(2′-甲基丙基)壬烷
4-(1′-methylethyl)-5-(2′-methylpropyl)nonane

四、烷烃的性质

（一）烷烃的物理性质

有机化合物的物理性质，一般是指化合物的存在状态、相对密度、熔点、沸点、溶解度、折射率、光谱性质和偶极矩等。一般单一、纯净的有机物，其物理性质在一定条件下是固定不变的，常把物理性质相对应的数值称为物理常数，它是特定的化合物在一定条件下所固有的标志。通过物理常数的测定，可以鉴定有机化合物及其纯度。已知有机物的物理常数有专门手册可

以查阅。表 9-3 列出了正烷烃(直链烷烃)的物理常数,从表中可以看出,随着烷烃分子中碳原子的递增,物理性质呈现出规律性的变化。

表 9-3 直链烷烃的物理常数

名称	结构式	熔点/℃	沸点/℃	相对密度(d_4^{20})
甲烷	CH_4	−182.6	−161.7	
乙烷	CH_3CH_3	−172.0	−88.6	
丙烷	$CH_3CH_2CH_3$	−187.1	−42.2	0.5005
丁烷	$CH_3CH_2CH_2CH_3$	−135.0	−0.5	0.5788
戊烷	$CH_3(CH_2)_3CH_3$	−129.7	36.1	0.5572
己烷	$CH_3(CH_2)_4CH_3$	−94.0	68.7	0.6594
庚烷	$CH_3(CH_2)_5CH_3$	−90.5	98.4	0.6837
辛烷	$CH_3(CH_2)_6CH_3$	−56.8	125.6	0.7028
壬烷	$CH_3(CH_2)_7CH_3$	−53.7	150.7	0.7179
癸烷	$CH_3(CH_2)_8CH_3$	−29.7	174.0	0.7298
十一烷	$CH_3(CH_2)_9CH_3$	−25.6	195.8	0.7404
十二烷	$CH_3(CH_2)_{10}CH_3$	−9.6	216.3	0.7493
十三烷	$CH_3(CH_2)_{11}CH_3$	−6.0	230.0	0.7568
十四烷	$CH_3(CH_2)_{12}CH_3$	5.5	251.0	0.7636
十五烷	$CH_3(CH_2)_{13}CH_3$	10.0	268.0	0.7688
十六烷	$CH_3(CH_2)_{14}CH_3$	18.1	280.0	0.7749
十七烷	$CH_3(CH_2)_{15}CH_3$	22.0	303.0	0.7767
十八烷	$CH_3(CH_2)_{16}CH_3$	28.0	308.0	0.7767
十九烷	$CH_3(CH_2)_{17}CH_3$	32.0	330.0	0.7776
二十烷	$CH_3(CH_2)_{18}CH_3$	36.4	—	0.7776
三十烷	$CH_3(CH_2)_{28}CH_3$	66.0	—	—
四十烷	$CH_3(CH_2)_{38}CH_3$	81.0	—	—

1. 物理状态

在室温和大气压力下 (25℃、101.3kPa),$C_1 \sim C_4$ 的正烷烃是气体,$C_5 \sim C_{17}$ 的正烷烃是液体,C_{18} 以上的正烷烃是固体。

2. 沸点

烷烃是非极性或极性很弱的物质,分子间的作用力主要是色散力。随着分子量的增加,色散力增加,沸点升高。直链烷烃的沸点随着分子量的增加而表现出规律性的升高,而沸点升高值,随着碳原子数目的增加,逐渐减小。在碳原子数相同的烷烃异构体中,含支链越多的烷烃,相应沸点越低。这是因为色散力只有在很近的距离内才能有效地作用,随着距离的增加而很快减弱。所以,烷烃支链增多时空间阻碍增大,分子间距较大,不紧密,色散力减弱,沸点必然相应降低。如正戊烷的沸点为 36.1℃,异戊烷的沸点为 27.9℃,而新戊烷的沸点只有 9.5℃。

3. 熔点

烷烃熔点的变化基本上与沸点相似,直链烷烃的熔点变化也是随着分子量的增加而增加。但偶数碳原子的烷烃熔点增加的幅度比奇数碳原子要大一些,形成一条锯齿形的曲线。若分别将偶数和奇数碳原子的熔点连接起来,则得到两条曲线,偶数碳原子的在上,奇数的在下,随着分子量的增加,两条曲线逐渐靠拢。烷烃的熔点曲线如图9-3所示。

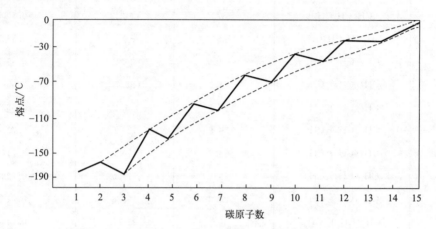

图 9-3　直链烷烃的熔点与分子中所含碳原子数目的关系

4. 相对密度

烷烃比水轻,相对密度都小于1。相对密度变化的规律也是随着分子量的增加逐渐增大,如表9-3所示。

5. 溶解度

烷烃都是非极性或弱极性的分子,所以它们不能溶于水和极性溶剂,而易溶于极性小或非极性的有机溶剂,如可溶于苯、四氯化碳、氯仿等。

(二) 烷烃的化学性质

有机物的化学性质取决于化合物的结构。烷烃是饱和烃,分子中的C—C σ键和C—H σ键是非极性键或弱极性键,键能较高,键比较牢固,又不易极化,因此烷烃是很稳定的化合物,一般在常温下与强酸、强碱、强氧化剂、强还原剂都不起作用。烷烃的这种稳定性使其常用作有机溶剂(如石油醚)、润滑剂(如石蜡、凡士林)等。但烷烃的稳定性是相对的,在一定条件下,如在光、热、催化剂和压力等作用下,烷烃也能发生一些化学反应。

1. 烷烃的卤代反应

在一定的条件下,分子中的一个或几个氢原子(或原子团)被其他原子(或原子团)所取代的反应称为取代反应。若烷烃分子中的氢原子被卤素原子取代,称为卤代反应。

烷烃有实用价值的卤代反应是氯代和溴代反应。因为氟代反应非常剧烈且大量放热,不易控制,碘代反应则较难发生。卤素反应的活性次序为:$F_2 > Cl_2 > Br_2 > I_2$。同一烷烃分子中存在伯、仲和叔三种氢原子,他们被卤原子取代的难易程度也不同。大量实验结果表明,不同氢原子被卤原子取代时,由易到难的次序是 $3°H > 2°H > 1°H$。

烷烃与卤素在室温和黑暗中并不起反应，但在强光的照射下则发生剧烈反应，甚至引起爆炸。将甲烷与氯气混合，在漫射光或适当加热条件下，甲烷分子中的氢原子能逐个被氯原子取代，得到四种氯代甲烷和氯化氢的混合物。由于分离这些产物比较困难，工业上常利用这种混合物作为溶剂。

$$CH_4 + Cl_2 \xrightarrow{\text{光}} CH_3Cl + HCl$$

$$CH_3Cl + Cl_2 \xrightarrow{\text{光}} CH_2Cl_2 + HCl$$

$$CH_2Cl_2 + Cl_2 \xrightarrow{\text{光}} CHCl_3 + HCl$$

$$CHCl_3 + Cl_2 \xrightarrow{\text{光}} CCl_4 + HCl$$

2. 烷烃的氧化反应

有机化合物中加入氧或去掉氢原子的反应叫氧化反应，加入氢或去掉氧原子的反应叫还原反应。烷烃在室温下不与氧化剂发生反应，但可以在空气中燃烧。如果氧气充足，可被完全氧化而生成二氧化碳和水，同时放出大量的热量，这个氧化反应亦称为烷烃的燃烧反应。这也是内燃机中汽油、柴油（主要成分为不同碳链的烷烃混合物）的燃烧可以提供能量的基本依据。

$$C_nH_{2n+2} + \frac{3n+1}{2}O_2 \xrightarrow{\text{燃烧}} nCO_2 + (n+1)H_2O + \text{热能}$$

烷烃燃烧时要消耗大量的氧。若氧气供应不足，燃烧不完全，会产生 CO 等有毒物质，随同未燃烧的汽油一起排出，这就是汽车尾气的排放污染空气的主要原因。低级气体状烷烃（甲烷、乙烷、丙烷等）与空气或氧气混合至一定比例时，一旦遇到明火或火花便马上燃烧，放出大量热量，生成的 CO_2 和水蒸气急剧膨胀而造成爆炸，这就是煤矿中瓦斯爆炸事故的原因。

3. 热裂反应

热裂反应是指化合物在无氧和高温条件下发生键断裂的分解反应。烷烃热裂时，分子中的 C—C 键和 C—H 键都发生断裂生成小分子的烷烃、烯烃等产物。例如丙烷的热裂：

$$CH_3CH_2CH_3 \xrightarrow{\triangle} CH_3CH=CH_2 + H_2C=CH_2 + CH_4 + H_2$$

烷烃的热裂反应在石油化工中具有重要的用途。石油是一种复杂的烃类混合物，经过蒸馏后，只能得到 15%～20% 的 C_5～C_{10} 馏分，这是汽油的主要组成成分。为了提高汽油的产量和质量，工业上通常采用热裂化和催化裂化两种途径，将石油中高沸点的重油等馏分热裂来得到低馏分的汽油。当然，轻馏分的烃类也往往被裂解来制备重要的化工原料如乙烯、丙烯、乙炔等。

第二节　环烷烃

烷烃碳链首尾两端的两个碳原子连接在一起形成 C—C 单键，成为具有环状结构的烷烃即环烷烃，属于脂环化合物。环烷烃的性状与烷烃大致相似，也属于饱和烃。

一、环烷烃的分类

根据环烷烃分子中所含的碳环数目,分为单环、双环和多环烷烃。单环烷烃是分子中只有一个碳环,它的结构通式为 C_nH_{2n}。环烷烃按环的大小可分为小环(三、四元环)、普通环(五至七元环)、中环(八至十一元环)和大环(十二元环以上)。在二环化合物中,两个环共用一个碳原子的称为螺环烃;两个环共用两个或两个以上碳原子的称为桥环烃。例如:

螺环烃 桥环烃

二、环烷烃的结构

环烷烃和开链烷烃一样,分子中成环碳原子也是 sp^3 杂化的。经 sp^3 杂化的碳原子有四个 sp^3 杂化轨道,相邻两个杂化轨道间的夹角为 109.5°。在开链烷烃中,两个成键碳原子的 sp^3 轨道是沿着轨道对称轴的方向重叠的。因此,重叠程度最大,形成的 σ 键最稳定。同时,分子中的键角保持了 109.5°,每个碳原子所连接的两个碳原子彼此距离最远,分子能量保持在最低水平。

但在环丙烷分子中,三个碳原子处在同一平面上,构成了一个正三角形,三个碳原子核连线间的夹角为 60°,此角度要比正常的 sp^3 杂化轨道间的夹角相差 49°28′。显然,在环丙烷分子中,碳原子在形成 C—C σ 键时,sp^3 杂化轨道不可能沿着轨道对称轴的方向实现最大程度的重叠而形成正常的 σ 键,见图 9-4。为了能重叠得多一些,每个碳原子必须把形成 C—C σ 键的两个杂化轨道间的角度缩小。见图 9-5。这样形成的 C—C σ 键的杂化轨道仍然不是沿两个原子之间的轨道对称轴重叠的。这种 σ 键与一般的 σ 键不一样,其杂化轨道稍偏转一定角度,以弯曲的方向重叠,所形成的 C—C σ 键也是弯曲的,是外形似香蕉一样的"弯曲键"。这种重叠不是发生在电子云密度最大的方向,所形成的 C—C 键比一般的 σ 键弱,键的稳定性较差,故环丙烷不稳定,容易发生开环加成反应。

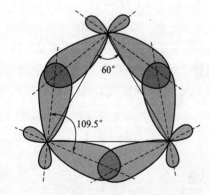

图 9-4 环丙烷中 sp^3 杂化轨道的重叠

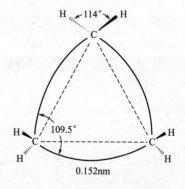

图 9-5 环丙烷分子中的弯曲键

环丁烷的情况与环丙烷相似,碳碳之间也是用"弯曲键"结合的。但是,环丁烷的四个碳原子不在同一平面上,而是曲折的,见图 9-6。所以,成键原子轨道的重叠程度比环丙烷大，角张力小，分子较稳定。因此，环丁烷在加氢、卤素和卤化氢时，开环要比环丙烷困难。

环戊烷的结构形状像一个开启的信封，如图9-7所示。在成键的五个碳原子中，四个处于同一平面上，第五个碳原子向上或向下微微翘起，其与四个碳原子所在的平面距离为0.05nm。故环戊烷分子中成键的 sp^3 杂化轨道近乎在轨道对称轴的方向进行重叠，成环碳原子的键角为108°，接近109.5°，角张力很小，所以分子稳定，不易发生开环反应。在室温下，与卤素只发生取代反应。

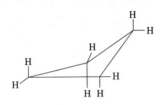

图 9-6　环丁烷的分子结构

图 9-7　环戊烷的分子结构

在环己烷及大环化合物分子中，不存在"弯曲键"，成环碳原子间的键角为109.5°，所以它们都是无张力环，分子比较稳定，它们的性质类似于开链烷烃，即使在比较苛刻的反应条件下，也难以发生开环反应。

三、环烷烃的命名

1. 单环烃的命名

当环上带有简单的取代基时，以环作为母体，环上的基团为取代基，取代基的位次、编号顺序遵循开链烷烃中的最低系列编号原则和"次序规则"，命名与链状烷烃相似，只需在同碳数的链烷烃的名称前加"环"字。

1,2-二甲基环丁烷　　　1-乙基-3-甲基环己烷　　　1,1-二甲基-3-(1-甲基乙基)环戊烷

1,2-dimethylcyclobutane　　1-ethyl-3-methylcyclohexane　　1,1-dimethyl-3-(1-methylethyl)cyclohexane

当环上带有复杂的取代基时，一般把环作为取代基，按链状烷烃来命名。

3-环丁基戊烷　　　1,3-二环己基丙烷

3-cyclobutylpentane　　1,3-dicyclohexylpropane

环烷烃碳环的 C—C σ 键受环的限制而不能自由旋转，所以当环上两个碳原子分别连有一个取代基时，会导致顺、反两种异构体的出现。由于有机分子中存在阻碍单键自由旋转的因素（如双键或脂环），在一定条件下，引起原子或原子团在空间排列方式不同的异构现象称为顺反异构。两个取代基位于环平面的同侧，称为顺式异构体（cis-isomer），位于环平面的异侧，则称为反式异构体（trans-isomer）。命名时，要标明立体构型，在编号的前面加上"顺"或"反"字。

顺-1,3-二甲基环戊烷　　　　　反-1-甲基-4-乙基环己烷
cis-1,3-dimethylcyclopentane　　*trans*-1-ethyl-4-methylcyclohexane

2. 多环烃化合物的命名

分子中含有两个及两个以上的碳环，并且环之间有共用碳原子的烃类化合物称为多环烃。多环烃中环的数目，可以依据 C—C 键断裂数来判断，当断裂两根 C—C 键就变为链状烷烃的环烃就是二环烃，断裂三根 C—C 键就变为链状烷烃的环烃就是三环烃，依此类推。多环烃化合物在自然界中广泛存在，并且大部分具有重要的生理活性。下面主要介绍螺环烃和桥环烃两类多环烃的命名。

① 桥环烃命名。分子中碳环共用两个或两个以上碳原子的环烃称为桥环烃（bridged hydrocarbons），共用碳原子即桥头碳，连接在两个桥头碳之间的碳链称为桥路。自然界中存在的樟脑、冰片、蒎烯以及金刚烷等均属桥环烃。命名时首先确定母体烃的环数，然后从一个桥头碳开始编号，沿着最长的桥路经另一个桥头碳原子，再沿次长的桥路编回到开始的桥头碳原子，最短桥路上的碳原子从编号低的桥头碳一端开始最后编号。其中取代基的编号也必须遵循最低序列编号原则，最后命名书写格式为"取代基 X 环［a.b.c］某烷"，X 表示环数，a、b、c 表示除桥头碳外，组成桥路的碳原子数，依照从多到少的顺序排列。

二环[3,1,0]己烷　　二环[2,1,1]己烷　　2-甲基二环[2,2,1]庚烷　　二环[4,4,0]癸烷

② 螺环烃命名。分子中两个碳环共用一个碳原子的环烃称为螺环烃（spirocyclichydrocarbons），共用的碳即螺原子。命名时将螺环定为母体烃，编号从螺原子的邻位碳开始，从小环经螺原子到大环，在同一时针方向保证取代基遵循最低序列编号原则，最后命名书写格式为"取代基螺［m.n］某烷"，m 表示除螺原子外组成较小环的碳原子数；n 表示除螺原子外组成较大环的碳原子数。

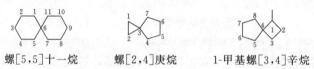

螺[5,5]十一烷　　螺[2,4]庚烷　　1-甲基螺[3,4]辛烷

四、环烷烃的性质

（一）物理性质

环烷烃的性质和开链烷烃相差不大，在单环烷烃分子中，小环为气态，普通环为液态，中环及大环为固态。环烷烃体系具有刚性和对称性，可以比直链烷烃排列得更紧密，范德华引力有所增强，故环烷烃的熔点和沸点都比相应的烷烃高一些，相对密度也比相应烷烃高，但仍比水轻。其中，熔点的变化相对无序，这可能和不同环的形状在晶格中堆积的有效性有关。环烷烃是非极性分子，易溶于非极性或弱极性的有机溶剂，难溶于极性溶剂。常见环烷烃的物理常数见表 9-4。

表 9-4　环烷烃的物理常数

名称	熔点/℃	沸点/℃ (0.1MPa)	相对密度	名称	熔点/℃	沸点/℃ (0.1MPa)	相对密度
环丙烷	−127	−34	0.689	环己烷	6	80	0.778
环丁烷	−90	−12	0.689	环庚烷	8	119	0.810
环戊烷	−93	49	0.746	环辛烷	4	148	0.830

（二）化学性质

环烷烃的化学性质同链状烷烃的性质非常相似，对一般的化学试剂表现出稳定性，主要能发生自由基型的卤代反应。但是小环烷烃（三元环和四元环）具有一些特殊的性质，分子不稳定，容易发生开环加成反应。

1. 卤代反应

同开链烷烃类似，在光照或加热的条件下易发生自由基取代。

$$\triangle + Cl_2 \xrightarrow{h\nu} \triangle\!\!-\!Cl + HCl$$

$$\pentagon + Br_2 \xrightarrow{300℃} \pentagon\!\!-\!Br + HBr$$

2. 加成反应

这里的加成反应主要是指环丙烷和环丁烷的特殊性质，对于五元环以上的环烃，结构相对稳定，在相同的条件下难以发生开环加成反应。

① 催化氢化。在金属催化剂（如 Ni、Pd、Pt 等）催化下，环丙烷和环丁烷在一定温度下可以同氢气加成，开环生成饱和链状烷烃化合物。

$$\triangle + H_2 \xrightarrow[80℃]{Ni} CH_3CH_2CH_3$$

$$\square + H_2 \xrightarrow[200℃]{Ni} CH_3CH_2CH_2CH_3$$

$$\pentagon + H_2 \xrightarrow[300℃]{Pt} CH_3CH_2CH_2CH_2CH_3$$

② 加卤素反应。环丙烷在室温下很容易和 Br_2 反应，而与 Cl_2 室温下不易反应，一般要在 Lewis 酸的催化下才发生加成反应。环丁烷在室温下很难与 Br_2 反应，在加热条件下则可进行开环反应。

$$\triangle \begin{array}{l} \xrightarrow[室温]{Br_2/CCl_4} CH_2\!-\!CH_2\!-\!CH_2 \\ \quad\quad\quad\quad\quad |\quad\quad\quad\quad | \\ \quad\quad\quad\quad\quad Br\quad\quad\quad\quad Br \\ \xrightarrow[FeCl_3]{Cl_2} CH_2\!-\!CH_2\!-\!CH_2 \\ \quad\quad\quad\quad\quad |\quad\quad\quad\quad | \\ \quad\quad\quad\quad\quad Cl\quad\quad\quad\quad Cl \end{array}$$

$$\square + Br_2 \xrightarrow[\triangle]{CCl_4} BrCH_2CH_2CH_2CH_2Br$$

由于三元环与溴的 CCl_4 溶液反应，所以不能用溴褪色法区别小环烷烃和烯烃。

③ 加氢卤酸反应。环丙烷在室温下很容易和氢卤酸（HCl、HBr、HI）反应，而环丁烷在室温时与氢卤酸一般不反应。

$$\triangleright + HBr \xrightarrow{室温} \diagup\!\!\!\diagdown Br$$

$$\triangleright + HBr \xrightarrow{室温} \underset{Br}{\diagup\!\!\!\diagdown}$$

$$\diagup\!\!\!\bigtriangleup + HBr \xrightarrow{室温} \underset{Br}{\diagup\!\!\!\diagdown}$$

④ 与 H_2SO_4 加成。环丙烷的取代衍生物在室温下用浓硫酸处理，再和水共热，可以发生如下反应：

$$\underset{CH_3}{\overset{CH_3}{\diagup\!\!\!\bigtriangleup}}CH_3 + H_2SO_4 \longrightarrow CH_3-\underset{}{\overset{CH_3}{CH}}-\underset{OSO_3H}{\overset{CH_3}{C}}-CH_3 \xrightarrow[\triangle]{H_2O} CH_3-\underset{}{\overset{CH_3}{CH}}-\underset{OH}{\overset{CH_3}{C}}-CH_3$$

实验证明，环丙烷与卤素 X_2、氢卤酸 HX 以及浓硫酸 H_2SO_4 的加成反应是一类离子型加成反应。当环丙烷的衍生物与 HX 或 H_2SO_4 加成时，加成符合 Markovnikov 规则（简称马氏规则），酸中的 H^+（亲电试剂）加在连氢较多的碳原子上，而 X- 或 HS（亲核试剂）加在连氢较少的碳原子上。

思考与练习题

1. 用系统命名法命名下列各化合物。

(1) $(CH_3CH_2)_4C$

(2) $(C_2H_5)_2CHCH(C_2H_5)CH_2CH(CH_3)_2$

(3) $CH_3CH_2-\underset{}{\overset{CH_3}{CH}}-\overset{CH_2CH_3}{\underset{}{CH}}CH_2CH_3$

(4) $CH_3CH_2\underset{CH(CH_3)_2}{\overset{}{CH}}CH_2CH(CH_3)_2$

(5) [结构式图]

(6) [甲基螺环结构图] CH_3

(7) [1,4-二甲基环己烷结构图] H_3C, CH_3

2. 写出下列化合物的构造式。

(1) 2,6-二甲基-3,6-二乙基辛烷

(2) 异戊烷

(3) 2-甲基-3-异丙基己烷

(4) 1-溴-1-甲基环己烷

(5) 顺-1-甲基-3-氯环己烷

(6) 2-甲基-3-乙基戊烷

3. 写出下列各反应的主要产物。

(1) $CH_4 + Br_2 \xrightarrow{光照}$

(2) 环戊烷 + $Br_2 \xrightarrow{光照}$

(3) 环丙烷 + $H_2 \xrightarrow{光照}$

4. 元素分析得知含碳 84.1%、含氢 15.9%、分子量为 114 的烷烃分子中,所有的氢原子都是等性的。写出该烷烃的分子式和结构式,并用系统命名法命名。

5. 化合物 A 的分子式为 C_4H_8,室温下能使溴水褪色,生成化合物 B,分子式为 $C_4H_8Br_2$,但不能被高锰酸钾溶液褪色。A 经催化氢化后生成丁烷。写出 A 和 B 的结构式。

第十章

不饱和烃

 知识目标：

1. 熟悉烯烃和炔烃的命名规则；
2. 知道烯烃和炔烃的结构；
3. 掌握烯烃和炔烃的理化性质；
4. 了解烯烃和炔烃在相关领域的应用。

 能力目标：

1. 会烯烃和炔烃的命名；
2. 能区分烷烃的同分异构体；
3. 能利用烯烃和炔烃的理化性质进行鉴别。

 素质目标：

1. 以我国药物化学家屠呦呦与抗疟疾药物青蒿素的故事为案例，培养吃苦耐劳的奉献精神，提高民族的自信心；
2. 以现代有机合成之父、诺贝尔化学奖获得者罗伯特·伯恩斯·伍德沃德的故事，强化实践出真知意识，培养创新思维。

分子中含有碳碳双键或碳碳三键的烃称为不饱和烃。含有碳碳双键（—C═C—）的烃称为烯烃，含有碳碳三键（—C≡C—）的烃称为炔烃。由于不饱和键的存在，烯烃和炔烃的化学性质比烷烃活泼，且性质也有很多相似之处。

第一节 烯烃

分子中含有碳碳双键的烃称为烯烃，根据含双键的数目不同，烯烃可分为单烯烃、二烯烃、多烯烃。而通常所讲的烯烃指的是单烯烃。含有一个双键的开链烯烃比相应的烷烃少两个氢原子，具有通式 C_nH_{2n}（$n \geq 2$），与含相同碳原子数的单环环烷烃互为构造异构体。

一、烯烃的结构

乙烯（$CH_2═CH_2$）是最简单的烯烃。分子中碳原子均为 sp^2 杂化，即由一个 s 轨道与两个 p 轨道进行杂化，组成三个 sp^2 杂化轨道，三个 sp^2 杂化轨道的轴在一个平面上，夹角都是 120°，余下一个 p 轨道不参加杂化，其轴垂直于三个 sp^2 杂化轨道轴所在的平面。

在乙烯分子中，2 个碳原子各以 1 个 sp^2 杂化轨道沿着键轴方向"头碰头"重叠，形成 1 个 C—C σ 键，并用其余 2 个 sp^2 轨道分别与氢原子的 s 轨道重叠形成 4 个 C—H σ 键，分子中 6 个原子都处于同一个平面上。另外，2 个碳原子中未参与杂化的 p 轨道彼此"肩并肩"重叠形成 π 键，π 键电子云对称分布在分子平面的上方和下方，如图 10-1 所示。

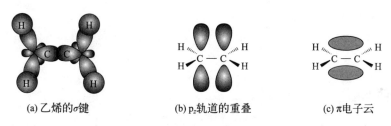

(a) 乙烯的σ键　　　(b) p_z 轨道的重叠　　　(c) π电子云

图 10-1　乙烯分子中的 σ 键和 π 键

由于 π 键是由 2 个 p 轨道侧面重叠而成，重叠程度较小，因此 π 键不如 σ 键牢固，也不稳定，容易断裂。这还可以从键能数据得到证明：碳碳双键的键能为 610kJ·mol^{-1}，并不是单键键能 345kJ·mol^{-1} 的两倍，而是 1.76 倍左右，可见 π 键的键能比 σ 键的键能小。为了书写方便，双键一般用两条短线表示。但是必须理解这两条短线的含义不同，一条代表 σ 键，另一条代表 π 键。

二、烯烃的同分异构

烯烃的异构现象比烷烃复杂，构造异构中有碳链异构和双键位置异构。另外，烯烃还存在顺反异构现象。

① 碳链异构。由于碳链的骨架不同而引起的异构现象。例如：

$$CH_3CH_2CH=CH_2 \qquad CH_3-\underset{\underset{CH_3}{|}}{C}=CH_2$$

丁-1-烯   2-甲基丙烯
but-1-ene   2-methylpropene

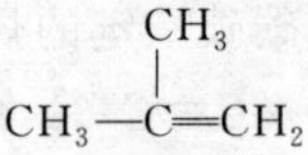

② 双键位置异构。由于双键在碳链上的位置不同而引起的异构现象。例如：

$$CH_3CH_2CH=CH_2 \qquad CH_3CH=CHCH_3$$

丁-1-烯   丁-2-烯
but-1-ene   but-2-ene

③ 顺反异构。在烯烃分子中 π 键限制了碳碳双键的自由旋转，致使与双键碳原子直接相连的原子或基团在空间的相对位置被固定下来。例如，丁-2-烯有下列两种异构体：

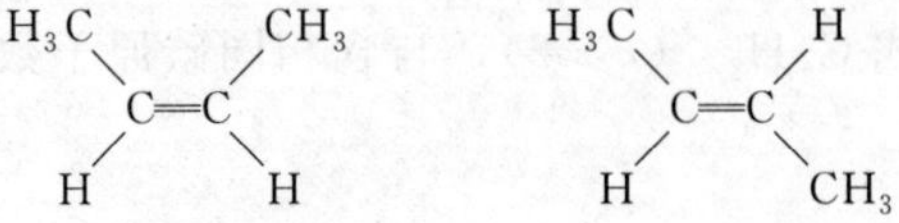

顺-丁-2-烯   反-丁-2-烯

像这种由于碳碳双键（或碳环）不能旋转而导致分子中的原子或原子团的空间排列方式不同所产生的异构现象称为顺反异构，又称几何异构，属于立体异构的一种。

对于烯烃来说每个双键碳原子所连接的两个原子或基团不同时，才会有顺反异构体。例如：

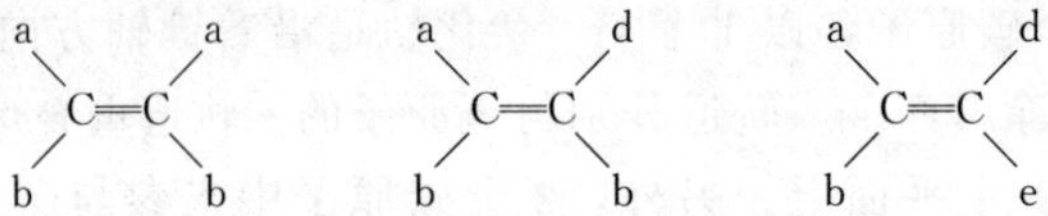

如果组成双键的碳原子之一所连的两个原子（或基团）是相同的，就没有异构现象。例如：

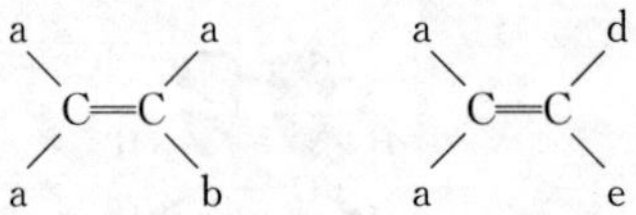

三、烯烃的命名

1. 烯烃的系统命名法

烯烃的命名原则和烷烃基本相同，多采用系统命名法，个别简单的单烯烃可以按普通命名法命名。例如：

$$CH_2=CH_2 \qquad CH_3-CH=CH_2 \qquad CH_2=\underset{\underset{CH_3}{|}}{C}-CH_3$$

乙烯   丙烯   异丁烯

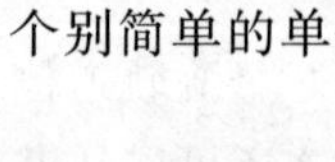

烯烃的系统命名法基本上与烷烃相似，其要点如下。

① 选择分子内最长碳链作为主链，支链作为取代基。如主链含有双键，根据主链所含碳原子数称为"某烯"。英文名称可将烷烃名称的后缀-ane 改为-ene（烯）。例如下面化合物的母体为己烷，而非戊烯。

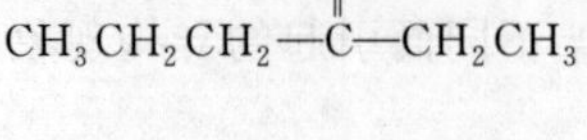

$$CH_3CH_2CH_2-\underset{\underset{CH_2CH_3}{|}}{\overset{\overset{CH_2}{||}}{C}}-CH_2CH_3$$

② 将主链上的碳原子按次序规则编号。如主链含双键，则应先给予双键最小编号，再对取代基按次序规则编号。双键的位次用两个碳原子中编号小的位次表示，写在"某烯"的"烯"之前，前后用半字线相连。

③ 取代基的位次、数目、名称写在母体名称之前，其原则和书写格式与烷烃的命名原则相同。例如：

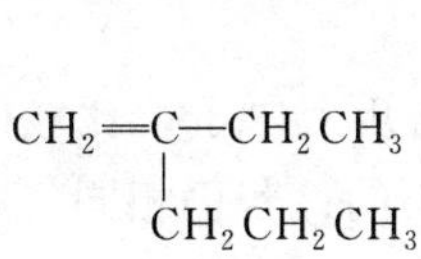

$$CH_2=C-CH_2CH_3 \atop |\ CH_2CH_2CH_3$$
3-甲亚基己烷
3-methylidenehexane

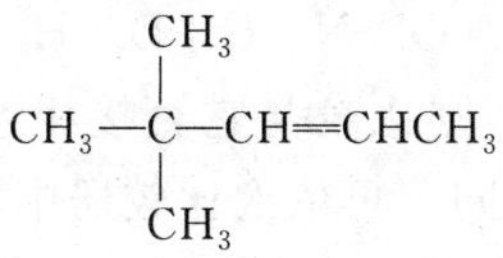

$$CH_3-C-CH=CHCH_3 \atop \underset{CH_3}{|}\overset{CH_3}{|}$$
4,4-二甲基戊-2-烯
44-dimethylpent-2-ene

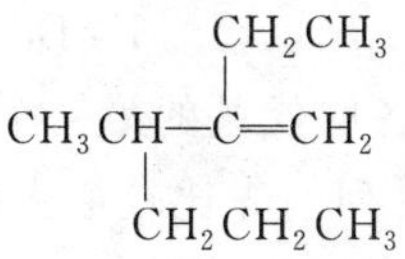

$$CH_3CH-C=CH_2 \atop \underset{CH_2CH_3}{|}\overset{CH_2CH_3}{|}$$
4-甲基-3-甲亚基庚烷
4-methyl-3-methylideneheptane

与烷烃不同，烯烃主链的碳原子数多于十个时，命名时中文数字与烯字之间应加一个"碳"字（烷烃不加碳字），称为"某碳烯"。例如：

$$CH_3(CH_2)_3CH=CH(CH_2)_4CH_3$$
十一碳-5-烯
undec-5-ene

$$CH_3(CH_2)_{10}C\equiv CH$$
十三碳-1-炔
tridex-1-yne

通常将碳碳双键处于端位（双键在C1和C2之间）的烯烃，称为α-烯烃，如戊-1-烯等。这一术语在石油化学工业中使用较多。

环烯烃的命名是以环烯为母体，成环碳原子编号时，把1、2位次留给双键碳原子，但命名时位次号"1"通常省略。取代基放在母体名称之前（与烯烃相同）。例如：

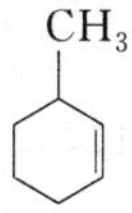

3-甲基环己烯 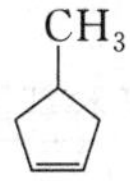   4-甲基环戊烯

2. 烯烃顺反异构体的命名

烯烃顺反异构体的命名可采用两种方法——顺反标记法和 Z/E-标记法。

(1) 顺反标记法

当两个双键碳原子上连接的两个相同原子或基团处于同侧的，称为顺式，反之称为反式，书写时分别冠以顺、反，并用半字线与烯烃名称相连。如戊-2-烯，可采用顺反命名法。

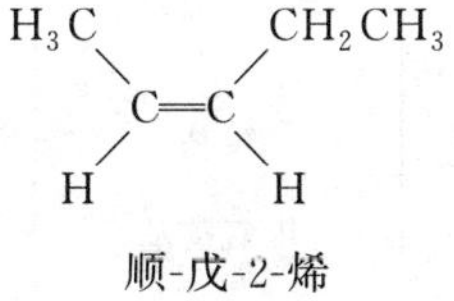

顺-戊-2-烯
cis-pent-2-ene

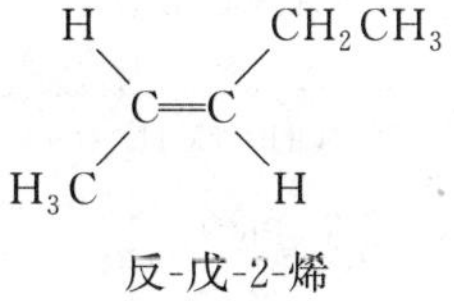

反-戊-2-烯
trans-pent-2-ene

但当两个双键碳上连接的四个原子或基团都不同时，则很难用顺反标记法命名。例如：

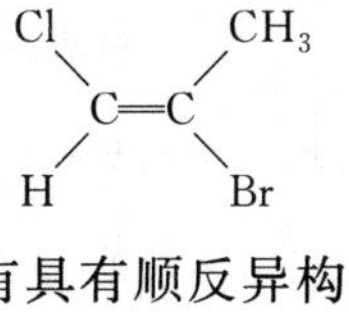

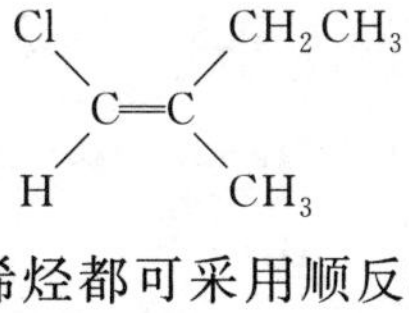

由此可见，并不是所有具有顺反异构体的烯烃都可采用顺反标记法进行命名。而 Z/E-标记法适用于所有烯烃的顺反异构体，故在烯烃的系统命名法中采用 Z/E-标记法。

（2）次序规则

在了解 Z/E-标记法前，首先要介绍"次序规则"。"次序规则"是用来决定不同原子或原子团相互排列顺序的规则，其主要内容如下。

① 将各种取代基与主链直接相连的原子按其原子序数大小排列，大者为"较优"基团。若为同位素，则质量高的为"较优"基团，孤电子对排在最后。例如：

$$I>Br>Cl>S>F>O>N>C>D>H>\text{孤电子对}$$

② 若各取代基的第一个原子相同，则比较与它直接相连的其他几个原子，比较时，按原子序数排列。先比较最大的，若仍相同，再依次比较居中的、最小的；若仍相同，则沿取代链逐次比较，直到找出较优基团。例如：

$$-C(CH_3)_3 > -CH(CH_3)_2 > -CH_2CH_3 > -CH_3$$
$$-CH_2\text{-}Cl > -CH_2\text{-}OH > -CH_2\text{-}NH_2 > -CH_3$$

③ 若基团中含有不饱和键时，将双键或三键原子看作以单键和2个或3个原子相连接。例如：

常见原子和基团的次序排列见表 10-1。

表 10-1 常见原子和基团的次序规则（按优先递升次序排列）

序号	取代基	构造式	序号	取代基	构造式
0	未共用电子对		14	苯基	
1	氢	H	15	丙-1-炔基	$CH_3C\equiv C-$
2	氘	^2H 或 D	16	氰基	NC—
3	甲基	CH_3-	17	羟甲基	$HOCH_2-$
4	乙基	CH_3CH_2-	18	甲酰基	O=CH—
5	丙-2-烯基	$CH_2=CHCH_2-$	19	乙酰基	$H_3C-C(=O)-$
6	丙-2-炔基	$CH\equiv CCH_2-$	20	羧基	HOOC—
7	苯甲基	$PhCH_2-$	21	甲氧羰基	CH_3OOC-
8	异丙基	$(CH_3)_2CH-$	22	氨基	H_2N-
9	乙烯基	$CH_2=CH-$	23	甲氨基	CH_3NH-
10	环己基		24	二甲氨基	$(CH_3)_2N-$
11	丙-1-烯基	$CH_3CH=CH-$	25	硝基	O_2N-
12	叔丁基	$(CH_3)_3C-$	26	羟基	HO—
13	乙炔基	$HC\equiv C-$	27	甲氧基	CH_3O-

续表

序号	取代基	构造式	序号	取代基	构造式
28	苯氧基	PhO—	34	甲磺酰基	CH_3SO_2—
29	乙酰氧基	CH_3COO—	35	磺酸基	$HOSO_2$—
30	氟	F—	36	氯	Cl—
31	巯基	HS—	37	溴	Br—
32	甲硫基	CH_3S—	38	碘	I—
33	甲亚磺酰基	$CH_3-\overset{O}{\underset{}{S}}-$			

(3) Z/E-标记法

结构简单的几何异构体采用顺反标记法，对于结构复杂的几何异构体（双键碳上连接的四个原子或基团完全不同）的记法，国际上做了统一规定。其原则是：分别将与双键碳原子相连的两个原子或基团按次序规则排序，定出较优基团，该两个碳原子上的较优基团在双键的同侧时，以字母 Z 表示，反之，则以字母 E 表示。Z 和 E 分别是德文 zusammen 和 entgegen 的第一个字母，前者的意思是"在一起"，后者的意思是"相反、相对"。例如，在碳碳双键上分别连有 a、b 及 d、e 四个完全不同的基团时，假设 a 优于 b，d 优于 e，即 a 及 d 分别为较优基团时：

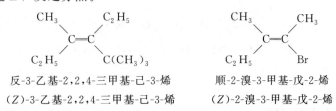

Z/E 构型命名法适用于所有具有顺反异构体的烯烃的命名。但必须指出，顺反标记法和 Z/E-标记法是表示烯烃构型的两种不同标记方法，顺和 Z、反和 E 不是对应关系，顺可以是 Z，也可以是 E，反之亦然。

反-3-乙基-2,2,4-三甲基-己-3-烯
(Z)-3-乙基-2,2,4-三甲基-己-3-烯

顺-2-溴-3-甲基-戊-2-烯
(Z)-2-溴-3-甲基-戊-2-烯

四、烯烃的性质

（一）烯烃的物理性质

烯烃的物理性质和烷烃很相似，常温常压下 $C_2 \sim C_4$ 的烯烃是气体，$C_5 \sim C_{18}$ 的烯烃是液体，C_{19} 以上的烯烃是固体（表 10-2）。烯烃密度小于 $1g \cdot cm^{-3}$，不溶于水而易溶于非极性或弱极性有机溶剂如石油醚、苯、氯仿、乙醚等。与烷烃一样，烯烃的熔点和沸点随碳原子的增加而升高。同分异构体中，直链烯烃的沸点比支链烯烃高；对于顺反异构体，由于顺式异构体的极性大于反式，所以顺式异构体的沸点一般比反式异构体略高；而对于熔点来说

则相反，这是因为反式异构体对称性较高，其分子在晶格中可以排列较紧密，故而反式异构体的熔点较顺式异构体略高一些。

表 10-2　一些烯烃的物理常数

化合物	分子式	熔点/℃	沸点/℃	密度 $d/\text{g}\cdot\text{cm}^{-3}$
乙烯	$CH_2=CH_2$	−169.2	−103.7	0.5762(−108.7℃)
丙烯	$CH_2=CHCH_3$	−185.2	−47.4	0.6486(−78℃)
丁-1-烯	$CH_2=CHCH_2CH_3$	−185.3	−6.5	0.62
异丁烯	$CH_2=C(CH_3)_3$	−140.3	−6.9	0.5942
戊-1-烯	$CH_2=CHCH_2CH_2CH_3$	−165.2	30.1	0.6405
己-1-烯	$CH_2=CHCH_2CH_2CH_2CH_3$	−139.9	63.3	0.678
庚-1-烯	$CH_2=CHCH_2CH_2CH_2CH_2CH_3$	−119.2	93.6	0.6970
十八碳-1-烯	$CH_2=CH(CH_2)_{15}CH_3$	17.5	314	0.789(25℃)

（二）烯烃的化学性质

碳碳双键是烯烃化合物的特征官能团，是这类化合物的反应中心。由于 π 键比 σ 键更容易断裂，因此烯烃的化学性质比烷烃活泼，易发生加成、氧化、聚合等反应。

1. 加成反应

在烯烃分子中，碳碳双键容易断裂，分别与其他原子或基团结合，形成两个较强的 σ 键，生成加成产物。

$$\text{C=C} + \text{X-Y} \longrightarrow \underset{\text{X\quad Y}}{\text{C—C}}$$

这类反应称为加成反应，它是烯烃的典型反应。

（1）催化加氢

烯烃与氢在催化剂（Ni、Pd、Pt）作用下发生加成反应，生成相应的烷烃：

$$R-CH=CH_2 + H_2 \xrightarrow{\text{催化剂}} R-CH_2CH_3$$

此反应定量完成，可以根据反应吸收氢的量来确定分子中所含双键的数目。

（2）亲电加成

由于烯烃分子中含有 π 键，π 电子受原子核的束缚较小，结合较松散，容易失去电子，可作为电子源与需要电子的试剂发生加成反应。这种需要电子的试剂称为亲电试剂，常见的亲电试剂有：卤素（Br_2、Cl_2）、卤化氢、硫酸及水等。烯烃与亲电试剂发生的反应称为亲电加成反应。

① 加卤素。烯烃容易与卤素发生加成反应生成邻二卤化物，此反应在常温下就可以迅速、定量进行。例如，将烯烃气体通入溴或溴的四氯化碳溶液中，溴的红棕色立即消失，表明发生了加成反应。在实验室中，常利用这个反应来检验烯烃的存在。

$$CH_2=CH_2 \xrightarrow[CCl_4]{Br_2} \underset{\text{Br\quad Br}}{CH_2-CH_2}$$

除溴外，常用的卤素还有氯。相同的烯烃和不同的卤素进行加成时，卤素的活性顺序为：氟＞氯＞溴＞碘。氟与烯烃的反应太剧烈而难以控制，碘与烯烃的加成反应比较困难。不同的烯烃与相同的卤素进行加成时，双键碳原子上连接的烷基多者，反应速率快。

② 加卤化氢。烯烃与卤化氢加成，生成一卤代物。

$$CH_2=CH_2 + HX \longrightarrow CH_3CH_2X$$

不同的烯烃与相同的卤化氢进行加成时，双键碳原子上连接供电子的烷基越多，加成反应速率越快；连接吸电子基越多，加成反应速率越慢。不同卤化氢与相同的烯烃进行加成时，反应活性顺序为：HI＞HBr＞HCl。HF 一般不与烯烃加成。

乙烯是对称分子，不论氢原子或卤原子加到哪一个碳原子上，得到的产物都是一样的。但是丙烯等不对称的烯烃与卤化氢加成时，可能得到两种不同的产物。

$$CH_3-CH=CH_2 + HX \longrightarrow \begin{array}{l} CH_3-CH-CH_3 \quad 2\text{-卤代丙烷} \\ \qquad\quad | \\ \qquad\quad X \\ CH_3-CH_2-CH_2 \quad 1\text{-卤代丙烷} \\ \qquad\qquad\qquad | \\ \qquad\qquad\qquad X \end{array}$$

实验证明，丙烯与卤化氢加成的主要产物是 2-卤代丙烷。1868 年俄国化学家马尔科夫尼科夫（Markovnikov）在总结大量实验事实的基础上，提出了一条重要的经验规则：不对称烯烃与不对称的亲电试剂进行加成反应时，亲电试剂中的正电基团（如氢）总是加在连氢最多（取代最少）的碳原子上，而负电基团（如卤素）则会加在连氢最少（取代最多）的碳原子上。这个经验规则叫作马尔科夫尼科夫规则，简称马氏规则。利用此规则可以预测很多不对称烯烃与不对称亲电试剂加成反应的主要产物。

卤化氢与不对称烯烃加成时一般服从马氏规则，但在过氧化物存在下，溴化氢与不对称烯烃的加成是反马氏规则的。例如，在过氧化物存在下丙烯与溴化氢的加成，生成的主要产物是 1-溴丙烷，而不是 2-溴丙烷。这种由于过氧化物的存在而引起烯烃加成取向的改变，称为过氧化物效应。

$$CH_3-CH=CH_2 + HBr \xrightarrow{\text{过氧化物}} CH_3CH_2CH_2Br$$

③ 加硫酸。烯烃与冷的浓硫酸混合，反应生成硫酸氢酯，硫酸氢酯水解生成相应的醇。不对称烯烃与硫酸的加成反应，遵守马氏规则。例如：

$$CH_3-CH=CH_2 + HOSO_3H \longrightarrow \underset{\underset{OSO_3H}{|}}{CH_3CHCH_3} \xrightarrow[\triangle]{H_2O} \underset{\underset{OH}{|}}{CH_3CHCH_3} + H_2SO_4$$

硫酸氢异丙酯　　　异丙醇

这是工业上制备醇的方法之一，其优点是对烯烃原料的纯度要求不高，技术成熟，转化率高，但反应需使用大量的酸，易腐蚀设备，且后处理困难。由于硫酸氢酯能溶于浓硫酸，因此可用来提纯某些化合物。例如，烷烃一般不与浓硫酸反应，也不溶于硫酸，用冷的浓硫酸洗涤烷烃和烯烃的混合物，可以除去烷烃中的烯烃。

④ 加水。在酸（常用硫酸或磷酸）催化下，烯烃与水直接加成生成醇。不对称烯烃与水的加成反应也遵从马氏规则。例如：

$$CH_2=CH_2 + HOH \xrightarrow[300℃, 7MPa]{H_3PO_4/\text{硅藻土}} CH_3CH_2OH$$

$$CH_3-CH=CH_2 + HOH \xrightarrow[200℃, 2MPa]{H_3PO_4/硅藻土} CH_3\underset{\underset{OH}{|}}{CH}CH_3$$
异丙醇

上述反应也是醇的工业制法之一,称为烯烃的水合反应(直接水合法)。此法简单、价格低廉,但对设备要求较高,尤其是需要选择合适的催化剂。

⑤ 加次卤酸。烯烃与次卤酸(常用次氯酸和次溴酸)加成生成 β-卤代醇。例如:

$$CH_3CH=CH_2 + HO-X \longrightarrow CH_3\underset{\underset{OH}{|}}{CH}-\underset{\underset{X}{|}}{CH_2}$$

在实际生产中,由于次卤酸不稳定,通常用氯或溴与水混合代替次卤酸与乙烯反应生成 β-氯乙醇。例如:

$$CH_2=CH_2 + Cl_2 \xrightarrow{H_2O} \underset{\underset{OH}{|}}{CH_2}-\underset{\underset{Cl}{|}}{CH_2}$$

不对称烯烃与次卤酸的加成反应,也遵循马氏规则,亲电试剂中的卤元素加到含氢较多的双键碳原子上,羟基加到含氢较少的双键碳原子上。

2. 氧化反应

碳碳双键的活泼性也表现为容易被氧化。烯烃的氧化除与其结构有关外,随氧化剂和氧化条件的不同而产物各异。

(1) 高锰酸钾氧化

用等量稀的碱性或中性高锰酸钾水溶液,在较低温度下氧化烯烃及其衍生物时,则双键中的 π 键被断开,引入两个羟基,生成邻二醇或其衍生物。此反应具有非常明显的现象——高锰酸钾溶液的紫色逐步褪去,同时生成棕褐色的二氧化锰沉淀,故可以用来鉴定含有碳碳双键的不饱和烃。例如:

$$R-CH=CH_2 + KMnO_4 + H_2O \xrightarrow[或中性]{稀 OH^-} R-\underset{\underset{OH}{|}}{CH}-\underset{\underset{OH}{|}}{CH_2} + MnO_2\downarrow + KOH$$

在加热或酸性高锰酸钾溶液等条件下氧化烯烃,碳碳双键完全断裂,同时双键碳原子上的 C—H 也被氧化而生成含氧化合物。例如:

$$R-CH=CH_2 \xrightarrow[H^+]{KMnO_4} R-COOH + CO_2 + H_2O$$

$$R-CH=CHR' \xrightarrow[H^+]{KMnO_4} R-COOH + R'-COOH$$

$$R-CH=C\underset{R''}{\overset{R'}{\diagdown}} \xrightarrow[H^+]{KMnO_4} R-COOH + R'-\underset{\underset{O}{\|}}{C}-R''$$

烯烃结构不同,氧化产物也不同,因此通过分析氧化产物,可推测原烯烃的结构。

(2) 臭氧氧化

将含有 6%~8% 臭氧的氧气在低温下通入烯烃的非水溶液中,烯烃迅速被氧化成臭氧化物,这个反应称为臭氧化反应。由于臭氧化合物不稳定易爆炸,因此反应产物不需分离,可直接水解生成醛或酮,同时伴随有过氧化氢生成。为防止反应产物被过氧化氢氧化,在水解时通常加入少量的还原剂（如锌粉），或在铂、钯等催化剂存在下直接通入 H_2 分解。

$$\underset{R'}{\overset{R}{C}}=CH-R'' \xrightarrow{O_3} \underset{\underset{O-O}{R'}}{\overset{R}{\underset{|}{C}}}\underset{\underset{H}{|}}{\overset{O}{\underset{|}{C}}}R'' \xrightarrow{Zn/H_2O} \underset{R'}{\overset{R}{C}}=O + O=\underset{R''}{\overset{H}{C}}$$

臭氧化物　　　　　　酮　　　醛

$$\underset{\underset{CH_3}{|}}{CH_3C}=CHCH_3 \xrightarrow[(2)\ Zn/H_2O]{(1)\ O_3} \underset{\underset{CH_3}{|}}{CH_3C}=O + CH_3CH_2OH$$

根据烯烃臭氧化所得到的产物，也可以推测原来烯烃的结构。

(3) 催化氧化

在活性银催化条件下，乙烯可被空气或氧气氧化，碳碳双键中的 π 键被断裂生成环氧乙烷，这是工业上生产环氧乙烷的主要方法。

$$2CH_2=CH_2 + O_2 \xrightarrow[250℃]{Ag} 2\underset{\underset{O}{\diagdown\diagup}}{CH_2-CH_2}$$

环氧乙烷是重要的有机合成中间体，可用于制造乙二醇、合成洗涤剂、乳化剂、抗冻剂、合成树脂等。

3. 聚合反应

在催化剂的存在下，烯烃分子中的 π 键被断开，通过加成的方式相互结合，生成高分子化合物，这种反应叫聚合反应。反应中的烯烃分子称为单体，生成的产物叫聚合物。聚合反应是烯烃的重要化学反应。现代有机合成工业中，常用的重要烯烃单体有乙烯、丙烯、异丁烯、氯乙烯、苯乙烯等。例如，在齐格勒-纳塔（Ziegler-Natta）催化剂 $[TiCl_4\text{-}Al(C_2H_5)_3]$ 等的作用下，乙烯、丙烯可以聚合为聚乙烯、聚丙烯。

$$nCH_2=CH_2 \xrightarrow{TiCl_4\text{-}Al(C_2H_5)_3} \{CH_2-CH_2\}_n$$
聚乙烯

$$nH_3C=HC=CH_2 \xrightarrow{TiCl_4\text{-}Al(C_2H_5)_3} \{\underset{\underset{CH_3}{|}}{CH}-CH_2\}_n$$
聚丙烯

高分子聚合物有广泛的用途，如聚乙烯是一种电绝缘性能好、用途广泛的塑料；聚氯乙烯用作管材、板材等；聚 1-丁烯用作工程塑料；聚四氟乙烯称为塑料王，广泛用于电绝缘材料、耐腐蚀材料和耐高温材料等。

第二节　二烯烃

分子中含有 2 个或 2 个以上碳碳双键的不饱和烃称为多烯烃，多烯烃中最重要的是二烯烃。二烯烃既包括开链二烯烃，也包括环状二烯烃。最常见的开链二烯烃，分子中至少包含三个碳原子，通式为 C_nH_{2n-2} ($n\geqslant 3$)。

一、二烯烃的分类和命名

根据二烯烃分子中两个双键相对位置的不同，可将二烯烃分为累积二烯烃、隔离二烯烃和共轭二烯烃。

(1) 累积二烯烃

两个双键连在同一个碳原子上的二烯烃称为累积二烯烃。这类化合物数量少、不稳定。例如：

$$H_2C=C=CH_2$$
丙二烯

(2) 隔离二烯烃

两个双键被两个或两个以上的单键隔开的二烯烃称为隔离二烯烃，由于分子中两个双键位置相隔较远，相互影响较小，因此它们的性质与一般烯烃相似。例如：

$$CH_2=CH-CH_2-CH=CH_2$$
戊-1,4-二烯

(3) 共轭二烯烃

两个双键被一个单键隔开的二烯烃称为共轭二烯烃。由于两个双键相互影响，表现出一些特殊的性质，具有重要的理论和实际应用价值。例如：

$$CH_2=CH-CH=CH_2$$
丁-1,3-二烯

二烯烃的命名与烯烃相似，首先选最长碳链为主链，不同之处在于，母体中含有 2 个双键，称为二烯（英文命名使用后缀-diene），然后从离双键最近的一端开始编号，双键的位置由小到大排列，写在母体名称之前，中间用一短横线隔开；取代基写在前，母体写在后。有顺反异构体时，两个双键的 Z 或 E 构型写在整个名称之前逐一标明。例如：

2-甲基丁-1,3-二烯（异戊二烯） 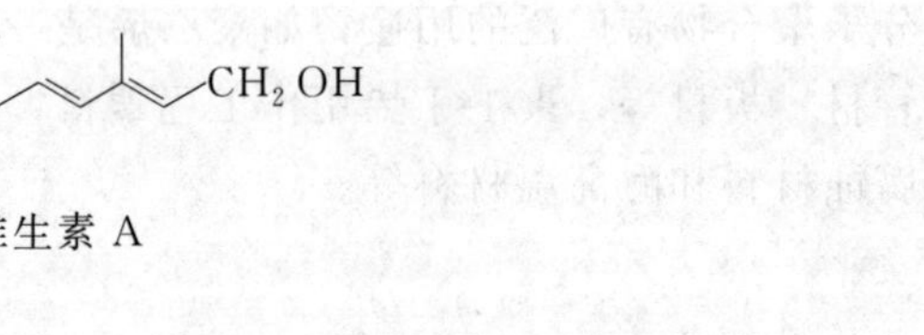　　(2Z,4E)-3-甲基庚-2,4-二烯

有的复杂天然产物含有多个共轭双键，一般用俗名，如胡萝卜素、维生素 A 等。

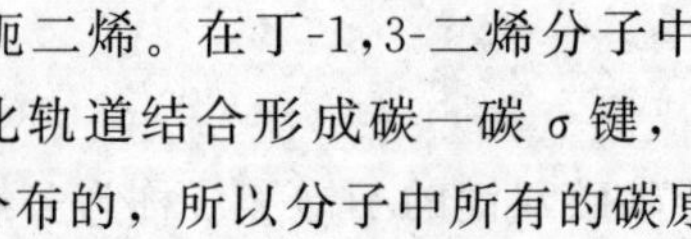

维生素 A

二、共轭二烯烃的结构和共轭效应

丁-1,3-二烯是最简单的共轭二烯。在丁-1,3-二烯分子中，所有的碳原子均采取 sp^2 杂化，它们彼此各以一个 sp^2 杂化轨道结合形成碳—碳 σ 键，其余 sp^2 杂化轨道与氢原子成键。由于 sp^2 杂化轨道是平面分布的，所以分子中所有的碳原子和氢原子有可能都处在同一个平面上，每个碳原子上未参与杂化的 p 轨道则相互平行，如图 10-2 所示。这样，不仅 C1 与 C2 间以及 C3 与 C4 间的 p 轨道重叠而形成 π 键，而且 C2 与 C3 间的 p 轨道由于相邻又互

相平行，也可以部分重叠，从而可以认为C2—C3也具有部分双键的性质。也就是丁-1,3-二烯中四个p电子的运动范围不再局限于C1—C2或C3—C4间，而是扩展到四个碳原子的范围，形成一个离域的大π键，也叫共轭π键。

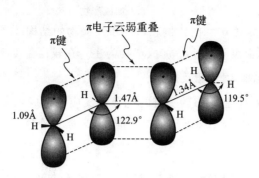

图 10-2　丁-1,3-二烯的共轭π键

在不饱和化合物中，如果与碳-碳双键相邻的原子上有p轨道，则此p轨道可以与两个双键碳形成一个包括两个以上原子的π键，这种体系叫共轭体系。共轭体系有不同的形式，例如：

1,3-丁二烯	氯乙烯	烯丙基自由基
π-π 共轭	p-π 共轭	p-π 共轭

丁-1,3-二烯是由两个相邻的π键形成的共轭体系，叫作π-π共轭体系；氯乙烯分子中氯原子中有p轨道，可以与碳-碳π键共轭，叫作p-π共轭体系；烯丙基自由基中也存在p-π共轭。

共轭体系在物理及化学性质上有许多特殊的表现。共轭体系中电子的离域作用使得电子可以在更大的空间运动，这样可以使体系的能量降低，分子更稳定。共轭体系越大，能量越低，分子越稳定。另外，共轭体系中电子的离域使电子云密度平均化，体现在键长上也发生了平均化，共轭体系中单键与双键的键长有平均化的趋势，即单双键键长的差别缩小。

三、共轭二烯烃的化学性质

共轭二烯烃具有一般单烯烃的化学通性，能发生加成、氧化、聚合等反应。由于共轭体系的存在，共轭二烯烃还具有一些特殊的性质。

1. 亲电加成（1,2-加成和1,4-共轭加成）

共轭二烯烃与卤化氢、卤素等亲电试剂进行加成反应，产物通常有两种。例如丁-1,3-二烯与亲电试剂发生加成反应时，按照一般烯烃的情况，应该只得到1,2-加成产物，但实际上除了1,2-加成产物外，同时还有1,4-加成产物生成，并且往往1,4-加成产物是主要产物。例如与溴加成时，主要产物为C1与C4上各加一个溴，而在C2与C3之间新形成一个双键，这种加成称为 1,4-加成，这是共轭烯烃的特殊反应性能。

$$CH_2=CH-CH=CH_2 + Br_2 \longrightarrow \underset{\underset{Br\ Br}{|\ \ \ |}}{CH_2-CH-CH=CH_2} + \underset{\underset{Br\ \ \ \ \ \ \ \ \ Br}{|\ \ \ \ \ \ \ \ \ \ \ |}}{CH_2-CH=CH-CH_2}$$

1,2-加成产物　　　　1,4-加成产物

1,2-加成产物和 1,4-加成产物的比例，取决于反应物的结构、产物的稳定性，也取决于反应的条件。一般在较低温度下以 1,2-加成产物为主，在较高温度下以 1,4-加成产物为主。

2. 双烯合成——第尔斯-阿尔德反应

共轭二烯与含有碳-碳双键或碳-碳三键的化合物反应可生成六元环状化合物，这类反应称为第尔斯-阿尔德反应（Diels-Alder 环加成反应），又称双烯合成。例如：

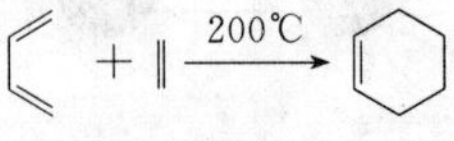

Diels-Alder 反应有两个反应物，共轭二烯称为双烯体，另一个含碳-碳双键或碳-碳三键的化合物称为亲双烯体。亲双烯体上连 —CHO、—COOH、—CN 等吸电子基团时，成环容易进行，收率也高。

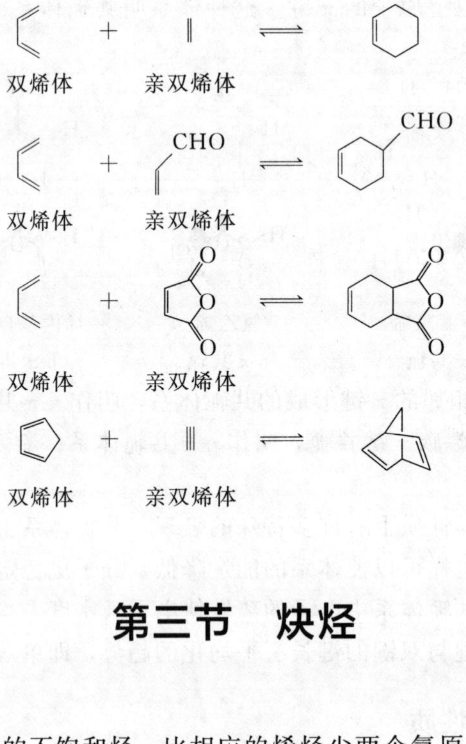

第三节　炔烃

炔烃是含有碳-碳三键的不饱和烃，比相应的烯烃少两个氢原子。含有一个碳-碳三键的开链单炔烃具有通式 C_nH_{2n-2}（$n \geqslant 2$）。

一、炔烃的结构

乙炔（H—C≡C—H）是最简单的炔烃。乙炔分子中，2 个碳原子均为 sp 杂化，每个碳原子形成 2 个能量完全相等的 sp 杂化轨道，每个 sp 杂化轨道含有 1/2s 成分和 1/2p 成分，这 2 个 sp 杂化轨道的对称轴在一条直线上，彼此间夹角为 180°。在乙炔分子中，两个碳原子各以 1 个 sp 杂化轨道"头碰头"互相重叠，形成 1 个 C—C σ 键，又各用余下的另 1

个 sp 杂化轨道和氢原子的 s 轨道重叠，形成两个 C—Hσ 键，如图 10-3 所示。

图 10-3　乙炔分子中的 σ 键

同时，每一个碳原子的 2 个未参与杂化而又互相垂直的 p 轨道两两"肩并肩"重叠，形成两个彼此相垂直的 π 键，从而构成了碳碳三键 [图 10-4(a)]。两个 π 键电子云围绕 C—C σ 键旋转形成一个圆筒形 [图 10-4(b)]。所以炔烃中的三键是由一个 σ 键和两个 π 键组成的。

(a) p_y、p_z 轨道的重叠　　　　　(b) 圆筒形 π 电子云

图 10-4　乙炔分子中 π 键的形成及电子云分布

由于三键的几何形状为直线形，三键碳上只可能连有一个取代基，因此炔烃不存在顺反异构现象，炔烃异构体的数目比含相同碳原子数目的烯烃少。四个碳以上的炔烃，存在碳链异构和官能团位置异构。

二、炔烃的命名

炔烃的系统命名法，其规则与烯烃相同，即选择包含三键的最长碳链为主链，编号由距三键最近的一端开始，取代基位置放在母体名称之前，三键的位置放在炔名之前。但结尾用"炔"字代替"烯"字。例如：

$$CH_3CH_2C{\equiv}CH \qquad (CH_3)_2CHC{\equiv}CCH_3 \qquad (CH_3)_2CHC{\equiv}CH$$

丁-1-炔　　　　　　　　4-甲基-戊-2-炔　　　　　　　3-甲基-丁-1-炔

如果分子中同时含有双键和三键时，选择包括双键和三键的最长碳链为主链，称为某烯炔，给碳链编号时，应使双键、三键具有尽可能低的位次号，再遵循次序规则，其他与烯烃和炔烃命名法相似。

$$CH_3{-}CH{=}CH{-}C{\equiv}CH \qquad CH_3{-}C{\equiv}C{-}CH{=}CH_2$$

戊-3-烯-1-炔　　　　　　　　　　戊-1-烯-3-炔

双键和三键处在相同的位次时，应使双键的编号最小。

$$CH_2{=}CH{-}CH_2{-}C{\equiv}CH$$

戊-1-烯-4-炔

三、炔烃的性质

（一）物理性质

炔烃的物理性质与烷烃和烯烃相似。炔烃的沸点、相对密度等都比相应的烯烃略高些。四个碳以下的炔烃在常温常压下是气体。炔烃比水轻，有微弱的极性，不溶于水，而易溶于石油醚、丙酮、醚类等有机溶剂。表 10-3 列出了一些炔烃的物理性质。

表 10-3　一些炔烃的物理性质

化合物	分子式	熔点/℃	沸点/℃	相对密度
乙炔	CH≡CH	−81.51(18.7kPa)	−83.4	0.6208(−82℃)
丙炔	CH≡CCH$_3$	−102.7	−23.2	0.7062(−50℃)
丁-1-炔	CH≡CCH$_2$CH$_3$	−125.7	8.1	0.668(0℃)
丁-2-炔	CH$_3$C≡CCH$_3$	−32.2	27	0.6910
戊-1-炔	CH≡CCH$_2$CH$_2$CH$_3$	−95	40.2	0.6901
戊-2-炔	CH$_3$C≡CCH$_2$CH$_3$	−109.3	56	0.7107
己-1-炔	CH≡C(CH$_2$)$_3$CH$_3$	−132	71.4	0.715(25℃)
3-甲基-丁-1-炔	CH≡CCH(CH$_3$)$_2$	−89.7	29.5	0.6660

（二）化学性质

炔烃含有碳碳三键，化学性质和烯烃相似，可以与氢气、卤素、卤化氢、水、氢氰酸等发生加成反应，碳碳三键可以被氧化生成羧酸或自身发生聚合等反应。炔烃含有两个 π 键，加成可逐步进行，通过控制反应条件，可以得到与一分子加成的产物，也可得到与两分子加成的产物。炔烃与卤素、卤化氢、水等的加成，都属于亲电加成，但与氢氰酸的加成，属于亲核加成。炔烃中的 π 键和烯烃中的 π 键在强度上有差异，造成两者在化学性质上有差别，即炔烃的亲电加成反应活泼性不如烯烃，且炔烃三键碳上的氢显示一定的酸性。炔烃的主要化学反应如下：

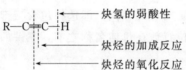

1. 加成反应

（1）催化加氢

一般的炔烃在铂、钯等催化剂的催化下，与氢气反应生成烷烃，很难停留在烯烃阶段。

$$R-C\equiv C-R' \xrightarrow[Pd]{H_2} R-CH=CH-R' \xrightarrow[Pd]{H_2} R-CH_2CH_2-R'$$

但在特殊的催化剂如林德拉（Lindlar）催化剂作用下，能够得到烯烃。林德拉催化剂是把钯沉积于碳酸钙上，加少量醋酸铅和喹啉使之部分毒化，从而降低催化剂的活性。值得一提的是，林德拉催化剂不仅可以使炔烃的还原停留在烯烃阶段，更重要的是由此可以得到顺式构型的烯烃，若要生成反式烯烃，需用金属钠/液氨还原等方法。

$$C_2H_5C\equiv CC_2H_5 + H_2 \xrightarrow[\text{喹啉}]{Pd/CaCO_3} \begin{array}{c} C_2H_5 \quad C_2H_5 \\ \diagdown \quad \diagup \\ C=C \\ \diagup \quad \diagdown \\ H \quad\quad H \end{array}$$

$$C_2H_5C\equiv CC_2H_5 + H_2 \xrightarrow[-33℃]{Na/NH_3} \begin{array}{c} C_2H_5 \quad\quad H \\ \diagdown \quad \diagup \\ C=C \\ \diagup \quad \diagdown \\ H \quad\quad C_2H_5 \end{array}$$

（2）亲电加成

炔烃与卤素、卤化氢、水等试剂加成时，同样遵守马氏规则。

① 加卤素。炔烃和卤素（主要是氯和溴）发生亲电加成反应，反应是分步进行的，先

加一分子卤素生成二卤代烯，然后继续加成得到四卤代烷。

$$HC\equiv CH \xrightarrow{Br_2} \underset{Br}{\underset{|}{CH}}=\underset{Br}{\underset{|}{CH}} \xrightarrow{Br_2} \underset{Br}{\underset{|}{HC}}\overset{Br}{\overset{|}{-}}\underset{Br}{\underset{|}{CH}}$$

1,2-二溴乙烯　1,1,2,2-四溴乙烷

炔烃与溴加成，使溴的颜色褪去，由于三键的活性不如双键，所以炔烃的加成反应比烯烃慢。烯烃可使溴的四氯化碳溶液立刻褪色，炔烃却需要几分钟才能使之褪色。

② 加卤化氢。炔烃与卤化氢加成的速率比烯烃慢，反应是分两步进行的，先加一分子卤化氢，生成卤代烯烃，后者继续与卤化氢加成，生成二卤代烷烃，产物符合马氏规则。加成反应可以停留在第一步。

$$R-C\equiv C-H \xrightarrow{HX} R-\underset{X}{\underset{|}{C}}=CH_2 \xrightarrow{HX} R-\underset{X}{\overset{X}{\underset{|}{\overset{|}{C}}}}-CH_3$$

同碳二卤化合物

$$CH_3CH_2C\equiv CCH_2CH_3 + HCl \xrightarrow[\text{乙酸, 25℃, 97\%}]{(CH_3)_4N^+Cl^-} \underset{H}{\overset{C_2H_5}{\underset{|}{\diagup}}}C=C\underset{C_2H_5}{\overset{Cl}{\diagdown}}$$

（Z）-3-氯己-3-烯

同烯烃与溴化氢加成一样，当有过氧化物存在时，炔烃与溴化氢的加成是自由基加成，得到反马氏规则的产物。

③ 加水。炔烃在催化剂（硫酸汞的硫酸溶液）存在下与水加成，生成不稳定的烯醇式中间体，然后立即发生分子内重排，该反应遵从马氏规则。如果是乙炔与水加成，则最终产物是乙醛，其他炔烃的最终产物都是酮。

$$RC\equiv CH + HOH \xrightarrow[H_2SO_4]{HgSO_4} \left[\underset{OH}{\underset{|}{RC}}=CH_2 \right] \xrightarrow{\text{重排}} R-\overset{O}{\overset{\|}{C}}-CH_3$$

2. 氧化反应

炔烃的氧化反应需要在比较剧烈的条件下进行，产物为三键断裂产物，生成羧酸，端炔碳则氧化为二氧化碳。常用的氧化剂有 O_3、$KMnO_4$、$K_2Cr_2O_7$ 等。和烯烃氧化一样，可以根据生成产物的结构推断原来炔烃的结构。

$$CH_3CH_2CH_2C\equiv CCH_2CH_3 \xrightarrow{O_3} \xrightarrow{H_2O} CH_3CH_2CH_2COOH + CH_3CH_2COOH$$

$$CH_3CH_2CH_2C\equiv CH \xrightarrow{KMnO_4}{OH^-} \xrightarrow{H^+} CH_3CH_2CH_2COOH + CO_2\uparrow$$

3. 聚合反应

乙炔在催化剂的作用下可以发生聚合反应。但与烯烃不同的是，它一般不容易聚合成高聚物，依反应条件的不同，可生成二聚、三聚和四聚物等。这种聚合反应可以看作乙炔的自身加成反应。

$$2HC\equiv CH \xrightarrow[NH_4Cl]{CuCl} CH_2=CH-C\equiv CH \xrightarrow[CuCl, NH_4Cl]{CH\equiv CH} CH_2=CH-C\equiv C-CH=CH_2$$

$$3CH\equiv CH \xrightarrow[60\sim 70℃,\ 1.5MPa]{Ni(CO)_2\cdot PPh_3} \text{[benzene]}$$

$$4CH\equiv CH \xrightarrow[50℃,\ 1.5\sim 2.0MPa]{Ni(CN)_2} \text{[cyclooctatetraene]}$$

4. 端基炔的特性

三键碳原子是 sp 杂化，s 成分所占的比例大于 sp^2 或 sp^3 杂化中 s 成分所占的比例，在形成共价键时，s 成分比例大的杂化轨道使电子更靠近碳原子，意味着碳原子的电负性更大。由于 sp 杂化碳原子的电负性比 sp^2 或 sp^3 杂化碳原子的电负性强，因此与 sp 杂化碳原子相连的氢原子显弱酸性（比水弱）。请比较下列不同杂化的 C—H 酸性。

	H_2O	$CH\equiv CH$	$CH_2=CH_2$	$CH_3—CH_3$
pK_a	15.7	25	44	50

连在三键上的氢称为炔氢。炔氢具有一定的弱酸性，可与碱金属 Na、K 以及氨基钠等强碱作用，形成金属炔化物。末端炔烃（即碳-碳三键在碳链一端的炔烃）也能与银氨溶液或铜氨溶液反应，炔氢被 Ag^+、Cu^+ 等金属离子取代，生成不溶性的炔化银或炔化亚铜。例如：

$$\text{C}_6\text{H}_{11}\text{-}C\equiv C\text{-}H + NaNH_2 \longrightarrow \text{C}_6\text{H}_{11}\text{-}C\equiv C^{\ominus}Na^{\oplus} + NH_3$$

$$R-C\equiv CH + Ag(NH_3)_2^+ \longrightarrow R-C\equiv CAg \downarrow$$

$$R-C\equiv CH + Cu(NH_3)_2^+ \longrightarrow R-C\equiv CCu \downarrow$$

炔化银是灰白色的沉淀，炔化亚铜是红棕色沉淀。由于只有与碳-碳三键中的碳相连的氢原子有这种反应，而其他碳原子上的氢没有这种反应，因此可通过这两个反应来鉴别末端炔烃。

干燥的金属炔化物受热或剧烈撞击时易发生爆炸。所以进行这类鉴别反应后，应加硝酸使金属炔化物分解，避免事故发生。

? 思考与练习题

1. 命名或写出下列化合物的结构式。

(1) $\begin{array}{c}CH_3CH=CCH_2CH_3\\|\\CH_2CH_2CH_3\end{array}$

(2) $\begin{array}{c}CH_3CHCH=CHCH_2CH_3\\|\\CH_3\end{array}$

(3) $\begin{array}{c}\qquad\quad CH_3\\\qquad\quad |\\H_3C-C\equiv CCHCHCH_3\\\qquad\qquad\quad |\\\qquad\qquad\quad CH_3\end{array}$

(4) $\begin{array}{c}H_3C\qquad\quad CH_3\\\quad\diagdown\qquad\diagup\\\quad CHC=CCH\\\quad\diagup\qquad\diagdown\\H_3C\qquad\quad CH_3\end{array}$

(5) $CH_3\underset{\underset{CH_3}{|}}{C}=CH-CH=CH_2$

(6) (Z)-3-乙基-2-己烯

(7) 3-甲基-2-己烯-4-炔

(8) 3,5-二甲基-1,4-庚二烯

2. 写出下列各反应的主要产物。

(1) $CH_3CH_2\underset{\underset{CH_3}{|}}{C}=CHCH_3 \xrightarrow[H^+]{KMnO_4}$

(2) $CH_3\underset{\underset{CH_3}{|}}{C}HCH=CH_2 + HBr \longrightarrow$

(3) $HC\equiv C\underset{\underset{CH_3}{|}}{C}HCH_3 \xrightarrow[H^+]{KMnO_4}$

(4) $CH_3CH_2C\equiv CCH_3 + H_2O \xrightarrow[HgSO_4]{H_2SO_4}$

(5) $CH_3CH_2C\equiv CH + [Ag(NH_3)_2]NO_3 \longrightarrow$

(6)  ⬡ $+ Br_2 \longrightarrow$

(7) 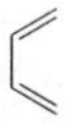 ⌲ $+ H_2C=CH-CHO \xrightarrow{\triangle}$

(8) 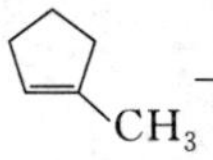 (环戊烯-CH_3) $\xrightarrow[H^+]{KMnO_4}$

3. 用简单并有明显现象的化学方法鉴别下列各组化合物。

(1) 1-丁炔和 2-丁炔

(2) 乙烷、乙烯、乙炔

(3) 1,3-丁二烯和 1-丁炔

4. 结构推测

(1) 分子式为 C_5H_{10} 的化合物 A，与 1 分子氢作用得到 C_5H_{12} 的化合物。A 在酸性溶液中与高锰酸钾作用得到一个含有 4 个碳原子的羧酸。A 经臭氧化并还原水解，得到两种不同的醛。推测 A 的可能结构，用反应式加简要说明表示推断过程。

(2) 具有相同分子式 C_4H_6 的两链烃 A、B，氢化后都生成丁烷，A、B 都可与两分子溴加成；A 可与硝酸银氨溶液作用产生白色沉淀，B 则不能，试推测 A 和 B 的结构，并写出反应式。

附录

附录1 弱酸、弱碱在水中的解离常数（25℃）

1. 弱酸

名称	化学式	酸解离常数 K_a	pK_a
醋酸	HAc	$K_a = 1.76 \times 10^{-5}$	4.75
碳酸	H_2CO_3	$K_{a1} = 4.30 \times 10^{-7}$	6.37
		$K_{a2} = 5.61 \times 10^{-11}$	10.25
草酸	$H_2C_2O_4$	$K_{a1} = 5.90 \times 10^{-2}$	1.23
		$K_{a2} = 6.40 \times 10^{-5}$	4.19
亚硝酸	HNO_2	$K_{a1} = 5.13 \times 10^{-4}$	3.29
磷酸	H_3PO_4	$K_{a1} = 7.5 \times 10^{-3}$	2.12
		$K_{a2} = 6.31 \times 10^{-8}$	7.20
		$K_{a3} = 4.36 \times 10^{-13}$	12.36
亚硫酸	H_2SO_3	$K_{a1} = 1.26 \times 10^{-2}$	1.90
		$K_{a2} = 6.31 \times 10^{-8}$	7.20
硫酸	H_2SO_4	$K_{a2} = 1.20 \times 10^{-2}$	1.92
氢硫酸	H_2S	$K_{a1} = 1.32 \times 10^{-7}$	6.88
		$K_{a2} = 1.2 \times 10^{-13}$	12.92
氢氰酸	HCN	$K_a = 6.17 \times 10^{-10}$	9.21
硼酸	H_3BO_3	$K_a = 5.8 \times 10^{-10}$	9.24
铬酸	H_2CrO_4	$K_{a1} = 1.8 \times 10^{-1}$	0.74
		$K_{a2} = 3.20 \times 10^{-7}$	6.49
氢氟酸	HF	$K_a = 6.61 \times 10^{-4}$	3.18
过氧化氢	H_2O_2	$K_a = 2.4 \times 10^{-12}$	11.62
次氯酸	HClO	$K_a = 3.02 \times 10^{-8}$	7.52
次溴酸	HBrO	$K_a = 2.06 \times 10^{-9}$	8.69
次碘酸	HIO	$K_a = 2.3 \times 10^{-11}$	10.64

续表

名称	化学式	酸解离常数 K_a	pK_a
碘酸	HIO_3	$K_a=1.69\times10^{-1}$	0.77
砷酸	H_3AsO_4	$K_{a1}=6.31\times10^{-3}$	2.20
		$K_{a2}=1.02\times10^{-7}$	6.99
		$K_{a3}=6.99\times10^{-12}$	11.16
亚砷酸	H_3AsO_3	$K_a=6.0\times10^{-10}$	9.22
铵离子	NH_4^+	$K_a=5.56\times10^{-10}$	9.25
质子化六亚甲基四胺	$(CH_2)_6N_4H^+$	$K_a=7.1\times10^{-6}$	5.15
甲酸	$HCOOH$	$K_a=1.77\times10^{-4}$	3.75
氯乙酸	$ClCH_2COOH$	$K_a=1.40\times10^{-3}$	2.85
质子化氨基乙酸	$^+NH_3CH_2COOH$	$K_{a1}=4.5\times10^{-3}$	2.35
		$K_{a2}=1.67\times10^{-10}$	9.78
邻苯二甲酸	$C_6H_4(COOH)_2$	$K_{a1}=1.12\times10^{-3}$	2.95
		$K_{a2}=3.91\times10^{-6}$	5.41
D-酒石酸	$HOOC(OH)CHCH(OH)COOH$	$K_{a1}=9.1\times10^{-4}$	3.04
		$K_{a2}=4.3\times10^{-5}$	4.37
柠檬酸	$(HOOCCH_2)_2C(OH)COOH$	$K_{a1}=7.1\times10^{-4}$	3.15
		$K_{a2}=1.68\times10^{-5}$	4.77
		$K_{a3}=4.0\times10^{-7}$	6.40
苯酚	C_6H_5OH	$K_a=1.2\times10^{-10}$	9.92
对氨基苯磺酸	$H_2NC_6H_4SO_3H$	$K_{a1}=2.6\times10^{-1}$	0.59
		$K_{a2}=7.6\times10^{-4}$	3.12
琥珀酸	$H_2C_4H_4O_4$	$K_{a1}=6.5\times10^{-5}$	4.19
		$K_{a2}=2.7\times10^{-6}$	5.57
乙二胺四乙酸(EDTA)	H_6Y^{2+}	$K_{a1}=1.3\times10^{-1}$	0.89
	H_5Y^+	$K_{a2}=3.0\times10^{-2}$	1.52
	H_4Y	$K_{a3}=1.0\times10^{-2}$	2.00
	H_3Y^-	$K_{a4}=2.1\times10^{-3}$	2.68
	H_2Y^{2-}	$K_{a5}=6.9\times10^{-7}$	6.16
	HY^{3-}	$K_{a6}=5.5\times10^{-11}$	10.26

2. 弱碱

名称	化学式	碱解离常数 K_b	pK_b
氨水	$NH_3 \cdot H_2O$	$K_b = 1.79 \times 10^{-5}$	4.75
联氨	N_2H_4	$K_b = 8.91 \times 10^{-7}$	6.05
羟氨	NH_2OH	$K_b = 9.12 \times 10^{-9}$	8.04
氢氧化铅	$Pb(OH)_2$	$K_{b1} = 9.6 \times 10^{-4}$	3.02
		$K_{b2} = 3 \times 10^{-8}$	7.52
氢氧化锂	LiOH	$K_b = 6.31 \times 10^{-1}$	0.20
氢氧化铍	$Be(OH)_2$	$K_{b1} = 1.78 \times 10^{-6}$	5.75
	$BeOH^+$	$K_{b2} = 2.51 \times 10^{-9}$	8.60
氢氧化铝	$Al(OH)_3$	$K_{b1} = 5.01 \times 10^{-9}$	8.30
	$Al(OH)^{2+}$	$K_{b2} = 1.99 \times 10^{-10}$	9.70
氢氧化锌	$Zn(OH)_2$	$K_b = 7.94 \times 10^{-7}$	6.10
乙二胺	$H_2NC_2H_4NH_2$	$K_{b1} = 8.5 \times 10^{-5}$	4.07
		$K_{b2} = 7.1 \times 10^{-8}$	7.15
六亚甲基四胺	$(CH_2)_6N_4$	$K_b = 1.4 \times 10^{-9}$	8.85
尿素	$CO(NH_2)_2$	$K_b = 1.5 \times 10^{-14}$	13.82

附录2 一些无机物水溶液的密度和质量分数

1. 盐酸的密度（20℃）与质量分数

HCl 质量分数/%	密度/g·cm^{-3}	HCl 质量分数/%	密度/g·cm^{-3}
1	1.0032	14	1.0675
4	1.0181	16	1.0776
6	1.0279	18	1.0878
8	1.0376	20	1.0980
10	1.0474	22	1.1083
12	1.0574	24	1.1187

HCl 质量分数/%	密度/g·cm^{-3}	HCl 质量分数/%	密度/g·cm^{-3}
26	1.1290	34	1.1691
28	1.1392	36	1.1789
30	1.1492	38	1.1885
32	1.1593	40	1.1980

2. 硝酸的密度（20℃）和质量分数

HNO$_3$ 质量分数/%	密度/g·cm^{-3}	HNO$_3$ 质量分数/%	密度/g·cm^{-3}
1	1.0036	52	1.3219
4	1.0201	54	1.3336
6	1.0312	56	1.3449
8	1.0427	58	1.3560
10	1.0543	60	1.3667
12	1.0661	62	1.3769
14	1.0781	64	1.3866
16	1.0923	66	1.3959
18	1.1026	68	1.4048
20	1.1150	70	1.4134
22	1.1276	72	1.4218
24	1.1404	74	1.4298
26	1.1534	76	1.4375
28	1.1666	78	1.4450
30	1.1800	80	1.4521
32	1.1934	82	1.4589
34	1.2071	84	1.4655
36	1.2205	86	1.4716
38	1.2335	88	1.4773
40	1.2463	90	1.4826
42	1.2591	92	1.4873
44	1.2719	94	1.4912
46	1.2847	96	1.4952
48	1.2975	98	1.5008
50	1.3100	100	1.5129

3. H_2SO_4 的密度(20℃)与质量分数

H_2SO_4 质量分数/%	密度/g·cm^{-3}	H_2SO_4 质量分数/%	密度/g·cm^{-3}
1	1.0051	52	1.4148
4	1.0250	54	1.4350
6	1.0385	56	1.4557
8	1.0522	58	1.4768
10	1.0661	60	1.4983
12	1.0802	62	1.5200
14	1.0974	64	1.5421
16	1.1094	66	1.5646
18	1.1243	68	1.5874
20	1.1394	70	1.6105
22	1.1548	72	1.6338
24	1.1704	74	1.6574
26	1.1862	76	1.6810
28	1.2023	78	1.7043
30	1.2185	80	1.7272
32	1.2349	82	1.7491
34	1.2515	84	1.7693
36	1.2684	86	1.7872
38	1.2855	88	1.8022
40	1.3028	90	1.8144
42	1.3205	92	1.8240
44	1.3384	94	1.8312
46	1.3569	96	1.8355
48	1.3758	98	1.8361
50	1.3951		

参考文献

[1] 高职高专化学教材编写组．无机化学［M］．6版．北京：高等教育出版社，2022．

[2] 罗诗文，陈世华，等．化学［M］．北京：化学工业出版社，2003．

[3] 大连理工大学无机化学教研室．无机化学［M］．6版．北京：高等教育出版社，2018．

[4] 权新军，张颖，刘松艳．无机化学简明教程［M］．3版．北京：科学出版社，2020．

[5] 浙江大学普通化学教研室．普通化学［M］．7版．北京：高等教育出版社，2020．

[6] 武汉大学，吉林大学，等．无机化学［M］．3版．曹锡章，等，修订．北京：高等教育出版社，2008．

[7] 张淑民．基础无机化学［M］．3版．兰州：兰州大学出版社，2011．

[8] 邢其毅，裴伟伟，等．基础有机化学［M］．4版．北京：北京大学出版社，2017．

[9] 胡宏纹．有机化学［M］．5版．北京：高等教育出版社，2020．

[10] 罗勤慧．配位化学［M］．北京：科学出版社，2012．

[11] 朱裕贞，顾达，黑恩成．现代基础化学［M］．3版．北京：化学工业出版社，2017．

[12] 高琳．基础化学［M］．5版．北京：高等教育出版社，2021．

[13] 林俊杰，王静．无机化学［M］．4版．北京：化学工业出版社，2022．

元素周期表